NEVD

typoversity

HERAUSGEGEBEN VON:
Nadine Roßa, Andrea Schmidt, Patrick Marc Sommer

ISBN 978-3-939028-25-3

www.nbvd.de · www.nbvd-shop.de
www.typoversity.com

typoversity

Vorwort

www.typoversity.com

Bücher über Typografie gibt es zu Genüge: Grundlagenwerke, Lexika, Handbücher, Lehrbücher und viele mehr. Oft werden sie von erfahrenen Typografen und Designern publiziert, die selbst diese Disziplin der Gestaltung an Hochschulen unterrichten.

Wie aber steht es um den typografischen Nachwuchs? Wie gehen Studierende mit Typografie um? Wie sieht die typografische Ausbildung in Deutschland und anderen europäischen Ländern überhaupt aus? Das vorliegende Buch nimmt Bezug auf diese Fragen, indem es einen Einblick in unterschiedliche Projekte aus der typografischen Ausbildung gibt.

Der Begriff *typoversity* ist ein Kunstwort, zusammen gesetzt aus *Typography*, *Diversity* und *University*. Die in diesem Buch versammelten Projektarbeiten aus Studium und Ausbildung zeugen von einer großen Bandbreite der Verwendung von Buchstaben und Schrift als gestalterische Mittel. Der Schwerpunkt des Buches liegt auf der Auseinandersetzung mit Typografie und ihrer Rolle für die gestalterische Arbeit seitens des typografischen Nachwuchses. Wie in keinem anderen Fachbereich der Gestaltung werden bestimmte Grundlagen voraus gesetzt, die in der Ausbildung vermittelt werden müssen. Der souveräne Umgang mit diesen Grundlagen benötigt einen langen Prozess des Lernens und Ausprobierens.
Gerade das Unperfekte und das Experimentelle verleihen dabei den typografischen Projektarbeiten einen besonderen Reiz: Regeln werden bewusst gebrochen, es wird experimentiert und dadurch Neues geschaffen. Buchstaben lösen sich vom Kontext der Kommunikation, werden zu inszenierten Kunstobjekten.

Die Ausbildung im Bereich der Typografie hat sich im Verlauf ihrer Geschichte durch den Einfluss technischer Möglichkeiten stark verändert. Sie ist *schneller* geworden. Typografische Arbeiten werden heute mit wenigen Mausklicks entworfen, wo früher stundenlange Detailarbeit vonnöten war. Auch diesbezüglich bietet typografische Lehre heute besondere Herausforderungen, denn je größer die Zahl jener Zugänge zur Schrift wird, desto wichtiger sind typografische Grundlagen. Nicht zuletzt entstehen durch die schnell fortschreitende Globalisierung neue gestalterische Anforderungen an Schrift. Grundlagenwissen muss breiter gefächert sein. Dafür verschwindet manch handwerkliche Basis aus dem Lehrplan: Bleisatz wird oftmals nur noch theoretisch gelehrt, Kalligrafie wird zum Wahlfach.

typoversity dokumentiert nicht nur typografische Arbeiten aus Ausbildung und Studium, wir lassen auch die Lehrenden zu Wort kommen. Wir befragten Professoren und Dozenten, die an deutschen Hochschulen unterrichten, sprachen mit ihnen über ihr Lehrkonzept und die ihrer Meinung nach wichtigsten Fähigkeiten, die im Rahmen eines typografischen Studiums vermittelt werden sollten. Sie berichteten über ihre Semesterprojekte ebenso, wie über ihre Lieblingsbücher, und natürlich darüber, wie es ihnen gelingt, Studierende für die Typografie zu motivieren und zu begeistern. Die Interviews geben einen Überblick über zeitgenössische typografische Ausbildung in Deutschland und darüber hinaus.

Unterteilt in die Kategorien: SCHRIFT, EDITORIAL und EXPERIMENT stellt *typoversity* aktuelle Projekte aus Ausbildung und Studium der letzten drei Jahre vor. Ein wichtiges Argument für die Auswahl war der erkennbare Schwerpunkt auf zeitgenössischer Anwendung typografischer Mittel. Viele der über 300 eingereichten Arbeiten waren typografisch hervorragend umgesetzt, die Auswahl fiel uns deshalb nicht leicht. Wir haben uns auf typografische Qualität und Experimentierfreudigkeit konzentriert. Unserer Meinung nach lässt die hohe Zahl der eingereichten Arbeiten auf eine große typografische Zukunft hoffen.

Viele Spaß beim Lesen wünschen
Nadine Roßa, Andrea Schmidt, Patrick Marc Sommer

TYPOGRAFISCHE PROJEKTE SCHRIFT

Improvisation als Entwurfsmethode in der Schriftgestaltung

Eine Arbeit über Improvisation als Gestaltungsmethode

DANIEL STUTZ **Hochschule Luzern Design und Kunst**
6. Semester SS 09, Martin Woodtli, Silvia Henke

Im Wirtschaftsmagazin BRAND EINS wurde in der Ausgabe 10/08 im Schwerpunkt über das Thema IMPROVISATION aus unterschiedlichen Blickwinkeln wie Wirtschaft, Forschung oder Sport berichtet. Ausgehend hiervon überlegte ich mir, wie Improvisation in der Gestaltung eingesetzt wird und wie ich sie als Gestaltungsmethode anwenden könnte. Die Improvisation sollte mir dabei helfen, gegen meine eigene Logik zu handeln, gegen Regeln und Konventionen zu verstoßen. Ziel war es, in kurzer Zeit immer wieder zu neuen gestalterischen Lösungen zu kommen.

Die Arbeit dient mir persönlich als Referenz und soll anderen Gestaltern die Methode der Improvisation näherbringen. Sie besteht aus drei Teilen: Theorie, Dokumentation und Entwürfe. Die Theoriearbeit hat das Ziel, eine für die praktische Arbeit anwendbare Definition der Improvisation zu finden. Die Dokumentation fasst die im praktischen Teil entstandenen Entwürfe zusammen und stellt sie in den Kontext der Theorie.

Potential von Improvisations-Prozessen im Graphic Design
Improvisation als Entwurfsmethode in der Schriftgestaltung
HAMBURG
HAMBURG
hamburg

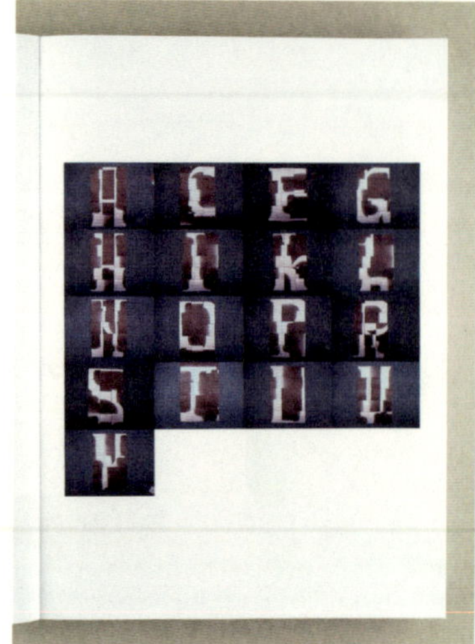

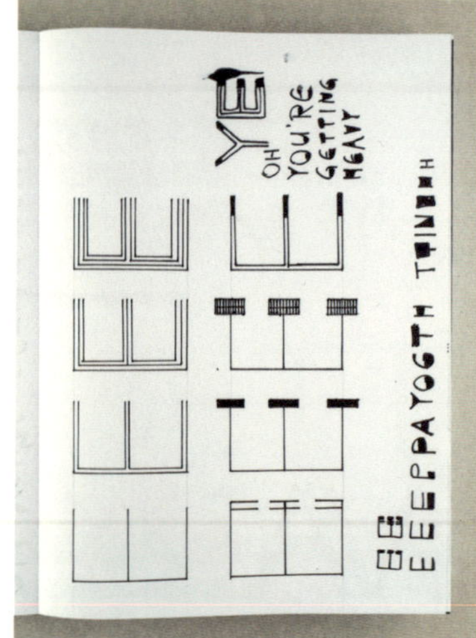

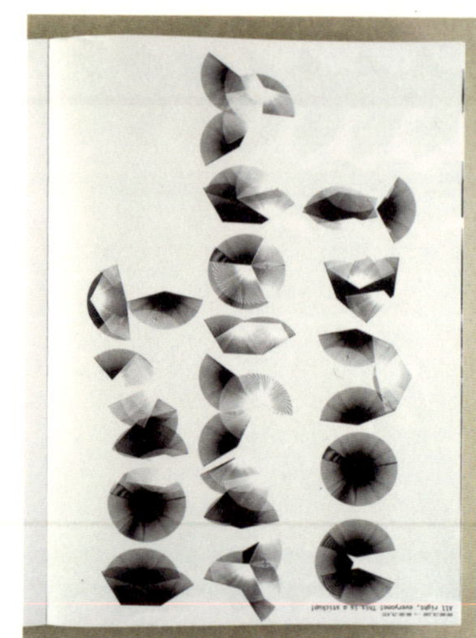

Angewandt auf den praktischen Teil meiner Arbeit bedeutete die Zielvorgabe eine Einschränkung auf das Thema SCHRIFTGESTALTUNG und ein zu behandelndes Objekt: die Bürolampe Luxo L—1. Die Wahl der Einschränkungen begründet sich wie folgt: Die Flut an Schriften, die uns heute zur Verfügung steht, kann bei der Neuentwicklung einer Schrift hemmend wirken. Die Improvisation soll dabei helfen, Lösungen zu finden, auf die man auf direktem Weg kaum gelangen würde. Die Wahl des behandelten Gegenstands ist insofern unwichtig, als dass grundsätzlich jeder Gegenstand hätte gewählt werden können. Da ich den Gegenstand aber während einer längeren Zeit bearbeitete, war es von Vorteil, dass dieser eine gewisse Komplexität im Aufbau vorwies.

Das Objekt wurde in sieben *Spielen* untersucht. Jedes Spiel dauerte dabei 24 bis 48 Stunden und behandelte einen Aspekt der Bürolampe. Folgende Aspekte wurden von mir im Voraus definiert: Licht, Bewegung, Schirm, Oberfläche, Mechanik, Menschlichkeit, Umgebung, Kräfte, Geräusche, Schwerpunkt, Quelle, Konstruktion, On/Off, Schnittstelle, Feder, Material. Um der Spontaneität in der Improvisation mehr Gewichtung zu geben, wurde an jedem Morgen per Los einer der Aspekte gezogen.

Neben den Spielregeln, die für alle Spiele galten, wurden für einzelne Spiele noch zusätzliche Regeln aufgestellt, sodass sich die Spiele in ihrer Form immer leicht unterschieden. Ziel eines Spiels ist das Beschreiben, Zitieren oder Interpretieren der Eigenschaften mit den Mitteln der Schriftgestaltung.

Nach Abschluss der sieben Spiele folgte die Vertiefung, deren Ziel es war, einen in den vorangegangenen Spielen entstandenen Entwurf zu wählen und weiterzuentwickeln. Ich wollte damit überprüfen, ob die Ergebnisse des Improvisationsprozesses Substanz für eine vertiefte Auseinandersetzung bieten.

INTERVIEW MIT DANIEL STUTZ

Wann hast Du das Interesse an Typografie entdeckt?

Ich kam zur Grafik und Typografie durch das Gestalten von Webseiten während meiner Ausbildung zum Informatiker.

Typografie als Gestaltungselement — was bedeutet das für Dich?

Ich mag es, Typografie als Bild anzuwenden. Die Formen der Buchstaben und Zeichen nehmen dadurch verstärkt Einfluss auf die Erscheinung einer Gestaltung.

Hast Du einen Lieblingsbuchstaben und/oder eine Lieblingsschrift?

Einen Lieblingsbuchstaben habe ich nicht. Ich mag jedoch unter Umständen je nach Schrift ein bestimmtes Zeichen besonders. Ich habe ebenso keine Lieblingsschrift im Sinne einer Schrift, die ich häufig verwende. Das würde über kurz oder lang dazu führen, dass sie mich langweilt.

Bist Du mit der Wahl Deines Studienfachs zufrieden? Würdest Du noch einmal das Gleiche studieren?

Ja, ich bin davon überzeugt, die richtige Wahl getroffen zu haben und würde mich nochmals für diesen Studiengang entscheiden. Ein allfälliges Master-Studium würde ich aber lieber in einer verwandten Disziplin wie Interaktions- oder Produkt-Design angehen.

Wie beurteilst Du die typografische Ausbildung an Deiner Hochschule? Was würdest Du Dir wünschen, was könnte intensiviert werden?

Ich denke, dass mit der Bologna-Reform die Studierenden vermehrt gefordert sind, für sie interessante Inhalte außerhalb der ordentlichen Studienzeit zu vertiefen. Vieles (auch die typografischen Grundlagen) wird in den einzelnen Studien-Modulen nur im Grundsatz vermittelt.

Ordensschwestern

Ein Dingbat-Font zum Auszeichnen

KERSTIN BABEL, JULIA LODER, HEIKE PFISTERER, JULIANE TAG
Hochschule für Gestaltung Pforzheim, 7. Semester, Prof. Michael Throm, Lars Harmsen

Mit dem Seepferdchen-Abzeichen fängt alles bereits an! Später sammelt man Urkunden, Pokale, Titel, Medaillen, Rangabzeichen und Awards.

Andere bestimmen, wer dazu gehört — durch eine Auszeichnung oder ein Abzeichen. Macht wird vergeben. Es geht um Gruppenzugehörigkeit und Rangordnungen. Wer hat Macht über wen?

Unsere Orden sind zum *selbermachen*. Die Formen können auf ganz unterschiedliche Weise kombiniert werden: als Spielerei oder Schmuckstück, zum Stolz des Ausgezeichneten oder zur Scham des Verlierers.

Aus diesen Überlegungen heraus entstand der Dingbat-Font ORDENSSCHWESTERN in dem Workshop MACHT ZEICHEN MACHT unter der Leitung von Lars Harmsen (MAGMA Brand Design) und Professor Michael Throm an der Hochschule Pforzheim.

AUFHÄNGER
KREIS
ZIRKEL
RING
ZENTRUM

Mutter
$
B-4480

INTERVIEW MIT KERSTIN BABEL, JULIA LODER, HEIKE PFISTERER UND JULIANE TAG

Wann habt ihr das Interesse an der Typografie entdeckt?

In der Grundschule, als wir das Schreiben lernten.

Der Pool an verfügbaren Schriften ist sehr groß, warum habt ihr euch dem Schriftentwurf gewidmet?

Schriften kann es gar nicht genug geben — so wie bei Handschriften, die jede auf ihre Art reizvoll und einzigartig ist. Aber wir finden es wichtig, dass Schriften gut ausgebaut und wirklich in sich stimmig sind.

Was ist das Besondere an eurer Schrift? Warum hebt sie sich von anderen ab?

Sie macht Spaß! Die Überraschung bleibt nicht aus — je nachdem, welche Buchstaben man nacheinander eintippt, gibt es tausende von Kombinationsmöglichkeiten. Dabei macht sich der Font ORDENSSCHWESTERN auch ein klein wenig lustig über den Sinn von Auszeichnungen. Muss denn alles und jeder bewertet werden? Wettbewerb ist nicht immer motivierend und ein Gewinn tut nicht immer gut.

Typografie als Gestaltungselement — was bedeutet das für euch?

Typografie ist ein grundlegendes Gestaltungselement. Ohne Typografie geht es nicht. Nur mit Typografie zu arbeiten, hingegen funktioniert. Sie informiert, verwirrt, setzt Kontraste, provoziert, ist verschlüsselt. Sprich: sie kommuniziert.

Seid ihr mit der Wahl eures Studienfachs zufrieden? Würdet ihr noch einmal das Gleiche studieren?

Zufrieden — ja. Und studieren würden wir VISUELLE KOMMUNIKATION auch wieder, ja, denn das Studium war super! Nur das Arbeitsleben sieht dann doch etwas anders aus, aber das ist wohl überall so, egal was man studiert hat.

Wie beurteilt ihr die typografische Ausbildung an eurer Hochschule? Was würdet ihr euch wünschen, was könnte intensiviert werden?

Typografie ist ein wichtiger Teil des Studiums an der Hochschule Pforzheim. Im 1. Semester wird der gleichnamige Kurs für alle Design-Studiengänge angeboten, in dem das theoretische Grundwissen vermittelt wird. Speziell in VISUELLER KOMMUNIKATION gehen die Professoren auch immer wieder auf die Typografie ein. Und es gibt viele Workshops, in denen Typografie Thema ist. Der Font ORDENSSCHWESTERN entstand auch in solch einem. Ausgezeichnet!

Good Times

FELIX KOUTCHINSKI **Akademie der Bildenden Künste Stuttgart, 4. Semester SS 10, Peter Bruggerjen**

Die Schrift GOOD TIMES ist in einem Projekt bei dem Dozenten Peter Brugger entstanden. Die Aufgabe bestand in der Erzeugung eines Remixes einer Schrift. Ich habe mit der TIMES NEW ROMAN gearbeitet — eine der wohl am meisten verbreiteten und benutzten Schriften überhaupt.

Das Ziel meiner Auseinandersetzung bestand darin, für die TIMES NEW ROMAN ein Glyphenset zu erstellen, um sie wieder attraktiver für die Anwendung durch die Designer zu machen. Ausgehend von den Original-Buchstaben versuchte ich, die Statik aufzubrechen und in den Buchstaben ein spielerisches Element zu integrieren.

INTERVIEW MIT FELIX KOUTCHINSKI

Wann hast Du das Interesse an Typografie entdeckt?

Das Interesse an Schrift entwickelte sich bei mir schon früh in der Kindheit. Angefangen mit Charakteren, Tieren und dubiosen Formen, entwickelte ich schon in der Grundschule die Vorliebe, verschiedene abstrakte Schriften zu zeichnen. Graffiti hat mich ebenfalls sehr früh beeinflusst und die Faszination daran, abstrakte Formen *lesbar* zu machen und selbige Formen zu *entschlüsseln*, ist bis heute geblieben.

Braucht es noch eine neue Schrift?

Eine wirklich neue Schrift braucht es mit Sicherheit nicht. Ich könnte gut mit meinen jetzigen Fonts bis zum Ende meines Lebens auskommen. Jedoch ist die Auseinandersetzung mit Typografie und der Frage, was man anders und besser machen könnte, sehr wichtig. Man darf bei dieser Frage auch nicht vergessen, dass zwar tausende neue Schriften entwickelt werden, jedoch auch tausende Schriften in Vergessenheit geraten. Teil dieser ständigen Erneuerung zu sein, finde ich sehr spannend.

Was ist das Besondere an Deiner Schrift? Warum hebt sie sich von anderen ab?

Die GOOD TIMES basiert auf der oft gesehenen, vielfach verwendeten und, meiner Meinung nach, missbrauchten TIMES NEW ROMAN. Meine Idee war es, diese durch ein modulares Glyphenset zu erweitern und die TIMES auch in anderen Anwendungsbereichen verfügbar zu machen. An dieser Schrift ist besonders interessant, wie schnell man durch die Veränderung von einem oder zwei Zeichen dem Schriftbild einen komplett neuen Charakter geben kann.

Welche Bedeutung hat Typografie als Gestaltungselement für Dich?

Typografie hat einen unterstützenden Charakter. Sie kann eine Geschichte zum Leben erwecken und sie wie eine Illustration verstärken. Sie soll dafür sorgen, dass man Lust bekommt, einen Text zu lesen. Dies korrekt zu beherrschen ist das Ziel eines guten Typografen.

Hast Du einen Lieblingsbuchstaben und/oder eine Lieblingsschrift?

Zurzeit mag ich die FLAMA-Familie von Mário Feliciano. Das ändert sich jedoch ständig.

Bist Du mit der Wahl Deines Studienfachs zufrieden? Würdest Du noch einmal das Gleiche studieren?

Sehr. Sofort. Immer wieder.

Wie beurteilst Du die typografische Ausbildung an Deiner Hochschule? Was würdest Du Dir wünschen, was könnte intensiviert werden?

Unsere Ausbildung beginnt ganz klassisch in der Bleisatzwerkstatt. Wir lernen Setzen, wie man es vor der computerisierten Zeit getan hat. Man erhält durch die Beschränkung auf dieses haptische Medium einen anderen, ungewohnten Blick auf die Herausforderungen der guten, praktischen aber auch der freien, experimentellen Typografie. Zusätzlich ist es auch Teil der Ausbildung, eine Schrift zu liefern, die durch Korrekturen begleitet wird. Das Ergebnis ist bei mir die GOOD TIMES.

Da unsere Ausbildung extrem viel Freiraum zur künstlerischen Entfaltung bietet, kann man sehr schwer kritisieren, was fehlt. Wir haben zwar keine kalligrafische Ausbildung, jedoch genug Ansprechpartner, falls wir uns daran versuchen wollten.

Liquida

CHRISTIAN MITTELMAIER Akademie U5, 3. Semester SS 10
Christina Mayer, Daniel Mayer, www.chrissign.de

Drehen wir ein Versal A einmal auf den Kopf — was erkennen wir nach über 2.300 Jahren: den stilisierten Kopf eines Rindes — das phönizische Bilderschriftzeichen für Stier. Die Genialität dieser Erfindung liegt in der Vereinfachung — statt 20.000 Bildzeichen für Stiere und alle anderen Gegenstände nur 24 Lautzeichen! Das ist die genialste Erfindung in der Geschichte der Menschheit.

So können wir heute nur noch A denken, wenn wir ein A sehen. Es müssen noch nicht einmal gedruckte Buchstaben sein, auch Gegenstände können zu typografischen Informationsträgern werden.

Die Studenten an der Akademie U5 haben in diesem Seminar versucht, mit Hilfe von Fotografie komplette Alphabete zu gestalten. Diese mehrdimensionale Aufgabenstellung forderte von den Studenten, sich mit der Eigenart jedes einzelnen Buchstabens auseinanderzusetzen und die Funktionalität und Lesbarkeit durch die Gestaltung eines Plakats zu überprüfen.

Pirenaica

JÖRN OELSNER Design Factory International Hamburg, Diplom 2009

The PIRENAICA font family was originally designed as the corporate font for the ANDORRA TELECOM SOM.
The Design Studio SUMMA in Barcelona was assigned to do the relaunch of the ANDORRA TELECOM in 2008. Because of their successful cooperations in the past, Joern Oelsner was the designer they chose to design and produce a unique corporate font for Som. The new font was meant to support the visual modernisation of the company and additionally it was designed to be an outspoken component of the visual advertising campaign.

The result is the four-font-styles-family PIRENAICA, which means in *from the Pyrenees* in Catalan. What fits better for a typeface for Andorra?

Fadenfont

JONAS KAKOSCHKE **Hochschule für Technik und Wirtschaft Berlin, 3. Semester WS 09, Prof. Jürgen Huber, www.artkore.de**

Der konzeptionelle Ansatz bei der Entwicklung der FADEN war, einen Font zu erstellen, welcher sowohl digital als auch analog verwendbar ist und unabhängig von der Art des Mediums seine Anmutung behält. Hinzu kam die Überlegung, das Ganze auf mögliche Streetart-Aktionen auszuweiten. Die Anforderung hierbei war, schnell anzubringendes, kostengünstiges und leicht verfügbares Material zu nutzen: Faden und Nägel. Durch Experimente mit Glyphenformen klassischer Satzschriften zeigte sich jedoch, dass pro Buchstabe bis zu 54 Nägel erforderlich waren, um eine zufriedenstellende Fadendichte sowie ästhetische Formen zu erreichen.
Die Grundform wurde daher in Hinblick auf einen möglichst geringen Nagelverbrauch überdacht, ohne dabei auf flächengebende Fadendichte verzichten zu müssen.

Das Ergebnis vieler Versuche und Skizzen war eine eher experimentell anmutende Form des Buchstaben n, welche mit nur neun Nägeln aus den einzelnen Fäden einen flächigen Buchstaben entstehen ließ. Alle Glyphen der FADEN basieren auf dieser n-Form, und benötigen höchtens neun, bzw. mit Ober-/Unterlänge zwölf Nägel je Buchstabe.

Metamorphosen

ROBERT MÜLLER **Baushaus-Universität Weimar, 12. Semester SS 09, Prof. Jay Rutherford, Andreas Wolter, www.i-am-your-favourite.de**

Die Arbeit ist eine Auseinandersetzung in Form und Inhalt mit dem antiken Werk METAMORPHOSEN des römischen Dichters Ovid. Sie beschäftigt sich mit Veränderungsprozessen im Allgemeinen und den Weisheiten des Philosophen Pythagoras im Besonderen. So wird das Wissen des Weltweisen zum obersten Gestaltungsprinzip:

Es ist nichts auf der Welt, das Bestand hat. Alles ist fließend, und flüchtig ist jede gestaltete Bildung.

Neben einem Text des Philosophen Pythagoras zu Veränderungsprozessen werden in der Arbeit sechs Zitate aus den METAMORPHOSEN wiedergegeben. Diese Sätze sind mit Hilfe einer sich stets verändernden Schrift gestaltet. Die Schrift nimmt wiederum Bezug auf die griechisch/römische Mythologie.

So gibt es zwölf fotografisch dokumentierte Elemente — zugehörig zu den zwölf großen Göttern der römischen Kultur. Diese Elemente generieren in Kombination verschiedene Buchstabenformen, sodass kein Buchstabe dem anderen gleicht. Der Gebrauch der Typografie transportiert so die Idee des Wandels.

Antiqua Superstars

Ene Auseinandersetzung mit Form und Geschichte der Antiqua-Schriften

TIMM BOEKEN **Hochschule für Angewandte Wissenschaften Hamburg, Diplom SS 09, Prof. Heike Grebin**

Die Arbeit umfasst drei Poster im A1-Format und befasst sich mit den wichtigen Antiqua-Schriften der Renaissance, des Barock und des Klassizismus sowie den späteren Umsetzungen dieser Schriften für den Maschinensatz und als digitale Fonts.

Alle diese Typen werden auf dem ersten Poster GENEALOGE in einer Art Stammbaum (engl.: *Genealogy*) zueinander in Bezug gesetzt und historisch verortet. Um die Menge und die Komplexität dieser Informationen zu bewältigen, wurde eine so ungewöhnliche wie praktikable kreisförmig aufgefächerte Darstellung entwickelt. Sie zeigt die Entwicklung der Schriften im Uhrzeigersinn, während die Zeit von innen nach außen verläuft.

Auf den beiden anderen Postern werden verschiedene Eigenschaften und Details der historischen Schriften verglichen. Grundlage der Untersuchung war neben Fachbüchern wie DIE SCHÖNE SCHRIFT von František Musika vor allem der intensive Vergleich historischer Vorlagen, Bleisatz-Schriftmustern und digitalen Fonts.

Letter Details of Serif Typefaces
Historical Designs 1470 – 1800
Old Face
Venetian
Aldine
Garalde
Transitional
Early
Late
Modern
Didone

Survey of Serif Typefaces

Historical Designs 1470 – 1800

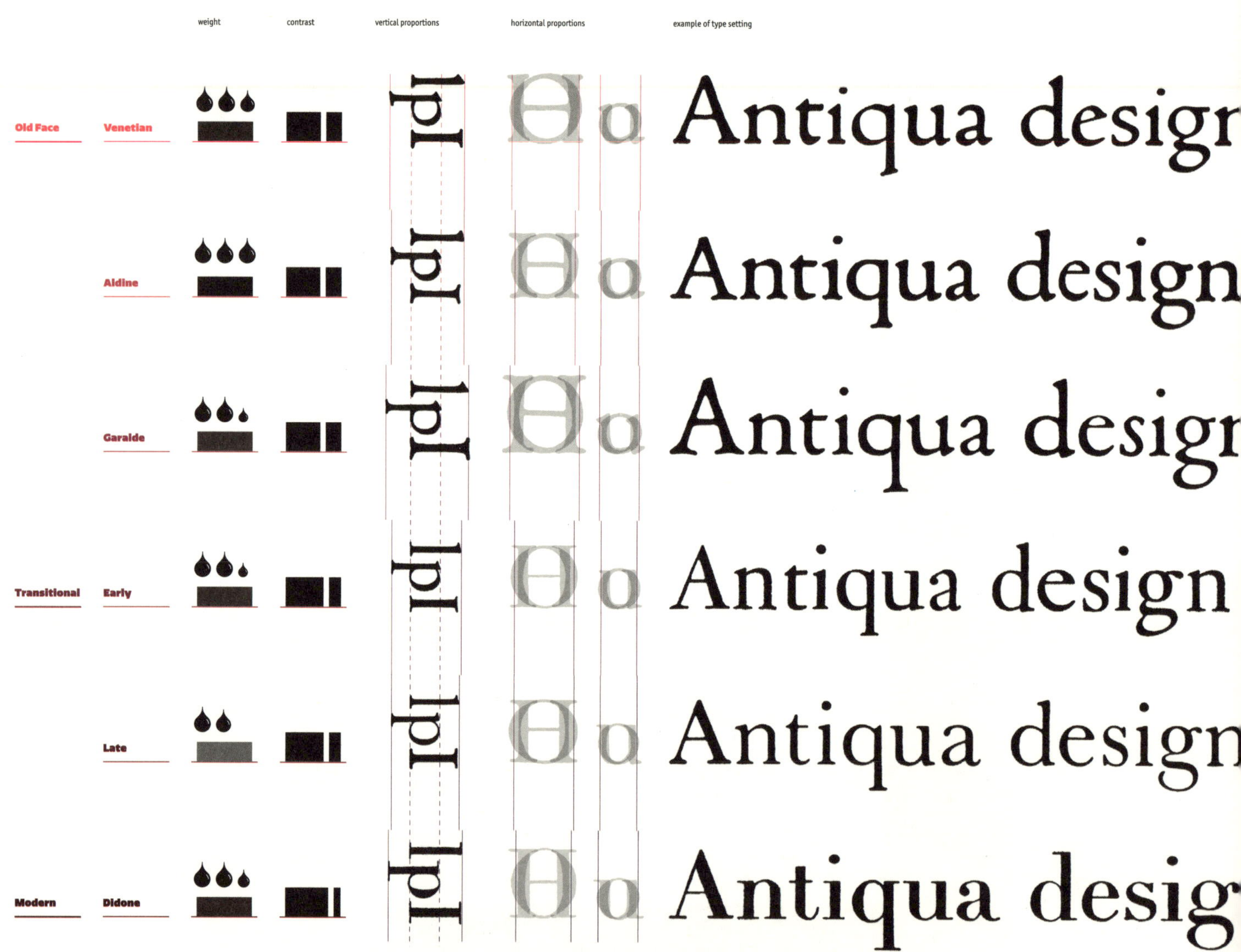

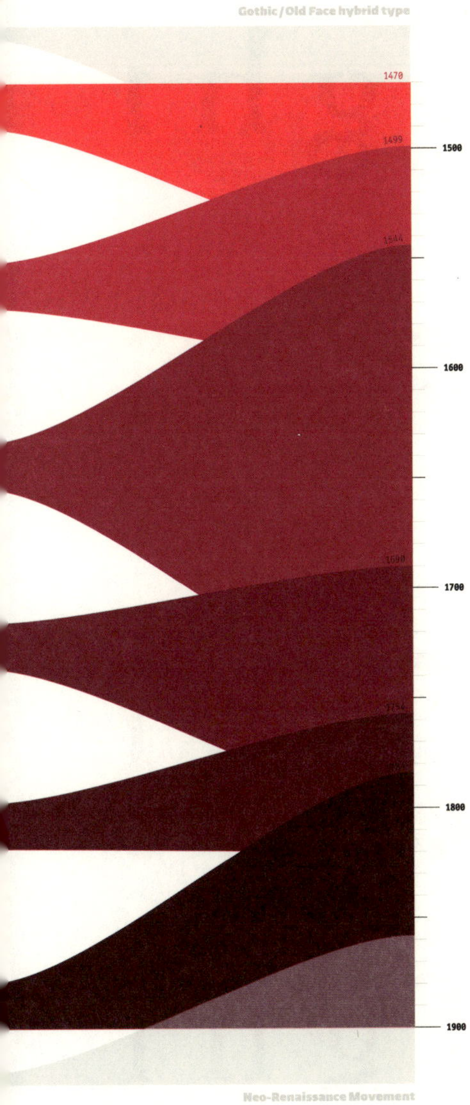

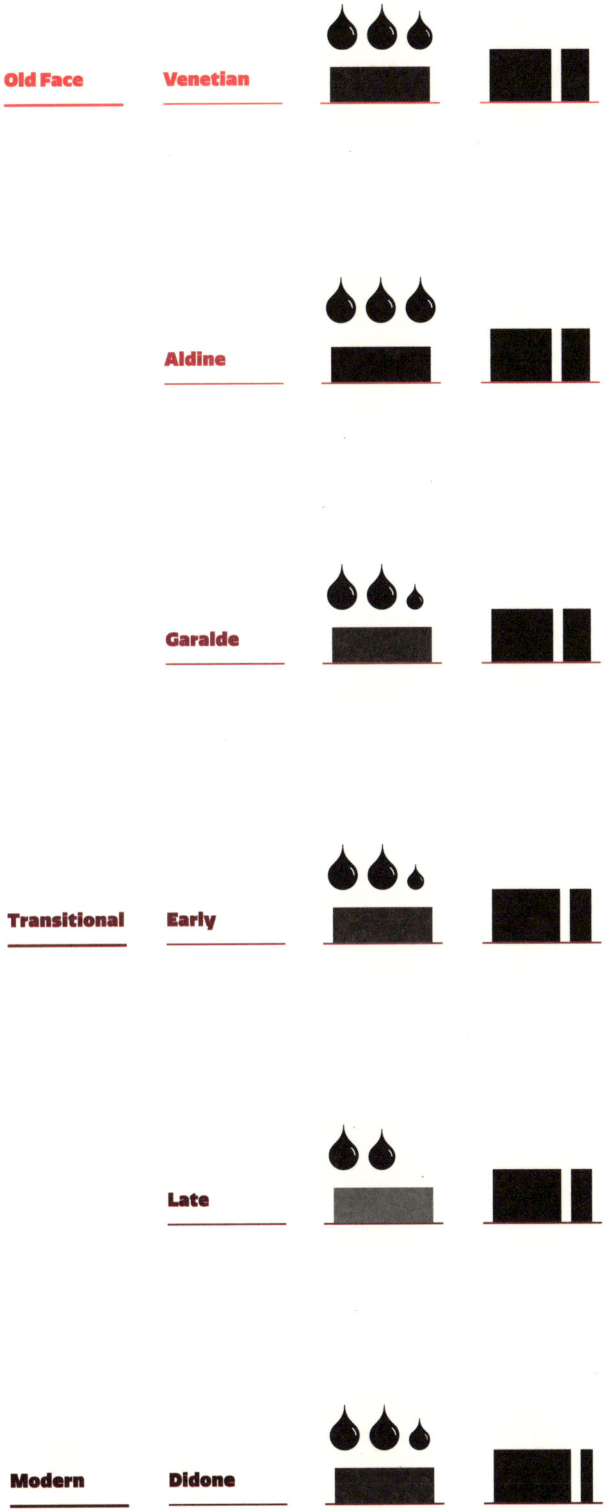

Old Face	Venetian		
	Aldine		
	Garalde		
Transitional	Early		
	Late		
Modern	Didone		

Gothic / Old Face hybrid type

1470

1499

1500

1544

1600

1690

1700

1754

1800

1900

Neo-Renaissance Movement

Old Face

Venetian

1470
Nicolas Jenson

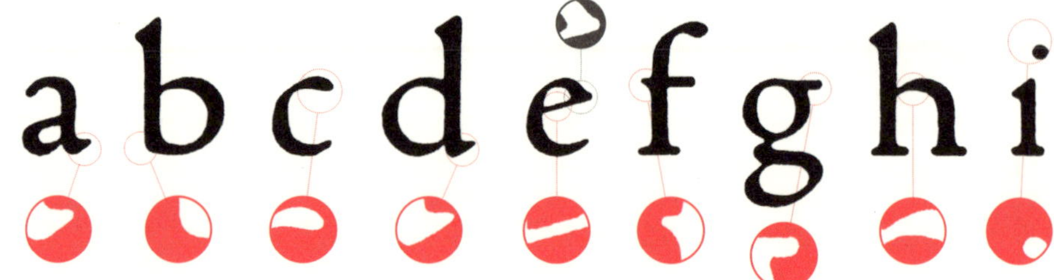

Aldine

1499
Francesco Griffo / Aldus Manutius

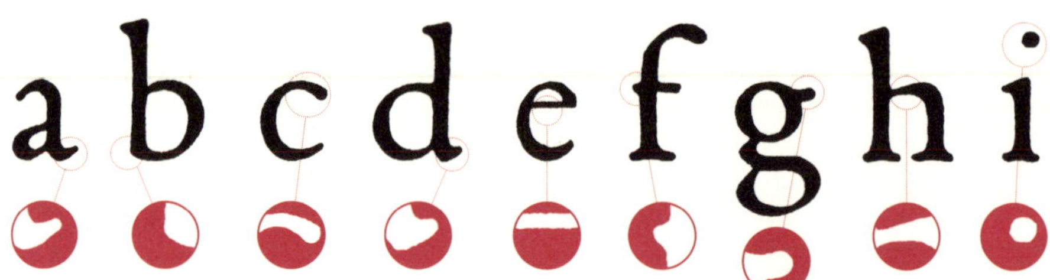

Garalde

1544
Claude Garamond

Transitional

Early

1690
Nicolas Kis

Late

1754
John Baskerville

Letter Details of Serif Typefaces

Historical Designs 1470 – 1800

Old Face	Venetian	1470 Nicolas Jenson	a b c d e f g h i j k l m n o p q r s t u v w x y z
	Aldine	1499 Francesco Griffo / Aldus Manutius	a b c d e f g h i j k l m n o p q r s t u v w x y z
	Garalde	1544 Claude Garamond	a b c d e f g h i j k l m n o p q r s t u v w x y z
Transitional	Early	1690 Nicolas Kis	a b c d e f g h i j k l m n o p q r s t u v w x y z
	Late	1754 John Baskerville	a b c d e f g h i j k l m n o p q r s t u v w x y z
Modern	Didone	1784 Firmin Didot	a b c d e f g h i j k l m n o p q r s t u v w x y z

Old Face	Venetian	1470 Nicolas Jenson	ABCDEFGHIJKLMNOPQRSTUVWXYZ
	Aldine	1499 Francesco Griffo / Aldus Manutius	ABCDEFGHIJKLMNOPQRSTUVWXYZ
	Garalde	1544 Claude Garamond	ABCDEFGHIJKLMNOPQRSTUVWXYZ
Transitional	Early	1690 Nicolas Kis	ABCDEFGHIJKLMNOPQRSTUVWXYZ
	Late	1754 John Baskerville	ABCDEFGHIJKLMNOPQRSTUVWXYZ
Modern	Didone	1784 Firmin Didot	ABCDEFGHIJKLMNOPQRSTUVWXYZ

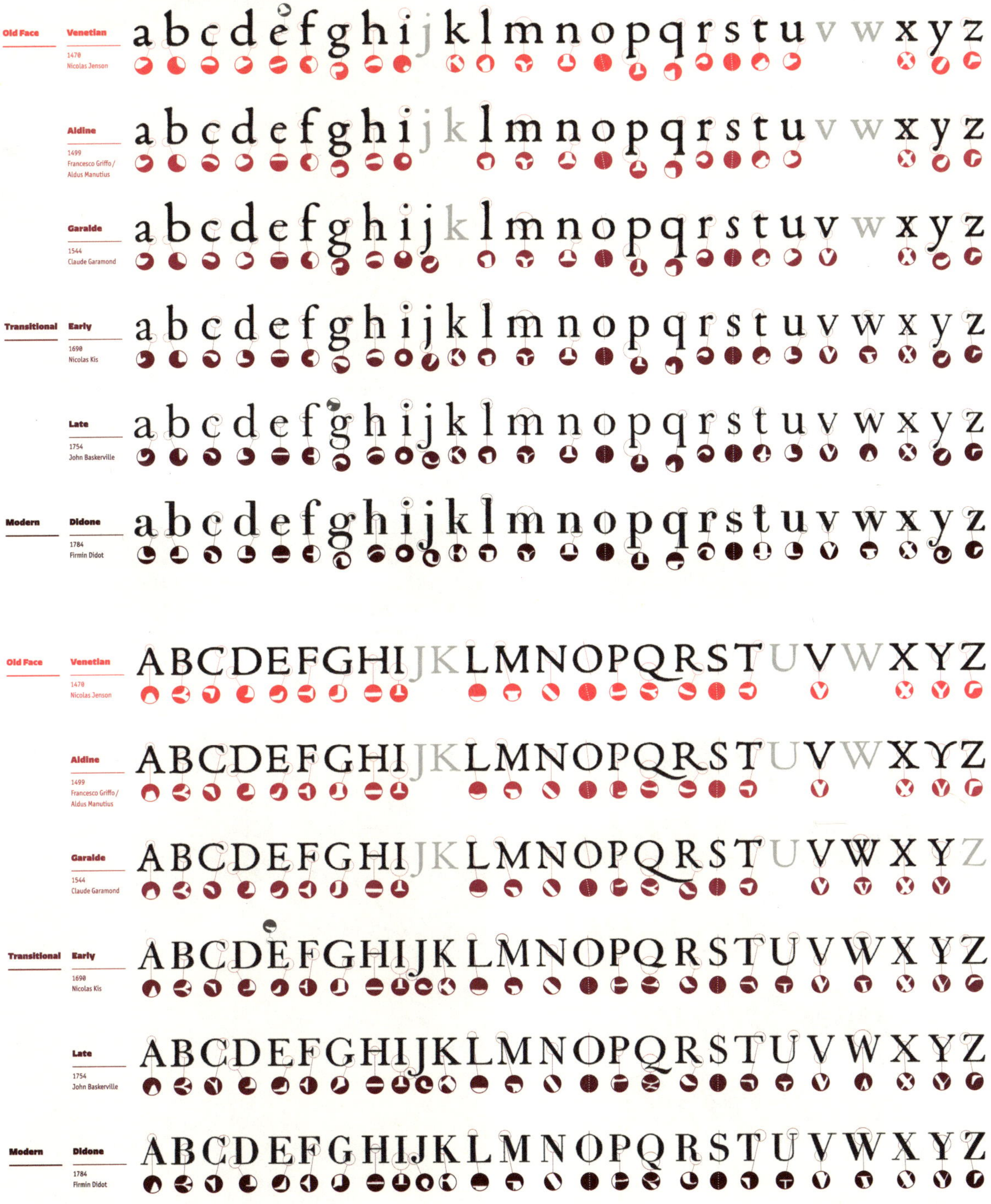

Alphabet sources: **Venetian Old Face** by Nicolas Jenson 1470, built from original prints by Nicolas Jenson and published alphabets by Goudy, Thibaudeau et. al.; scanned from František Muzika, «Die schöne Schrift in der Entwicklung des lateinischen Alphabets Band.2», Prague 1965. Gray letters built from the typeface Adobe Jenson. **Aldine Old Face** by Francesco Griffo / Aldus Manutius 1499, built from original prints by Aldus Manutius; scanned from Muzika, «Die schöne Schrift… Band.2». Gray letters built from the typeface Monotype Poliphilus. **Garalde Old Face** by Claude Garamond 1544, built from original prints by Garamond and R. Estienne and the Berner-Egenolff specimen book from 1592; scanned from Muzika, «Die schöne Schrift… Band.2». Gray letters built from the typeface Garamond Premier. **Early Transitonal** by Nicholas Kis 1690, built from the typeface «Janson» of D. Stempel AG (cast from Kis' orginial matrices); scanned from Muzika, «Die schöne Schrift… Band.2». **Late Transitional** by John Baskerville 1754, built from original prints by Baskerville and Baskerville's 1762 specimen; scanned from Muzika, «Die schöne Schrift… Band.2». **Didone Modern** by Firmin Didot 1784, built from an alphabet by Thibaudeau (published in Muzika, «Die schöne Schrift… Band.2») and from «Éléments de Géométrie» by Adrien-Marie Legendre.

Lewiathana

GRAŽINA KOMAROVSKA Vilnius Academy of Arts, Lithuania, 3rd year — autumn semester 09/10, Prof. Wojciech Regulski

The font was made at the beginning of 2010. LEWIATHANA font is a dynamic contemporary font that combines the elegance of incisive elements of calligraphy with modernism. It is a condensed, italic, bold font with thin light elements that look three-dimensional at large point sizes. Classification: decorative. It can be used for headlines, posters, advertising and display typography.

ABCDEFGH
IJKLMNOPQ
RSTUVWXYZ
ĄČĘĖĮŠŲŪŽ
abcdefghijklm
nopqrstuvwxyz
ąčęėįšųūž
0123456789!?&
ff fi ffi \/@%
*———=+<> a; b:;,

iloseon

NATALIE EISWERT **Hochschule Niederrhein, FB Design, 5. Semester WS 07/08, Andrea Krause**

Die Schrift ILOSEON verstößt gegen die Gesetze der Geometrie. Sie funktioniert nur zweidimensional und basiert auf einer optischen Täuschung. Die ILOSEON gaukelt zwar eine Dreidimensionalität vor, aber der Versuch, manche Glyphen dieser Schrift unter realen Bedingungen nachzubauen, würde scheitern. Dieser Tatsache folgend, erfolgte die Entwicklung der Schrift vollständig am Bildschirm. Die ILOSEON ist geprägt von runden, waagerechten und senkrechten Formen. Buchstaben mit Schrägen werden durch die leicht geschwungenen oder halbrunden Formen charakterisiert.

Das höchste Ziel der ILOSEON ist es, die Wahrnehmung des Betrachters zu täuschen. Die Schrift ist so verwirrend, dass das Fontbook zur Schrift ILOSEON selbst von einer völlig durcheinander geratenen Schrift handelt. Die ILOSEON verliert sich im Fontbook in weiteren optischen Täuschungen und hinterfragt ständig die schrifteigene Existenz. Von Buchstabe zu Buchstabe — in alphabethischer Reihenfolge — quälen sich die Glyphen der ILOSEON durch die Seiten. Auch das ungewöhnliche Blättern im rechts und links gehefteten Doppel-Fontbook erleichtert es nicht, hinter das Geheimnis der Schrift zu kommen.

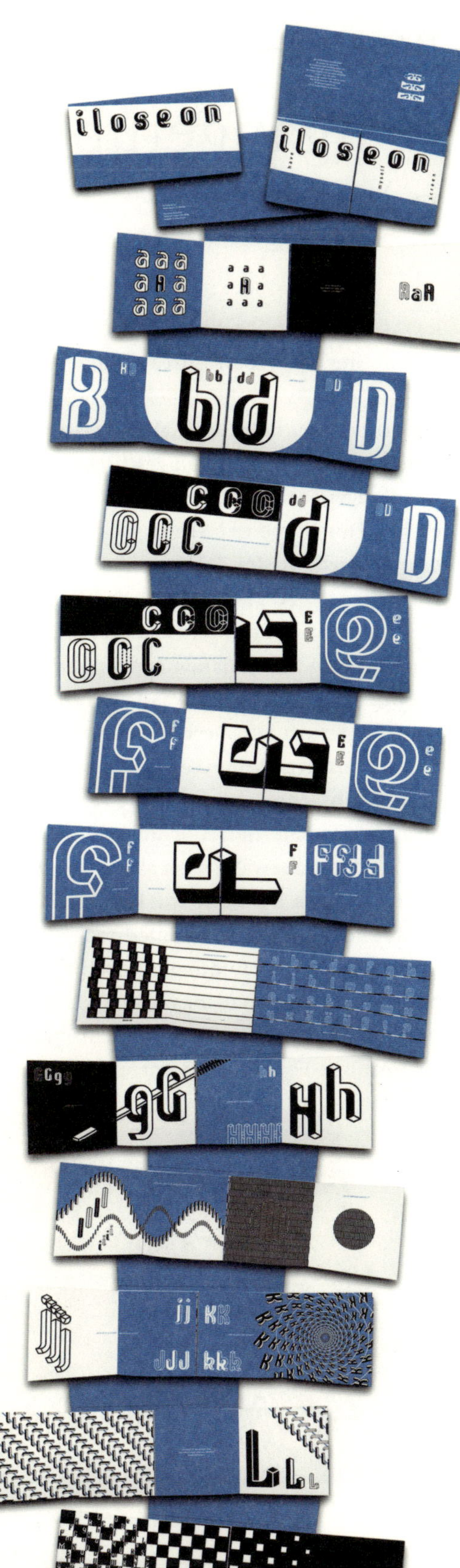

FGÜ — Fußgängerüberweg-Schrift

NATALIE EISWERT Hochschule Niederrhein, FB Design, 5. Semester WS 07/08, Andrea Krause

Die FGÜ ist eine hohe, schmale Zebrastreifen-Schrift, die sich durch das Fehlen von geschlossenen Punzen und geradliniger Formen besonders gut als Schablonenschrift eignet. Der Name der Schrift ist dem Straßenverkehr entnommen, wo der Zebrastreifen als Fußgängerüberweg oder kurz FGÜ bezeichnet wird. Die Idee zur Schrift bestand darin, die primäre Funktion einer Querungsanlage mit dem zusätzlichen Aspekt einer Informationsquelle für Autofahrer und Passanten zu versehen.

Die Schrift FGÜ besteht aus negativen Majuskeln und aus positiven Minuskeln. Eine Mischform der beiden Arten ergibt schöne Initialen. Die Verzerrung der Schrift FGÜ bis zur benötigten Schriftbreite ist ausdrücklich erwünscht und gewährleistet das Anpassen eines eigenen Schriftschnitts. Da die Schrift keinerlei Rundungen aufweist und nur aus partiell unterbrochenen Strichen mit teilweise schrägen Endungen besteht, wird das Schriftbild beim Verzerren nicht verfremdet. Neben der natürlichen Eignung als Zebrastreifenschrift kann diese auch als Headline-Font benutzt werden.

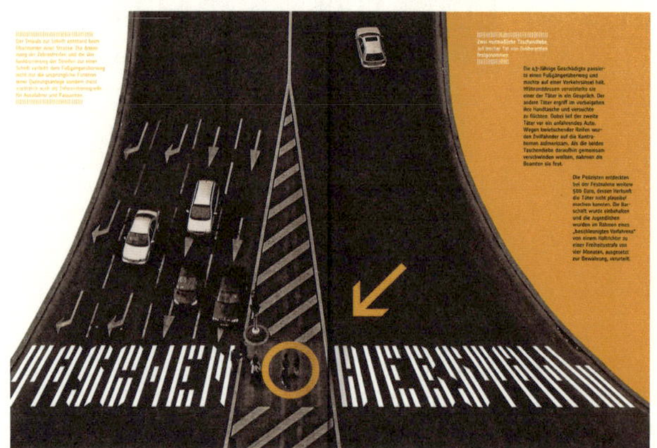

INTERVIEW MIT NATALIE EISWERT

Wann hast Du das Interesse an Typografie entdeckt?

Typo-orientierte Gestaltung hat mich seit Beginn meiner Berufsbildung zur Kommunikations-Designerin schon fasziniert. Aber erst im Rahmen meines Studiums habe ich mein Interesse an der Typografie um das selbstständige Entwickeln von Schriften erweitert. Die intensive Auseinandersetzung mit Schriften, hat mir eine neue Welt für das Schriftverständnis eröffnet und auch mein Interesse für die Typografie geschärft. So widme ich mich auch nach meinem Studium gerne der Welt der Schriften und bin stets auf der Suche nach frischen Ideen für neue Schriften.

Der Pool an verfügbaren Schriften ist sehr groß, warum hast Du Dich dem Schriftentwurf gewidmet? Oder anders gefragt: braucht es noch eine neue Schrift?

Gerade weil es schon so viele Schriften gibt, ist die Herausforderung umso stärker, eine neue Schrift zu kreieren, die es im Ansatz noch nicht gibt. Die Geschmäcker und Trends erweitern sich stetig, so müssen auch neue Schriften für den zeitgenössischen Gestalter kontinuierlich entwickelt werden.

Was ist das Besondere an Deiner Schrift? Warum hebt sie sich von anderen ab?

Auf der Suche nach der besonderen Idee für eine Schrift, lasse ich mich immer durch verschiedene Dinge inspirieren. So entstanden auch die beiden hier abgebildeten Schriften: ILOSEON, die der irrealen Welt entspringt und an unmöglichen Objekten orientiert ist sowie FGÜ, die die Realität adaptiert und als Zebrastreifen verwendet werden kann. Das Tolle an den Schriften ist, das sie in sich Themen beherbergen, die so extravagant sind, dass die Schriften über gewöhnliche Layouts hinweg verwendet werden können, zur kreativen, spielerischen Weiterverwendung einladen und den Gestalter dadurch zusätzlich fordern.

Typografie als Gestaltungselement — was bedeutet das für Dich?

Typografie als primäres Gestaltungselement kann, meiner Meinung nach, dem Design viel mehr Tiefe verleihen als beispielsweise manches Bild. Während bei einem Bild auf den ersten Blick fast alles gesagt wird, transportiert Typografie eine Stimmung und regt die Phantasie an, weiter zu träumen. Typografie lässt Spielraum für den Gestalter und lädt immer wieder erneut dazu ein, durch gekonnte Mischung eine neue Interpretationsebene für den Betrachter zu schaffen. Daher empfinde ich das Arbeiten mit der Typografie als Gestaltungselement jedes Mal als ein neues, spannendes Abenteuer.

Hast Du einen Lieblingsbuchstaben und/oder eine Lieblingsschrift?

Es ist für mich sehr schwer, mich nur auf einen Lieblingsbuchstaben oder eine Lieblingsschrift festlegen zu müssen. Wozu auch? Es gibt so viele schöne Schriften — da wäre es ja langweilig, wenn ich mich nur auf eine bestimmte festlege!

Wenn mir eine Schrift gefällt, dann liegt es am Schriftbild selbst: die feinen Details, die die Schrift zu etwas Besonderem machen, aber auch eine durchgängige Linie bzw. Regel erkennen lassen, der die Schrift zugrunde liegt. Besonders sympathisch finde ich Schriften, die sich durch Originalität abheben: eine ungewöhnliche Punzen-, Rundungs- oder Endungsform der einzelnen Satzzeichen aufweisen, die man nicht schon tausendmal gesehen hat. Sicherlich kann man bei dem vorhandenen Schriften-Repertoire die Welt nicht mehr neu erfinden und dennoch fallen einem hier und da schöne Schriften auf, die das Auge erfreuen und mit welchen das Gestalten mehr Spaß bereitet.

Bist Du mit der Wahl Deines Studienfachs zufrieden? Würdest Du noch einmal das Gleiche studieren?

Ja, ich bin mit der Wahl meines Studienfachs sehr zufrieden gewesen, bin es immer noch und würde es jederzeit noch mal studieren. Vor einigen Jahren habe ich einen guten Spruch entdeckt, der ebenso eine gute Antwort auf diese Frage wäre. Und zwar lautete der Spruch: *Finde einen Job, der dir gefällt und Du musst nie wieder arbeiten!* Diesen Spruch zu leben und als Designer einer Tätigkeit nachzugehen, die einem wirklich gefällt, ist ein schöner Nebeneffekt und steigert auch das persönliche Lebensgefühl.

Wie beurteilst Du die typografische Ausbildung an Deiner Hochschule? Was würdest Du Dir wünschen, was könnte intensiviert werden?

Die typografische Ausbildung an meiner Hochschule war sehr zufriedenstellend. Ich hatte sehr viel Spaß und habe aufgrund des eigenen Interesses an Typografie die gegebenen Möglichkeiten an der Hochschule genutzt.

Visual Braille

MICHAEL RUSS , THEO SEEMANN , CHRISTOPHER HELLER Merz-Akademie Stuttgart, 4. Semester SS 09, Lutz Enerle

Während eines Typografie-Workshops mit Lutz Eberle entwickelten wir eine Schrift, die auf den Braille-Zeichen der Blindenschrift beruht. Die Schrift kombiniert ein visuelles mit einem haptischen Erleben. Sie kann konventionell gesehen und gelesen werden, gleichzeitig aber auch von sehbehinderten Menschen gefühlt werden.

Dies hat zum einen den Vorteil, dass der gleiche Text nicht zweimal geschrieben werden muss, zum anderen aber auch das Erlernen der Schrift einfacher gemacht wird und somit das gesellschaftliche Bewusstsein gegenüber sehbehinderten Menschen verändert wird.

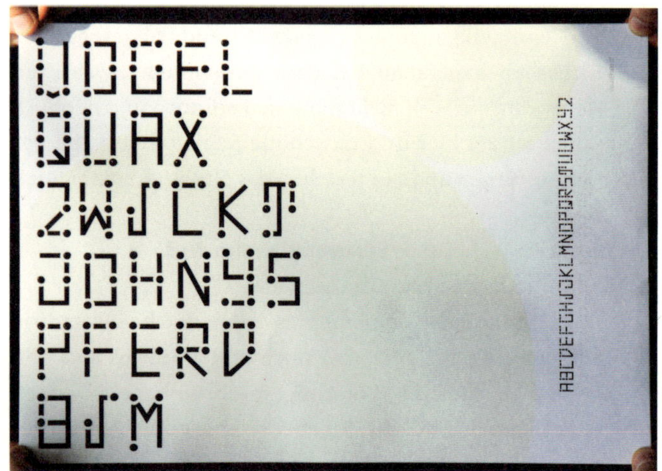

ABCDEFGHIJKLMNOPQRS

JJ Realis

abcdefghijklmnopqrstuvwxyz
ABCDEFGHIJKLMNOPQRSTUV
WXYZ 1234567890 1234567890
äãåâáàæ ç ëéèê íìîï ñ öõôøóòœ
š ß üúùû ÿž ÄÃÅÂÁÀÆ Ç ËÊÉÈ
ÏÎÍÌ Ñ ÖÕÓÔÒØŒ ÜÛÚÙ Š ÝŸ Ž
1324567890 1234567890 º ª / 1/678 % ‰
+ – — - _ ≠ = ≈ ~ ∞ ÷ × * < > ≤ ≥ ± ∫ / \ | ¦

JAKOB RUNGE, JULIANE KOEBLER HAW Würzburg, 6. Semester SS 09, www.26plus-zeichen.de/fonts/jj-realis

Eine Schrift, die zwar durch ihre leichte Eckigkeit charakteristisch, aber trotzdem sehr dezent und unaufdringlich ist. Ein guter Mittelweg zwischen HELVETICA und DIN: konstruiert, aber dennoch sehr gut lesbar. Bei genauerem Hinsehen wird die JJ REALIS durch subtile Details wie zum Beispiel den Abstrichen beim a oder d, zur Besonderheit. Diese spezifischen Formen wiederholen sich in den einzelnen Buchstaben immer wieder und machen sie zu einem großen Ganzen — einer Einheit, die zusammen funktioniert.

Ihre insgesamt 245 Zeichen sind, im Vergleich mit anderen Book-Schnitten, leicht geschnitten und wirken durch signifikante eckige Formen und ihren Konstruiertheit technisch.

Die JJ REALIS ist in erster Linie anwendbar. Durch ihren breit gefächerten Zeichensatz lässt sie Raum für Varianten. Aufgrund ihrer weiten Öffnungen ist sie gut lesbar und trotzdem in großen Schriftgrößen etwas *Besonderes*.

Zudem ist die x-Höhe der JJ REALIS verhältnismäßig groß und ihre Laufweite sehr schmal. Dies ist Platz-sparend und somit besonders ökonomisch. Ihr Name leitet sich vom lateinischen realis ab und bedeutet *sachlich, pragmatisch, objektiv, realistisch*. JJ steht für Juliane und Jakob und lehnt sich mit Augenzwinkern an die Abkürzungen großer Font-Foundries.

Impossible Karolina

KAROLINA ZREBIEC **Academy of Fine Arts in Krakow, Graphic Department, 1st semester of 3th year 2010, Wojciech Regulski**

In meinem Projekt IMPOSSIBLE KAROLINA entwickelte ich eine Versal-Schrift, die mit visuellen Täuschungen von M. C. Escher spielt. In ihrer formalen Erscheinung entspricht die Schrift der HELVETICA.

Die dreidimensional wirkenden Buchstaben existieren nur in der zweidimensionalen Wirklichkeit. Jeder Buchstabe ist ein eigenständiges, abstraktes Zeichen mit einer unmöglich erscheinenden inneren Struktur. IMPOSSIBLE KAROLINA ist ein Geduldsspiel für die Augen und die Vorstellungskraft des Betrachters.

ABCDEF
GHIJKL
MNOPQR
STUWXYZ
ĄĆĘŁŃÓŚŹŻ
.:,;!?(K@)-/<>

IMPOSSIBLE KAROILNA

ABCDEF
GHIJKL
MNOPQR
STUWXYZ
ĄĆĘŁŃÓŚŹŻ
.:,;!?(K@)-/<>

IMPOSSIBLE KAROILNA SHADOW

Greektura

SANDRA DOELLER **Hochschule der Künste Bern, 5. Semester WS 08/09, Hansjakob Fehr, Christoph Stähli Weisbrod**

GREEKTURA umfasst drei Schriftschnitte, die auf der Kombination einer überarbeiteten FUTURA mit Ornamentfragmenten griechischer Herkunft basieren. Die Schnitte ergeben sich aus dem Ein- und Ausblenden verschiedener Ornamentgruppen.

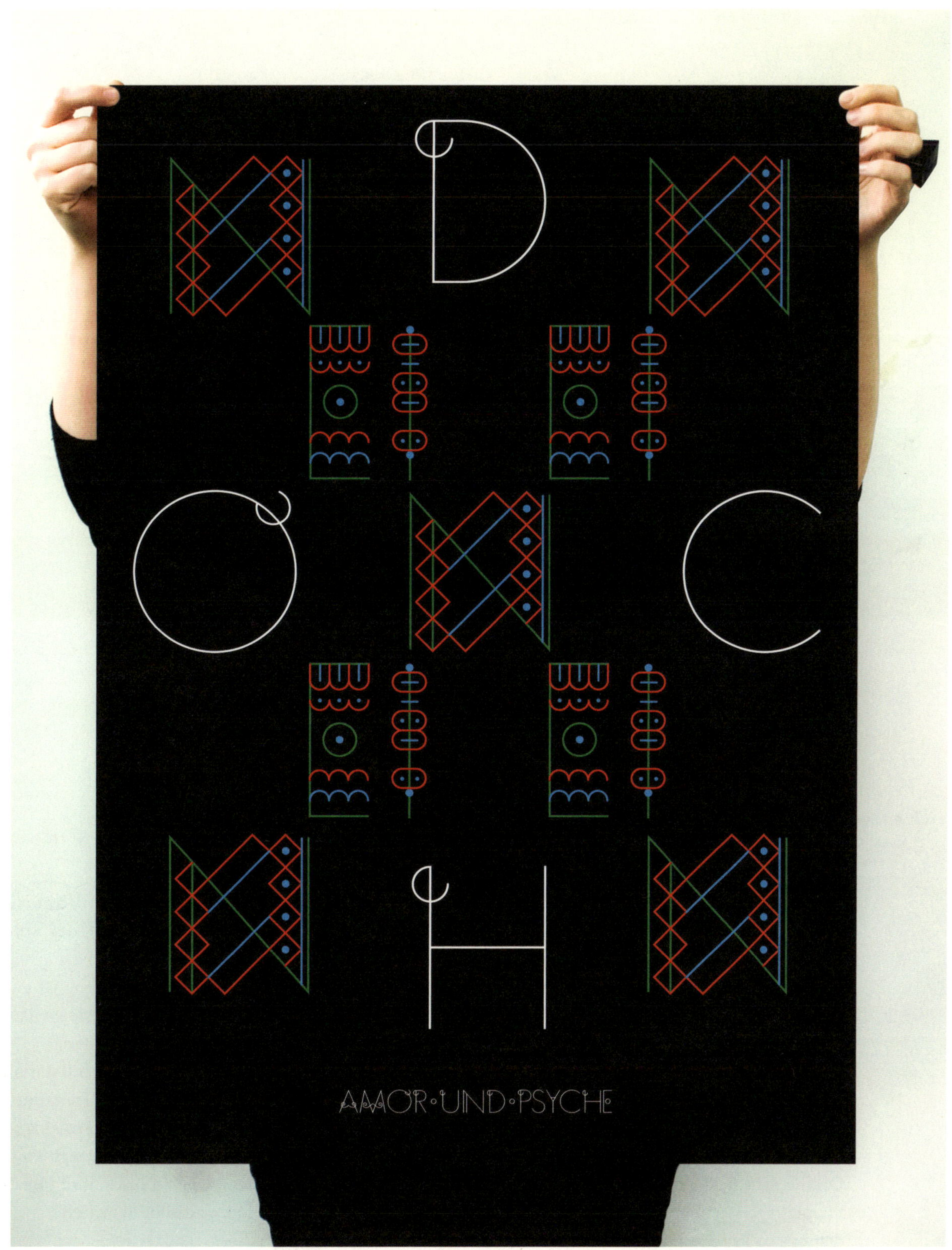
AMOR·UND·PSYCHE

Typocalypse

Ein Onlineportal über junges Typedesign

KAI MERKER, STEFAN HÜBSCH **Fachhochschule Trier, Fachbereich Gestaltung, 5. Semester WS 08/09, Prof. Andreas Hogan, www.typocalypse.com**

Bei diesem Projekt handelt es sich um ein Online-Portal rund um Typedesign.

TYPOCALYPSE soll eine Plattform über junges Typedesign werden. Wir möchten über Tutorials die Angst vor der Gestaltung der ersten Schrift nehmen und mit vielen Interviews und Artikeln, Lust auf Typedesign machen. Nicht zuletzt bieten wir eine Plattform, zur Präsentation eigener Schriften, ohne sofortige Freigabe zum Download.

Wir wollen mit TYPOCALYPSE kein weiteres Online-Schriften-Download-Portal ins Leben rufen. Vielmehr soll man etwas über die Motivation hinter den ersten Typedesign-Versuchen erfahren. So wird zum Beispiel nur jeweils ein Schriftmuster mit Domainadresse und Kontaktangabe des Studierenden zum Download bereit gestellt.

In der vierwöchigen Fachprüfung ist auch der Grundstein für ein Buch mit Interviews, Tutorials und Typedesign-Projekten entstanden.

Die po-Ligatur des Logos steht mit der Ähnlichkeit zum Infinity-Symbol für die Grenzenfreiheit. Sie soll unseren Anspruch an das Projektes unterstreichen: Junge Typedesigner lösen sich von klassischen typografische Regeln lösen und entwickeln auf diese Weise gute und neue Schriften.

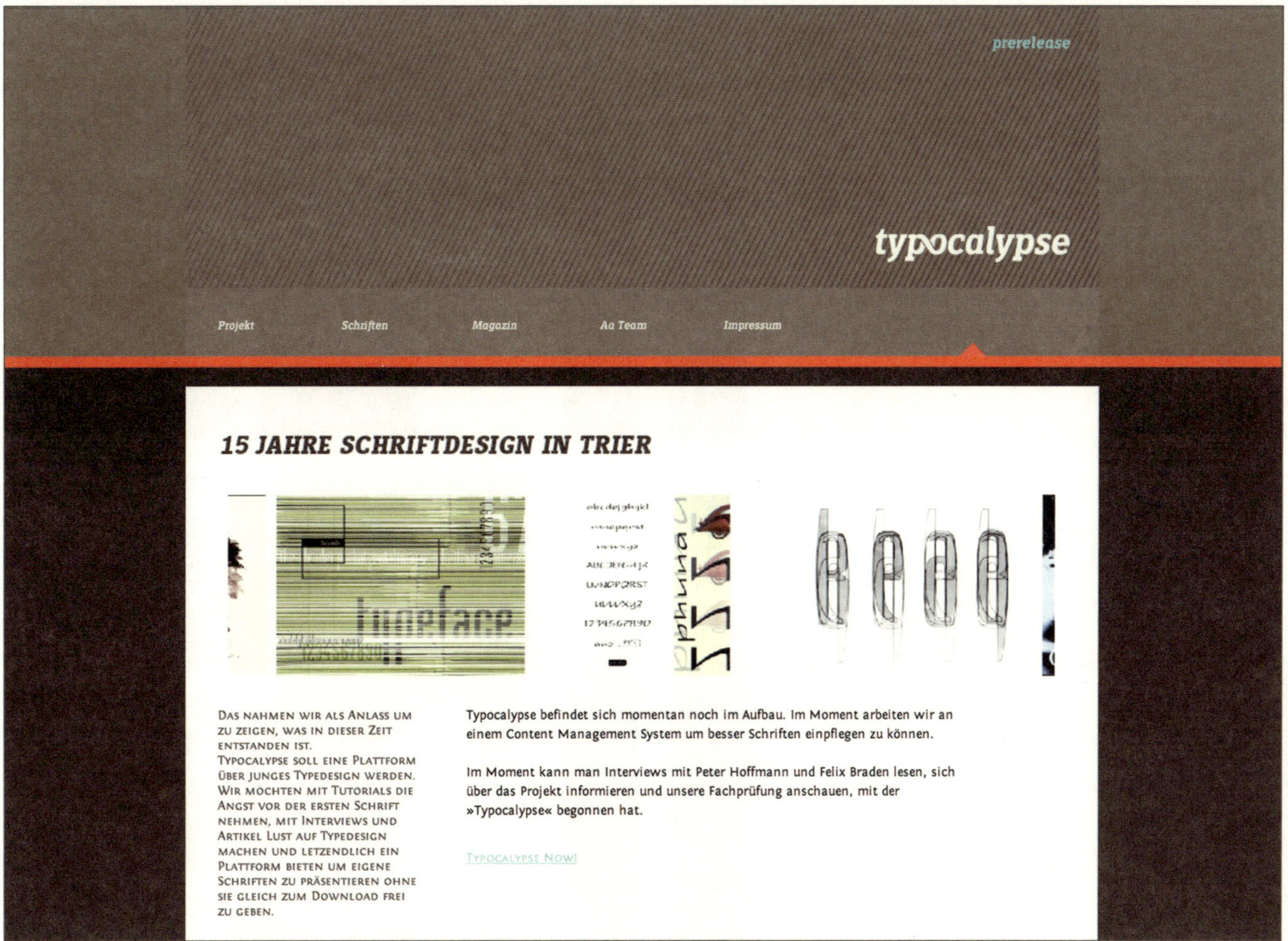
prerelease
typocalypse
Projekt
Schriften
Magazin
Aa Team
Impressum
15 JAHRE SCHRIFTDESIGN IN TRIER
Das nahmen wir als Anlass um zu zeigen, was in dieser Zeit entstanden ist.
Typocalypse soll eine Plattform über junges Typedesign werden. Wir möchten mit Tutorials die Angst vor der ersten Schrift nehmen, mit Interviews und Artikel Lust auf Typedesign machen und letzendlich ein Plattform bieten um eigene Schriften zu präsentieren ohne sie gleich zum Download frei zu geben.
Typocalypse befindet sich momentan noch im Aufbau. Im Moment arbeiten wir an einem Content Management System um besser Schriften einpflegen zu können.
Im Moment kann man Interviews mit Peter Hoffmann und Felix Braden lesen, sich über das Projekt informieren und unsere Fachprüfung anschauen, mit der »Typocalypse« begonnen hat.
Typocalypse Now!

prerelease
typocalypse
Projekt
Schriften
Magazin
Aa Team
Impressum
TYPOCALYPSE. KEINE ANGST VOR SCHRIFT.
15 Jahre »Typedesign« an der FH Trier. Das nahmen wir zu Anlass ein Projekt ins Leben zu rufen, das sich mit Typedesign beschäftigt. Zum einen wollen wir zeigen, was an der FH Trier in dieser Zeit entstanden ist, zum anderen aber auch ein Portal schaffen, das über Typedesign informiert und diskutiert.
Typocalypse ist im Rahmen einer Fachprüfung von Stefan Hübsch und Kai Merker im Fach Typografie an der FH Trier entstanden.
Schon 2007 hatte Stefan typocalypse.com reserviert. Durch die Motivation von Kai ein Portal für »Die erste eigene Schrift« zu schaffen war auch endlich ein Projekt für die wohlklingende Domain gefunden.
Bei unserer Fachprüfung gewann mit der Unterstützung von Prof. Andreas Hogan unser Projekt immer mehr an Form; er gab uns Anregungen, Korrekturen und vor allem das Material aus den letzten 15 Jahren.
Nun ist es an der Zeit, das die Internetseite wächst. Wir möchten zum einen Arbeiten der FH Trier zeigen, aber auch gerne Projekte um Schriftgestaltung bzw. studentische Typefaces anderer Hochschulen hier vorstellen. Wir möchten gerne online ein Magazin mit Interviews, Tipps, Trick und Links ins Leben rufen.
Zugehörig zur Internetseite entsteht gerade das Buch »Typocalypse: Now!«.
Für das Buch haben wir Benedikt Demmer mit ins Boot geholt.
Nach und nach werden wir jetzt unter »Schriften« eine Chronik der in Trier entstanden Schriften erstellen. Dies ist leider etwas komplizierter als erwartet, da wir uns teils mit Dateiformaten und Techniken rumschlagen müssen, die wohl älter als wir sind :-) Wir hoffen, dass wir, bevor uns die Schriften ausgehen, Kontakte zu anderen Hochschulen entstanden sind und so Typocalypse kein Projekt bleibt, das auf Trier beschränkt ist.

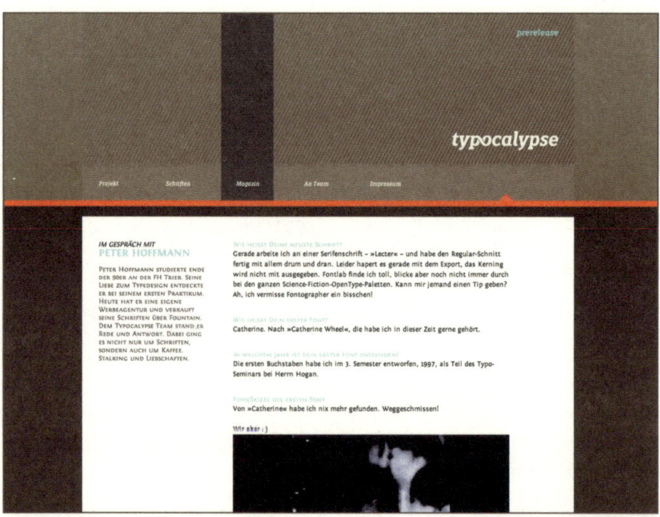
prerelease
typocalypse
Projekt
Schriften
Magazin
Aa Team
Impressum
Im Gespräch mit
PETER HOFFMANN
Peter Hoffmann studierte Ende der 90er an der FH Trier. Seine Liebe zum Typedesign entdeckte er bei seinem ersten Praktikum. Heute hat er eine eigene Werbeagentur und verkauft seine Schriften über Fountain. Dem Typocalypse Team stand er Rede und Antwort. Dabei ging es nicht nur um Schriften, sondern auch um Kaffee, Stalking und Liebschaften.
Gerade arbeite ich an einer Serifenschrift – »Lecter« – und habe den Regular-Schnitt fertig mit allem drum und dran. Leider hapert es gerade mit dem Export, das Kerning wird nicht mit ausgegeben. Fontlab finde ich toll, blicke aber noch nicht immer durch bei den ganzen Science-Fiction-OpenType-Paletten. Kann mir jemand einen Tip geben? Ah, ich vermisse Fontographer ein bisschen!
Catherine. Nach »Catherine Wheel«, die habe ich in dieser Zeit gerne gehört.
Die ersten Buchstaben habe ich im 3. Semester entworfen, 1997, als Teil des Typo-Seminars bei Herrn Hogan.
Von »Catherine« habe ich nix mehr gefunden. Weggeschmissen!

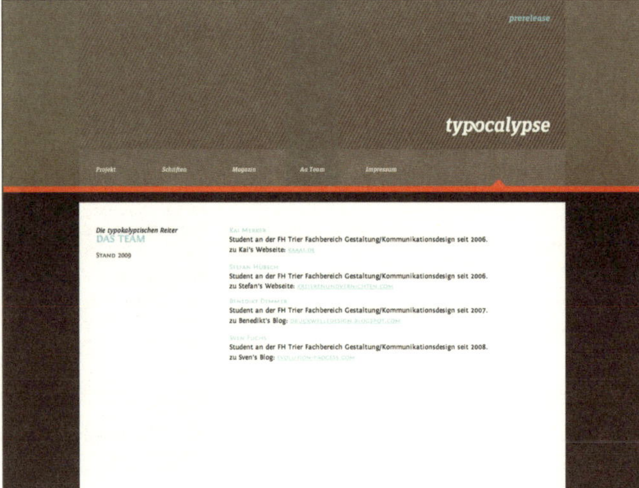
prerelease
typocalypse
Projekt
Schriften
Magazin
Aa Team
Impressum
Die typokalyptischen Reiter
DAS TEAM
Stand 2009
Student an der FH Trier Fachbereich Gestaltung/Kommunikationsdesign seit 2006.
zu Kai's Webseite:
Student an der FH Trier Fachbereich Gestaltung/Kommunikationsdesign seit 2006.
zu Stefan's Webseite:
Student an der FH Trier Fachbereich Gestaltung/Kommunikationsdesign seit 2007.
zu Benedikt's Blog:
Student an der FH Trier Fachbereich Gestaltung/Kommunikationsdesign seit 2008.
zu Sven's Blog:

prerelease
typocalypse
Projekt
Schriften
Magazin
Aa Team
Impressum
Alita
OLD No7
BLACK LABEL
&
VINTAGE

INTERVIEW MIT KAI MERKER

Wann hast Du das Interesse an Typografie entdeckt?

Früher habe ich Konzertplakate für meine damalige Band gestaltet. Low Budget, handgezeichnet, geklebt, kopiert; später immer mehr mit dem Computer. Dabei kam nach und nach das Interesse an der Typografie.

Der Pool an verfügbaren Schriften ist sehr groß, braucht es überhaupt noch neue Schriften?

Natürlich braucht es neue Schriften! Angepasst an neue Technologien, neue Medien oder einfach des Zeitgeistes wegen. In einem meiner Projekte zum Beispiel ist die entstandene Schrift eng mit der Geschichte des Gebäudes verbunden. Sie gibt dem Gebäude eine Identität, die mit einer anderen Schrift nicht erreicht werden würde.

Typografie als Gestaltungselement — was bedeutet das für Dich?

Für mich sind gute Gestalter in der Regel auch gute Typografen. Nach Konzept und Idee ist die Typografie das wichtigste Gestaltungselement.

Hast du einen Lieblingsbuchstaben und/oder eine Lieblingsschrift?

Einen Lieblingsbuchstaben habe ich nicht — beim Skizzieren fange ich allerdings meistens mit a, e und n an.

Eine Lieblingsschrift habe ich auch nicht. Momentan hat es mir allerdings die INGEBORG von Michael Hochleitner angetan. Mir gefällt, dass sie sowohl im Text gut funktioniert, in den fetteren Schnitten mehr Charakter bekommt als auch einfach massiv und plakativ steht.

Bist Du mit der Wahl Deines Studienfachs zufrieden? Würdest Du noch einmal das Gleiche studieren?

Ja! Ja!

Wie beurteilst Du die typografische Ausbildung an Deiner Hochschule? Was würdest Du Dir wünschen, was könnte intensiviert werden?

Ich bin glücklich mit meiner Entscheidung für Trier. Meiner Meinung nach ist die typografische Ausbildung hier sehr gut. Bleisatz, Editorial und Typedesign muss jeder Student bei uns im Grundstudium machen, bevor er sich später spezialisiert. Im Hauptstudium kann man dann selbst entscheiden, wo man Schwerpunkte legen möchte. Ich sehe es als Vorteil, dass wir engagierte Professoren haben, die sich ausschließlich der Lehre verschrieben haben und nicht nebenbei eine große Agentur am Laufen halten müssen.

Forma

IRVANDY SYAFRUDDIN **Hochschule für Kunst und Design, Burg-Giebichenstein Halle, 7. Semester WS 08/09, Prof. Anna Berkenbusch**

Wie jedes Jahr im Sommer veranstaltete die Hochschule für Kunst und Design, Burg Giebichstein Halle ein Sommerfest, bei dem alle Arbeiten aus allen Studiengängen vom jeweils vergangenen Semester der Öffentlichkeit präsentiert wurden. Der Event ist jedes Mal ein Highlight für die Hochschule — aber auch für die Stadt Halle.

Für dieses Sommerfest benötigte die Hochschule ein Visual für Plakate, Postkarten, Einladungen und den Programm-Flyer. Im Rahmen des Semesterprojekts beteiligten sich die Studierenden an der Gestaltung der Publikationen.

Die Burg Giebichenstein in Halle bietet ca. 20 Studiengänge in den Bereichen Kunst und Design an. Wie auch an anderen Kunst- und Design-Hochschulen können die Studenten hier an vielfältigen interessanten und experimentellen Projekten partizipieren und somit ihre Fähigkeiten weiter entwickeln. Die Burg Giebichenstein als *Spielplatz für kreative Ideen* bildet die Grund-Idee meines Konzepts für das Sommerfest.

Geknicktes Papier

LISA TEWS Designschule München, 3. Semester 2009, www.lisatews.com

In dem Projekt GEKNICKTES PAPIER bestand die Aufgabe darin, eine neue Schrift zu entwickeln und sie gebrauchsfertig zu editieren. Die Idee für meine Schmuck-Schrift stammt von gebogenen Papierschnipseln — vergleichbar mit Stoffbändern, die zu Schleifen gelegt werden.

Charakteristisch für GEKNICKTES PAPIER ist die Betonung des Verspielten. Dadurch entstehen Leichtigkeit und Dynamik. Die Schnörkel machen die Schrift als Fließtext-Schrift unbrauchbar, dafür eignet sie sich umso mehr als Display-Schrift, z. B. für Überschriften oder als Schmuck-Schrift.

backgroundtypography©

Über die Entwicklung einer Schrift mit frei kombinierbaren Buchstaben

JAKOB MAURER FU Bozen, 5. Semester WS 09/10, Prof. Silvia Sfligiotti, Prof. Wilco Lensink, www.jakobmaurer.com

BACKGROUNDTYPOGRAPHY© entstand im WS 09/10 im Rahmen des Projektes SENZA PAROLE — OHNE WORTE an der Freien Universität Bozen. Angelehnt an das klassische Myriorama wurde ein Font entwickelt, der durch freie Kombinierbarkeit einzelner Buchstaben ein stets neues, wortwörtliches Schriftbild erzeugt. Um dies zu ermöglichen, liegt jedem Buchstaben ein gleiches Raster mit festgelegten Dimensionen, Winkeln, Anfangs- und Endpunkten zugrunde. Der Buchstabe an sich wird also durch ein geometrisches (Schrift-)Zeichen ersetzt. Durch immer gleiche Spationierung, Zeilenabstände und Schriftgrößen können sowohl beliebige einzelne Buchstaben als auch Textpassagen, Liedtexte, Gedichte oder geheime Botschaften aneinandergereiht werden. So geht es bei dieser Schriftart in erster Linie nicht um Lesbarkeit, sondern vielmehr um die individuelle Generierung von Mustern mit Hilfe von Worten, aber ohne deren Signifikanz.

Ein weiterer Beweggrund für die Arbeit waren aktuelle Diskussionen über Standardschriften im Internet und die dadurch eingeschränkte Individualität einer Internetpräsenz. Mit Bezug auf Logos und Fließtexte konnte diese Individualität nur durch automatische Downloads von Schriftarten im Hintergrund oder durch die Einbettung von Bilddateien gewährleistet werden. Diese Vorgehensweise entspricht eher *Notlösungen*.

Da diese *Notlösungen* dann entweder zur massenhaften Verbreitung von geschützten Schriften oder zu längeren Ladezeiten führten, wurde das WEB OPEN FONT FORMAT (WOFF) entwickelt, das nun ermöglicht, Schriften in HTML-Codes einzubetten und damit browserunabhängig und ohne deren Download auf jedem Bildschirm sichtbar zu machen.

Ziel von BACKGROUNDTYPOGRAPHY© ist es, diese innovative Entwicklung zu nutzen und noch einen Schritt weiter zu denken. Dank des WOFF kann BACKGROUNDTYPOGRAPHY© problemlos als Schriftart in HTML-Codes eingebettet werden und darüber hinaus — im Vergleich zu üblichen Bilddateien — schneller und variabler zur Generierung von Hintergründen genutzt werden.

Um das Projekt BACKGROUNDTYPOGRAPHY© in all seinen Facetten zu kommunizieren, wurde zur Dokumentation eine Homepage entwickelt, welche zur exemplarischen Darstellung einer möglichen Nutzung und der Erklärung der Hintergründe des Projektes dient. Der Font BACKGROUNDTYPOGRAPHY© kann zunächst getestet und daraufhin als .ttf- oder .otf-Datei heruntergeladen werden.

abababababababababab
zrzrzrzrzrzrzrzrzrzr
abababababababababab
zrzrzrzrzrzrzrzrzrzr
abababababababababab
zrzrzrzrzrzrzrzrzrzr
abababababababababab
zrzrzrzrzrzrzrzrzrzr
abababababababababab
zrzrzrzrzrzrzrzrzrzr
abababababababababab
zrzrzrzrzrzrzrzrzrzr
abababababababababab
zrzrzrzrzrzrzrzrzrzr
abababababababababab
zrzrzrzrzrzrzrzrzrzr
abababababababababab

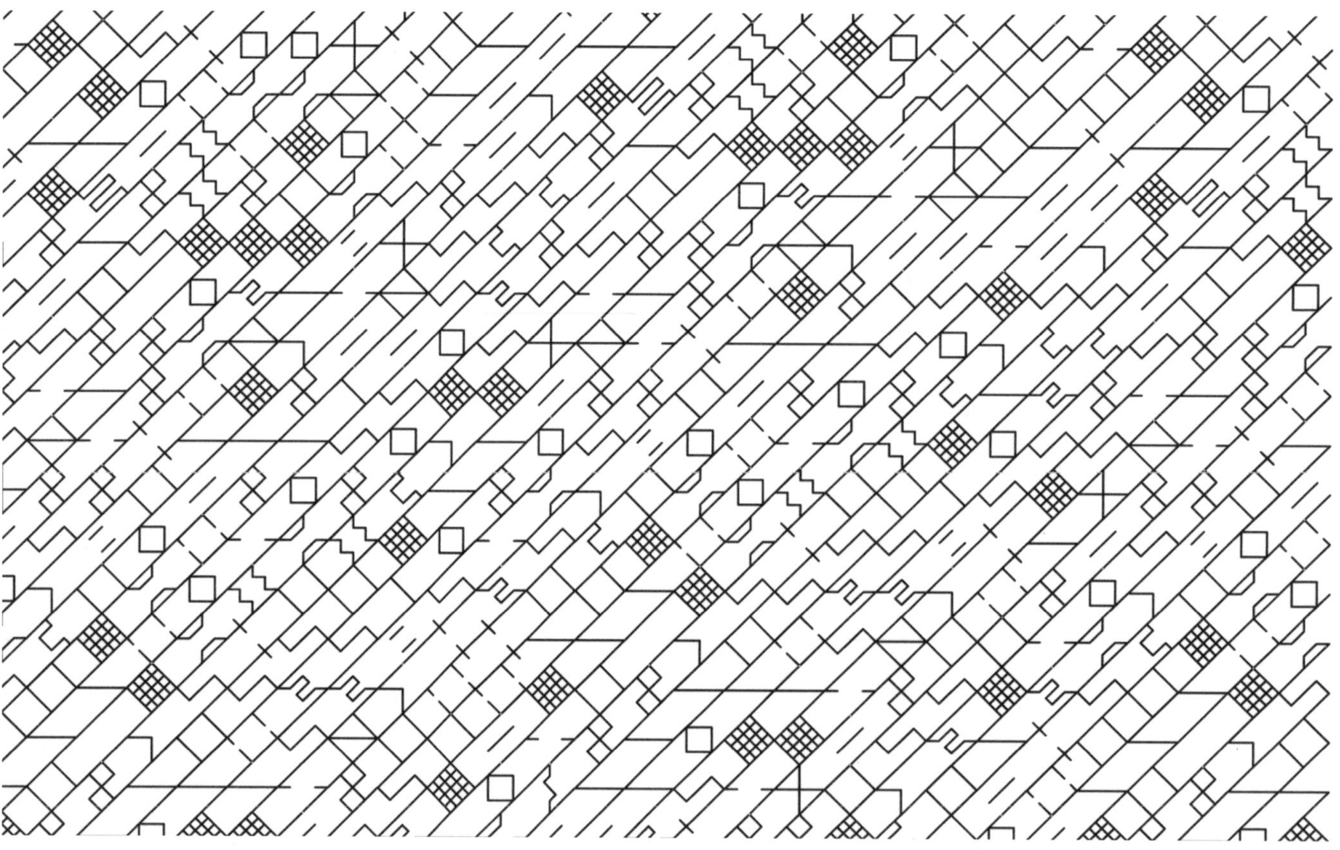

INTERVIEW MIT JAKOB MEURER

Wann hast Du das Interesse an Typografie entdeckt?

Als ich mich das erste Mal analog mit Schriften auseinandergesetzt habe: Es ging darum, Serifen- und Groteskschriften zu zerschneiden und die Fragmente der unterschiedlichen Charaktere zu fiktiven Logo-Entwürfen wieder zusammenzufügen.

Der Pool an verfügbaren Schriften ist sehr groß, warum hast Du Dich dem Schriftentwurf gewidmet? Oder anders gefragt: braucht es noch eine neue Schrift?

Wir leben allgemein in einer Überflussgesellschaft. Deswegen ist es richtig und wichtig, nach Daseinsberechtigungen zu fragen. Was meinen Schriftentwurf betrifft, so glaube ich, diese Berechtigung in der Herangehensweise und in der Aktualität des Projektes zu finden. Buchstaben werden zu Zeichen und in Kombination zu Mustern; das Schriftbild eines Textes wird sichtbar bzw. neu visualisiert. Gleichzeitig wird die Möglichkeit, Schriften im Internet unabhängig von Browserstandards einzubetten, für einen neuen Zweck genutzt — ein variables Hintergrundbild für Webseiten.

Typografie als Gestaltungselement — was bedeutet das für Dich?

Ich nehme die Bezeichnung *Schriftbild* sehr wörtlich.

Hast Du einen Lieblingsbuchstaben und/oder eine Lieblingsschrift?

In meinen Augen wird eine Schrift erst im richtig gewählten Kontext gut. Passend eingesetzt, kann auch die verpönte COMIC SANS Wirkung erzielen; deswegen ist es für mich schwierig, von einer Lieblingsschrift zu sprechen.

Bist Du mit der Wahl Deines Studienfachs zufrieden? Würdest Du noch einmal das Gleiche studieren?

Ja, ich bin sehr zufrieden. Mit denselben Voraussetzungen würde ich auch noch einmal das Gleiche studieren — mit den jetzigen Voraussetzungen vielleicht in eine etwas künstlerischere Richtung.

Wie beurteilst Du die typografische Ausbildung an Deiner Hochschule? Was würdest Du Dir wünschen, was könnte intensiviert werden?

Da mein Studiengang keine spezielle typografische Ausbildung ist, sondern eine Kombination aus Produkt- und Grafikdesign, bin ich mit dem Maß an Typografie zufrieden. Dennoch wünsche ich mir für mich selbst, auch nach dem Studium Zeit und Muße zu haben, meine Kenntnisse zu erweitern und allgemein zu intensivieren.

DieNachtwarkaltundst
ernenklar,datriebimM
eerbeiNorderneyeinSu
ahelischnurrbarthaar
dienächsteSchiffsuhr
wiesaufdrei.Mirschei
ntdamancherleinichtk
lar:manfragtdoch,wen
nmanLogikhat,wassuch
teinSuahelihaardennn
achtsumdreiamKattega
tt?DieNachtwarkaltun
sternenklar,datriebi
mMeerbeiNorderneyein
Suahelischnurrbartha
ardienächsteSchiffsu
hrwiesaufdrei.Mirsch

Polar LT Std

NADINE SCHERER FH Trier, 3. Semester WS 09/10, Prof. Andreas Hogan, und-dann-der-rest.blog.de

Ausgangspunkt des Alphabetdesigns war das Vorhaben, eine Schrift zu gestalten, die sich an keiner bekannten bereits existierenden orientiert. Das Formprinzip und der Charakter der Schrift sollten also neu erfunden werden ohne vorhandene Schriften zu modifizieren. So ist die Individualität der POLAR dem langen Prozess der Suche nach einer allgemein anwendbaren Form zuzuschreiben. Der Condensed-Charakter und die hohe x-Höhe verleihen der konstruierten Schrift eine gewisse Eleganz. Es sollte eine moderne serifenlose Headlineschrift entstehen.

Der Anwendungsbereich der POLAR ist breit gefächert. Die Schrift könnte sowohl im Kosmetikbereich und in der Automobilwerbung, als auch für Instrumente- oder Sportartikelhersteller verwendet werden. Sie wirkt modern und elegant, aber auch technisch und konstruiert.

abcdefghijklm
nopqrstuvwxyz
ABCDEFGHIJKLM
NOPQRSTUVWXYZ
,;.:-+!„§@€$&/()[]=?ß
1234567890
ÄäÖöÜü

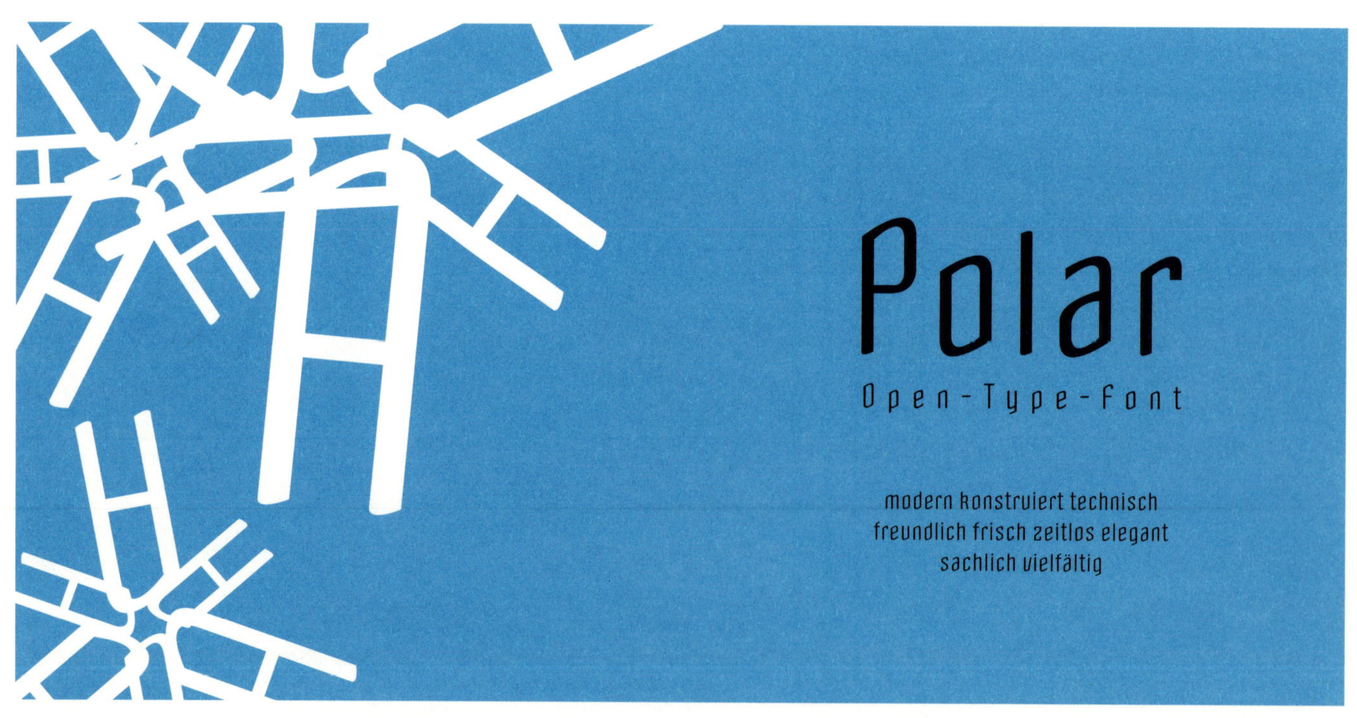

Bauplan Type

ISABEL SEIFFERT **Merz Akademie, Hochschule für Gestaltung Stuttgart, 4. Semester ws 08/09**

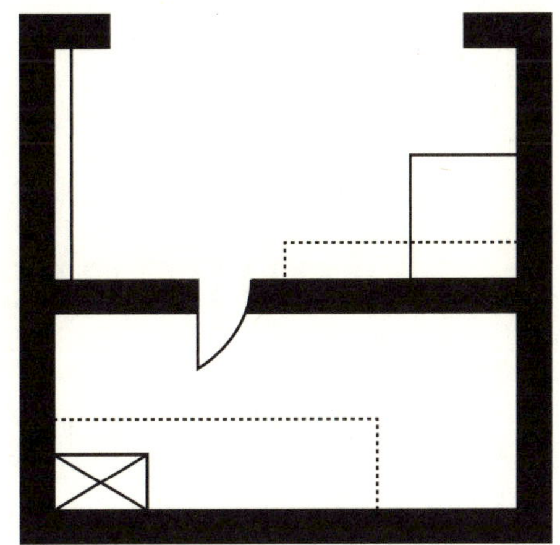

Während eines Workshops an der Merz Akademie im ws 08/09 habe ich mich mit dem Thema TYPOGRAFIE UND ARCHITEKTUR auseinandergesetzt.

Ziel meines Projekts war es, eine Schrift nach dem Vorbild von Grundrisszeichnungen zu entwickeln. Es entstanden eine Reihe interessanter, modularer und unverwechselbarer Visual-Keys.

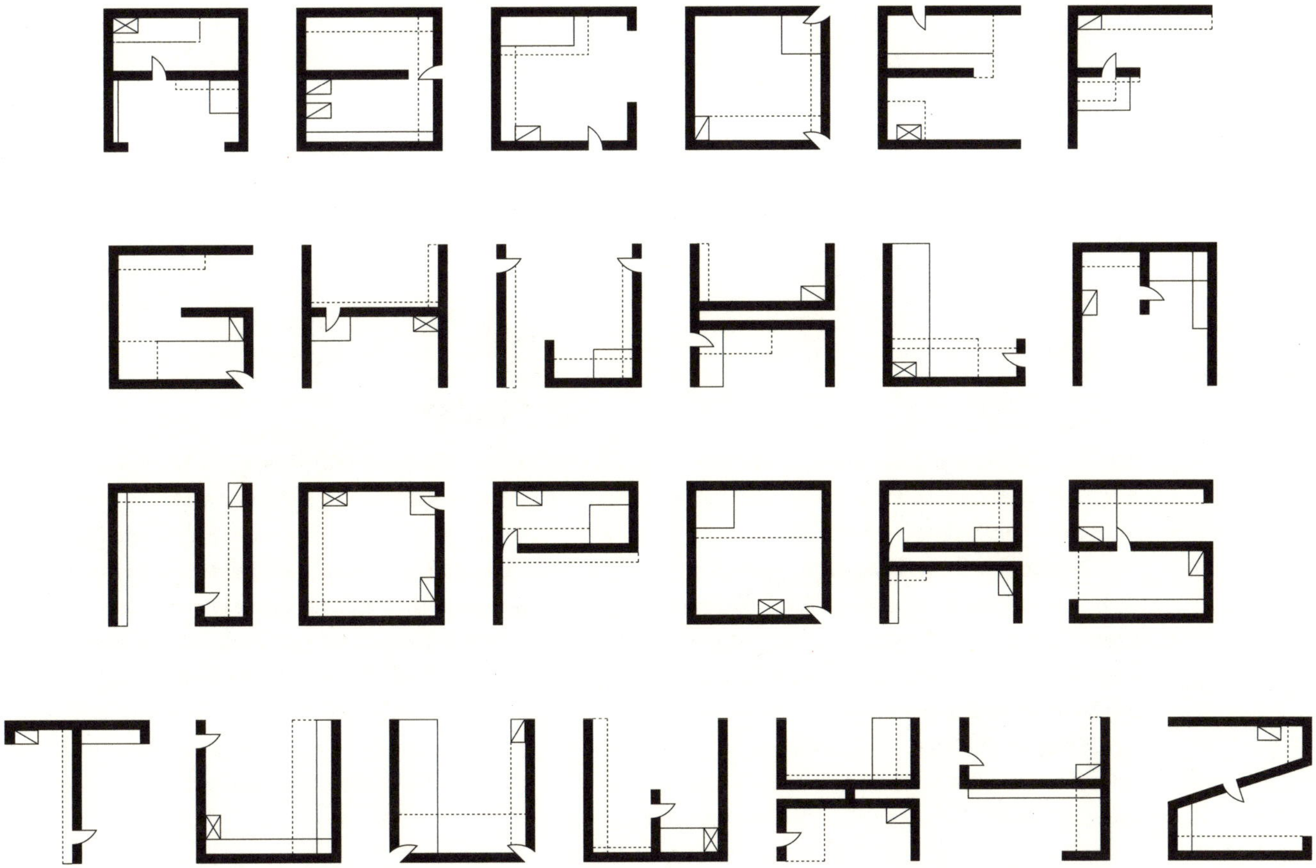

Mengentext am Bildschirm

Entwicklung der Schrift DIVE als Bildschirmfont

GERRIT LUKAS LOHMANN HGB Leipzig, Diplom SS 07/08, Prof. Fred Smeijers

Mit der Entwicklung meiner Schrift DIVE habe ich mich mit den Anforderungen an Mengentexte am Bildschirm auseinandergesetzt

Meine Schrift DIVE hat einen größeren Kegel als eine herkömmliche Antiqua-Schrift. Durch aufwendiges Hinting wurde das Anti-Aliasing deutlich reduziert. Auch die Formen und Abstände der einzelnen Buchstaben sind für den Bildschirm optimiert.

Die Gestaltung von Mengentext am Bildschirm orientiert sich am Buch, aber nutzt gleichzeitig die Vorteile des Bildschirms. Durch den Verzicht von Doppelseiten wird u. a. die Übersichtlichkeit gewahrt. Das Interface funktioniert über unterschiedliche Inhalte, es können verschiedene Texte eingebettet werden. Die Orientierung wird durch eine Laufleiste mit integrierter Seitenzahl erleichtert; eine Blätterfunktion erleichtert das Weiterkommen.

In die Benutzeroberfläche sind Multimedia-Elemente und Links innerhalb des Textes eingebunden. Zusätzlich können Inhalte auch verlinkt und interaktiv hervorgehoben werden. Eine Notizfunktion ermöglicht das direkte Bearbeiten des Gelesenen.

Dive

Kreise, hervorgerufen von einem Wassertropfen, der in die Wasserpfütze fällt auf der die Stadtansicht sich widerspiegelte. Durch eine beinahe schwindelerregende Kamerabewegung über Kopf und in die Runde wird eine computergenerierte Ratte, immer noch in der zurückhaltenden Farbgebung der Mondlichtatmosphäre, sichtbar. Diese Ratte tritt in die Pfütze und

Verdana

Kreise, hervorgerufen von einem Wassertropfen, der in die Wasserpfütze fällt auf der die Stadtansicht sich widerspiegelte. Durch eine beinahe schwindelerregende Kamerabewegung über Kopf und in die Runde wird eine computergenerierte Ratte, immer noch in der zurückhaltenden Farbgebung der Mondlichtatmosphäre, sichtbar. Diese Ratte tritt in die Pfütze und

Adobe Garamond Pro

Kreise, hervorgerufen von einem Wassertropfen, der in die Wasserpfütze fällt auf der die Stadtansicht sich widerspiegelte. Durch eine beinahe schwindelerregende Kamerabewegung über Kopf und in die Runde wird eine computergenerierte Ratte, immer noch in der zurückhaltenden Farbgebung der Mondlichtatmosphäre, sichtbar. Diese Ratte tritt in die Pfütze und schnuppert daran, um direkt aus dem Vorspann in den Film zu laufen, wo sie von einem heiße Luft ausströmenden

1999 führte MICROSOFT mit seiner CLEARTYPE-Technologie ein dediziertes Font-Anti-Aliasing mit seinem Betriebssystem XP ein. Im selben Jahr wurde mit dem NeXT-Betriebssystem ein systemweites Anti-Aliasing, genannt QUARTZ, eingeführt. Dies hat APPLE für sein Betriebssystem OSX übernommen. Allgemeineres AAL wurde möglich und zum Standard.

Im Jahre 2007 wurde das MacBook Pro mit einem 15,4 Zoll Bildschirm und einer nativen Auflösung von 1440 × 900 PX ausgeliefert. Es hat eine Auflösung von etwa 120 DPI und kommt damit einem einigermaßen hochauflösenden Druck nahe. Es gibt auch sehr gute PCS, beispielsweise verschiedene VAIO-Produkte von SONY oder LENOVOS ThinkPads, aber eben auch Billig-PCS. Ebenso im Jahr 2007 kam das APPLE IPHONE mit einer Auflösung von 640 × 480 PX und knapp 160 DPI in den Handel. High-End 2007 war aber der APPLE IPOD NANO in der dritten Generation; er hatte zwar nur 320 × 240 PX aber eine Auflösung von 200 DPI.

Dies sind alles multimedia-fähige Geräte, die problemlos interaktive Texte darstellen können und auch dank der LCD-Technologie in die Hosentasche passen. Sie bieten eine hohe Auflösung und Farbtreue, die zu einem Fotorealismus führen; zudem stellen sie bewegte Bilder und Töne dar. Steve Jobs, Mitgründer und CEO von APPLE INC., sagte zum Thema Lesen und damit dem Lesen an APPLE-Geräten allerdings: »People don't read anymore.« Und tatsächlich lesen 40 % der US-Bürger nicht mehr. Aber warum?

Obwohl Technik und Gesellschaft bereit sind, wird der Bildschirm als Ausgabemedium für mittellange Texte kaum genutzt. Die Möglichkeiten, die wir haben, werden meiner Meinung nach kaum oder nicht genutzt. Meine Arbeit beschäftigt sich damit, in der Situation von heute den Monitor als Trägermedium für mittellange Texte mit all seinen Vor- und Nachteilen nutzbar zu machen. Ich will dazu beitragen, den Bildschirm als effektiveres Lesemedium nutzen zu können.

Schon frühe Bücher wurden durch Bilder und Farbe oder Initialen angereichert. Inzwischen gibt es CDS, CD-Roms und DVDS, also Multimedia außerhalb des Buches. Ich nutze die technischen Gegebenheiten bestmöglich aus, kombiniere sie, wende die Möglichkeiten an und verbessere ihre Nutzung. Hierzu wird auch Wissen über Schrift und Schrifterstellung benötigt. Die technischen Möglichkeiten werden zwar noch kaum genutzt, aber mit einfachem XML und JavaScript lassen sich textliche Inhalte erweitern. Darum werde ich zeigen, dass durch eine für den Bildschirm optimierte Schrift und die vorhandenen Technologien das Lesen auf einem LCD für das Auge und den Geist sehr viel angenehmer wird.

Leider gibt es wenig Bildschirmschriften und für Bildschirmtypografie nur ungeeignete Satzprogramme. Unsere Gewöhnung entspricht nicht den technologischen Möglichkeiten, und die Belange der Industrie sind nur einseitig ausgelegt. Es herrscht eine negative Gewöhnung an den Fakt des Lesens auf Papier, eine *Es-geht-nicht*-Tradition. Die Industrie entwickelt immer noch nur Programme zur WYSIWYG-Darstellung — und im Hinblick auf Papier als Endprodukt.

Die externe Technik ändert sich und die Gewöhnung und Erfahrung wird anders. Auch wenn die Technik rasante Fortschritte macht, der Körper des Menschen ändert sich nur extrem langsam. Unser Körper ist derselbe wie vor fast 600 Jahren. Besserer Druck heißt nicht, dass wir schärfer sehen können. Wir können nicht plötzlich eine Schrift in sechs Punkt auf drei Meter Entfernung lesen. Traditionen haben sich im Laufe der Jahrhunderte gebildet und weiterentwickelt und es hat seine Gründe, dass die Buchseite so ist, wie sie ist. Geschmack ändert sich, aber die Seitenränder werden beispielsweise nie ganz fallengelassen. Es gibt einen optimalen Kontrast, einen guten Seitenspiegel. Normale Lesetexte haben bestimmte Parameter, diese Tradition will ich nicht brechen und sie soll mein Ansatz bleiben. Ich ziele aber auf bestimmte Erweiterungen um Musik und Ton, das bewegte Bild und den Film und vor allem auch die Hypertextualität, die Verlinkung im Text basierend auf dem Browser-HTML.

Traditionelle Schriften sind nicht für meine Anwendung brauchbar; heutige Bildschirmschriften von MICROSOFT oder ADOBE sind für mein Ziel nicht geeignet. Daraus ergibt sich die Notwendigkeit einer neuen Schriftgestaltung. Der Vergleich der ADOBE GARAMOND zu meiner DIVE zeigt, dass sie größer ist, um die Auflösung zu kompensieren, denn im Buchdruck werden heute, auch wenn LCDS immer besser werden, Auflösungen jenseits der tausender Marken verwendet. Klassische Schriften wie die GARAMOND haben eine zu kleine x-Höhe.

Schriften sind immer noch oft ein Kompromiss zwischen Druck und Bildschirm. Und trotz allen Hintings ist keine echte WYSIWYG-Darstellung möglich; die Fonts müssen immer noch gedruckt werden, um das Ergebnis beurteilen zu können. Die VERDANA ist im Vergleich mit der GARAMOND zwar schon viel größer, der Kegel ist aber noch zu klein. Meine DIVE ist im Vergleich zur GARAMOND noch einmal größer, hat aber im Gegensatz zur VERDANA auch einen ausreichend großen Kegel.

gg nn

TYPOGRAFISCHE PROJEKTE EDITORIAL

Þeudō

Eine typografische Bestandsaufnahme der deutschen Sprache

STEFAN LABERER FH **Würzburg-Schweinfurt, Diplom 2009, Prof. Christoph Barth, Prof. Uli Braun**

Þeudō ist eine Bestandsaufnahme der heutigen Situation der deutschen Sprache. In vier Kapitel unterteilt, spiegelt sie verschiedene Bereiche unserer Sprache wider — fast ausschließlich mit typografischen Mitteln. Neben der Visualisierung von quantitativen Merkmalen werden Wechselwirkungen zwischen dem Deutschen und anderen Sprachen, innerer Veränderungen und der globalen Verbreitung in adäquater Form dargestellt.

Format: Zeitung 74 Seiten, 61,0 cm × 46,5 cm offen

2008

de Wort — Finanzkrise
de Unwort — notleidende Banken
de Satz — –

at Wort — Lebensmensch
at Unwort — Gewinnwarnung
at Spruch — Wir haben nur unsere Stärken trainiert, deswegen war das Training heute nach 15 Mi
at Unspruch — Es reicht!

li Wort — Steueraffäre
li Unwort — EU-Betrugsabkommen
li Satz — Von einer Steueroase zu einer Oase der Stabilität.

ch Wort — Rettungspaket
ch Unwort — Europhorie
ch Satz — Wir müssen nicht nur das Zuckerbrot benutzen, sondern auch d

2004

de Wort — Hartz IV
de Unwort — Begrüßungszentrum
–
…rmonisierung

deutsche Spra

sanft

hrfurchtsvoll

n toten Spra

23 %

Have it your way

BURGER KING
mach's/nimm's auf deine Weise | ganz nach deiner Art
Hast du deinen Weg? | Nimm's mit auf den Weg!

18 %

Welcome to the Beck's experience

BECK'S
Das Beck's Erlebnis begrüßt dich | Willkommen beim Beck's Erlebnis
Willkommen beim Beck's Experiment

13 %

A State of Happiness

CENTERPARCS
Ein Platz sowie ein Zustand (Wortspiel) der Glückseeligkeit
ein Staat der Glücklichkeit | mit Glück Staat machen | statt happy zu sein

City
Großstadt
city center

Transvestitenkleidugng

Abschneidevorrichtung
editor

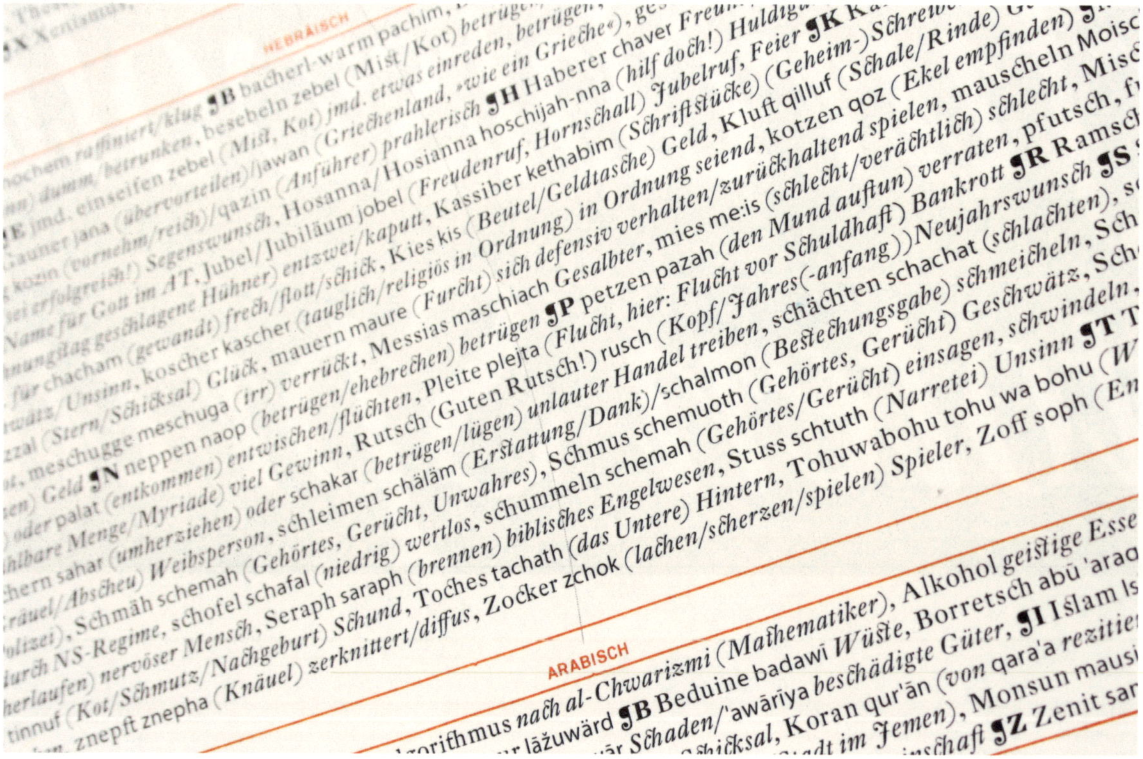

HEBRÄISCH

ARABISCH

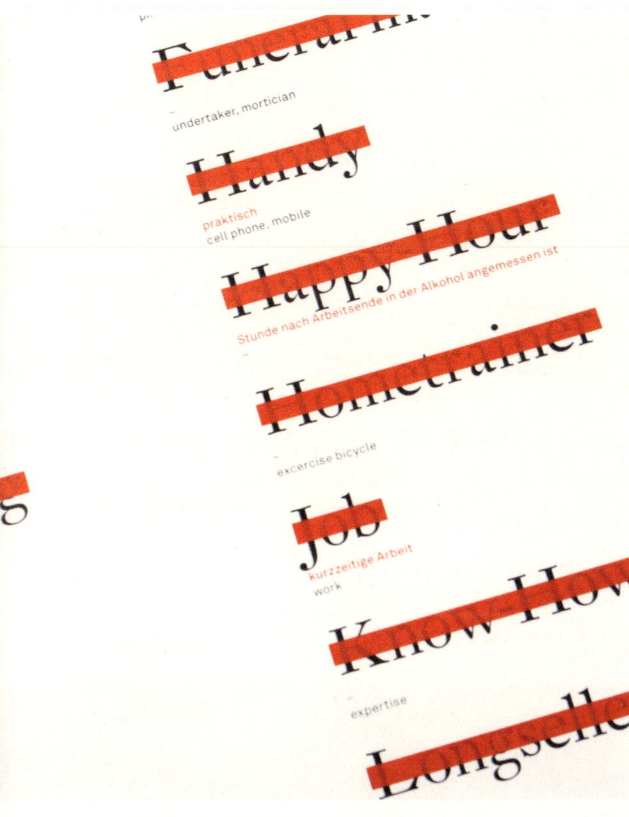

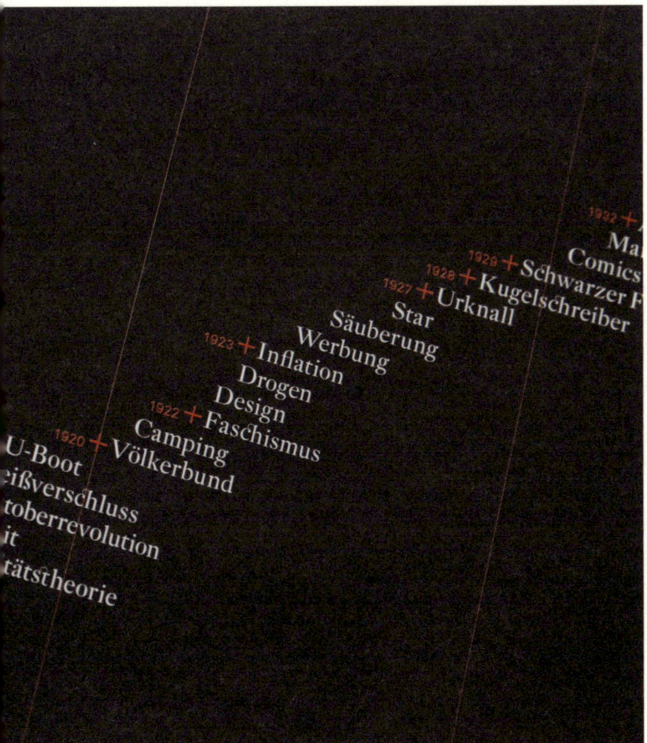

INTERVIEW MIT STEFAN LABERER

Wann hast Du das Interesse an Typografie entdeckt?

Eigentlich erst an der Hochschule: Im ersten Semester haben wir zehn komplette Schriftsätze nachgezeichnet; von der HELVETICA bis zur GARAMOND. Hierdurch wurde mein Interesse an den Feinheiten, Eigenarten und Charakteren von Schriften geweckt, was sich bis heute nicht geändert hat.

Typografie als Gestaltungselement — was bedeutet das für Dich?

Typografie dient der Übermittlung von Informationen. Leider werden wir häufig genötigt, uns durch einen schlecht gesetzten Text zu kämpfen, um an den Inhalt zu kommen. Darum gilt mein erstes Augenmerk dem guten Satz.

Wenn ich an einem Projekt arbeite, das danach verlangt, Typografie als grundlegendes Element, z. B. als Grafik, zu verwenden, probiere ich die Grenzen zwischen Lesbarkeit, Form und Inhalt zu finden.

Hast Du einen Lieblingsbuchstaben und/oder eine Lieblingsschrift?

a, e, b, 3, 5 und 8 gehören zu meinen Lieblingszeichen — wahrscheinlich, weil sie für mich den grundlegenden Charakter einer Schrift widerspiegeln.

Lieblingsschriften hatte ich schon viele. Die letzte war die DTL FLEISCHMANN, die ich in meiner Diplomarbeit verwendet habe. Bei einer sehr guten Lesbarkeit hat sie doch noch soviel Eigenes, mit dem man Akzente setzten kann, mit denen es leicht fällt zu arbeiten.

Bist Du mit der Wahl Deines Studienfachs zufrieden?
Würdest Du noch einmal das Gleiche studieren?

Ja und ja.

Wie beurteilst Du die typografische Ausbildung an Deiner Hochschule?
Was würdest Du Dir wünschen, was könnte intensiviert werden?

Die typografische Ausbildung, die ich genoss, war sehr gut und im Moment fällt mir nichts ein, was in dieser Hinsicht besser sein könnte.

filtern — vom Lesen zum Wissen

Ein Buch über das Lesen und Arbeiten mit Texten und Büchern

BETTINA SCHREINER HBK Braunschweig, Diplom WS 08/09, Prof. Ulrike Stoltz, Silke Helmerdig, Dr. Rolf Nohr, www.tina-anna-lene.de

Das Buch thematisiert das Lesen und Arbeiten mit Texten und Büchern. Insbesondere wird der Wandel, den dieser Prozess durch die Digitalisierung der Text- und Buchbestände erfährt, betrachtet. Das Kompendium vereint Zitate, Interviews und Ergebnisse aus Umfragen.

Das Buch ist nicht-linear angelegt. Ein ausgiebiges Blättern im Buch wird durch eine Verlinkung der Texte angeregt. Der eigene Arbeitsprozess spiegelt sich in dem Buch wieder.

Aus dem Vorwort: »Lieber Leser, liebe Leserin, ich heiße Sie herzlich willkommen zur Buchprobe. Bitte nehmen Sie sich Zeit, dem vielseitigen Angebot an Lesefrüchten auf die Spur zu kommen. Die Verknüpfung der Texte spannt ein Netz von Assoziationen. Es gilt zu probieren, Eindrücke zu sammeln, und eigene Vorlieben zu entdecken. Ich möchte Sie einladen, in dieses gedankliche Gewebe einzutauchen.«

Zitierte Autoren sind Hans Blumenberg, Olaf Breidbach, Norbert Bolz, Jorge L. Borges, Richard de Bury, Roger Chartier & Guglielmo Cavallo, Johann A. Comenius, Norbert Groeben, Ivan Illich, Heather J. Jackson, Kevin Kelly, Alberto Manguel, Marshall McLuhan, John Updike, David Weinberger, u. v. a.

FILTERN VOM LESEN ZUM WISSEN
VOM LESEN
ZUM WISSEN

"CIAO"
Erkenntnis
Information + Wissen
Wissen
Wissen + Handeln

INTERVIEW MIT BETTINA SCHREINER

Wann hast Du das Interesse an Typografie entdeckt?

Als Teenager fand ich Magazine toll und habe gerne Collagen aus Bildern und Schriften, die mir gefielen, geklebt. Das war natürlich noch kein bewusster Umgang mit Typo, aber das Interesse für Schriften hat sich da schon gebildet. Dass es Typografie gibt, habe ich erst im Vorsemester an der Bildkunstakademie in Hamburg erfahren. Da sollten wir Schriften groß kopieren und daraus Bilder machen. Das fand ich ziemlich interessant.

Typografie als Gestaltungselement — was bedeutet das für Dich?

Das kommt auf die Arbeit an, die ich gestalte. Generell würde ich sagen: Die Typografie gibt den Inhalten einer Arbeit ein Gesicht. Sie prägt deren Wahrnehmung. Es ist wichtig, dass sich Beides zu einem Gesamtbild ergänzt.

Hast Du einen Lieblingsbuchstaben und/oder eine Lieblingsschrift?

Einen Lieblingsbuchstaben habe ich nicht. Ich mag meine Initialen: BS. Lieblingsschriften wechseln oft. Ich kann nur sagen, welche Schrift ich nicht so gerne mag: die ROTIS.

Bist Du mit der Wahl Deines Studienfaches zufrieden? Würdest Du noch einmal das Gleiche studieren?

Ich wollte früher Meeresbiologie studieren und wenn ich mal unzufrieden mit meinem Job bin, denke ich, das wäre besser gewesen. Aber ich weiß, dass es anders herum genauso gewesen wäre und bedauere gar nichts! Ich würde gerne noch mal studieren. Das Studium war toll.

Wie beurteilst Du die typografische Ausbildung an Deiner Hochschule? Was würdest Du Dir wünschen, was könnte intensiviert werden?

Meine Ausbildung an der HBK Braunschweig (Diplom-KD) war sehr frei. Jeder konnte im Hauptstudium seinen Interessen folgen und eigene Schwerpunkte setzen. Das kam mir gelegen. Ulrike Stoltz, die die meisten meiner Studienprojekte betreut hat, war immer sehr offen und interessiert. Ich habe viel vom Austausch mit ihr und den anderen Studierenden im Plenum gelernt.

Die Ausbildung an der HBK war zwar nicht sehr praxisbezogen, aber solchen Einschränkungen muss man sich im Studium auch nicht unbedingt unterwerfen.

SchriftStueck — Typografisches Theater

Eine typografische Interpretation klassischer Theaterstücke

CAROLINE HEDINGER FH Trier, Diplom SS 09, Prof. Andreas Hogan, www.carolinehedinger.com

SCHRIFTSTUECK ist ein Magazin für Theaterliteratur, das es sich zur Aufgabe macht, klassische Theaterstücke typografisch zeitgemäß zu interpretieren. Dies findet in Form von ansprechender Lesetypografie und illustrativen Schriftinszenierungen statt — ohne dabei den Inhalt zu verändern oder zu verfälschen. Ziel des Magazins ist es, die Texte wieder ins aktuelle Interesse zu rücken.

SCHRIFTSTUECK versucht die Neugier, über den Inhalt des Stückes hinaus, auch durch kontemporäre Anreize, wie der digitalen Version — dem E-Book — mit Animationen, Audio- und Vokabelfunktionen sowie durch ansprechende Gestaltung zu wecken.

Der Name setzt sich zusammen aus *Schrift*, auf den typografischen Aspekt hinweisend, und *Stueck*, auf das Theaterstück hinweisend, das sich in diesem Fall das Papier und den Bildschirm zur Bühne, und die Schrift und deren Inszenierungen zu den Akteuren macht.

Das Magazin besteht aus drei Teilen: dem jeweiligen Stück der Ausgabe, Erläuterungen und Hilfen zum Stück sowie dem interaktiven E-Book auf CD.

merNight's Dream
William Shakespeare

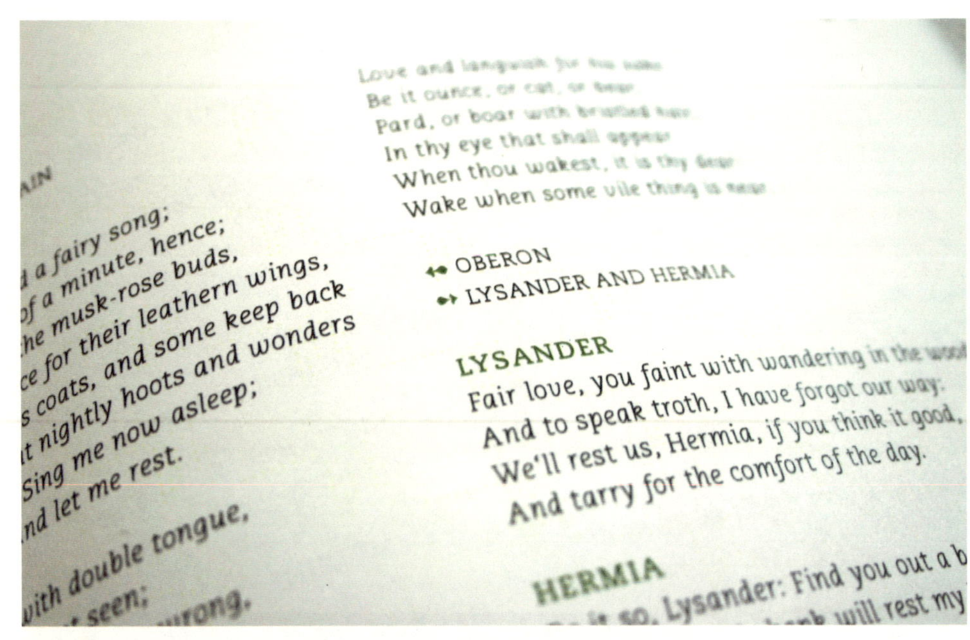
OBERON
LYSANDER AND HERMIA
LYSANDER
Fair love, you faint with wandering in the
And to speak troth, I have forgot our way:
We'll rest us, Hermia, if you think it good,
And tarry for the comfort of the day.
HERMIA
Lysander: Find you out a

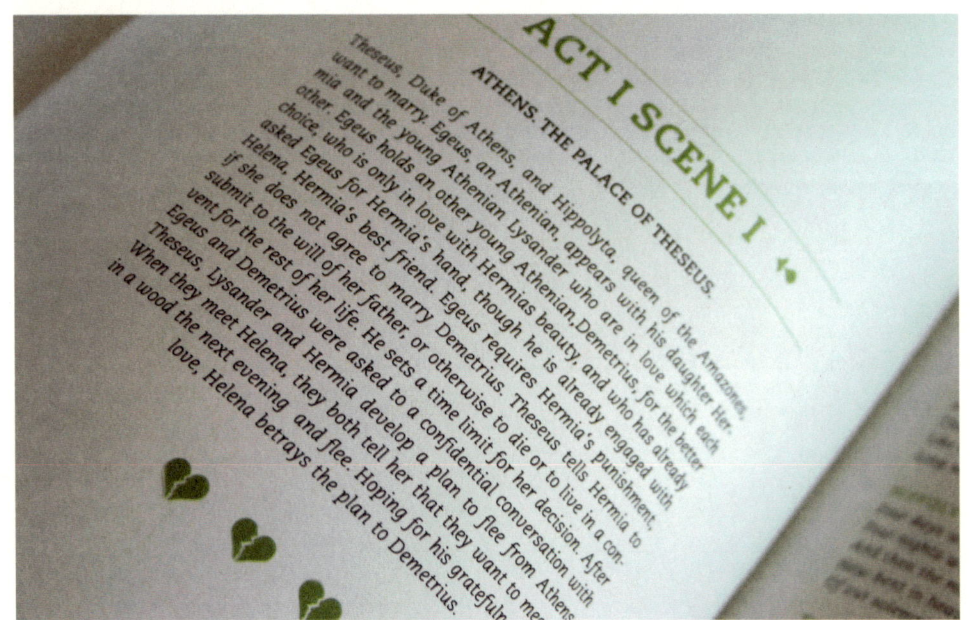
ACT I SCENE I
ATHENS. THE PALACE OF THESEUS.
Theseus, Duke of Athens, and Hippolyta, queen of the Amazones,
want to marry. Egeus, an Athenian, appears with his daughter Hermia and the young Athenian Lysander who are in love which each
other. Egeus holds an other young Athenian,Demetrius, for the better
choice, who is only in love with Hermias beauty, and who has already
asked Egeus for Hermia's hand, though he is already engaged with
Helena, Hermia's best friend. Egeus requires Hermia's punishment,
if she does not agree to marry Demetrius. Theseus tells Hermia to
submit to the will of her father, or otherwise to die or to live in a con-
vent for the rest of her life. He sets a time limit for her decision. After
Egeus and Demetrius were asked to a confidential conversation with
Theseus, Lysander and Hermia develop a plan to flee from Athens
When they meet Helena, they both tell her that they want to
in a wood the next evening and flee. Hoping for his grateful
love, Helena betrays the plan to Demetrius.

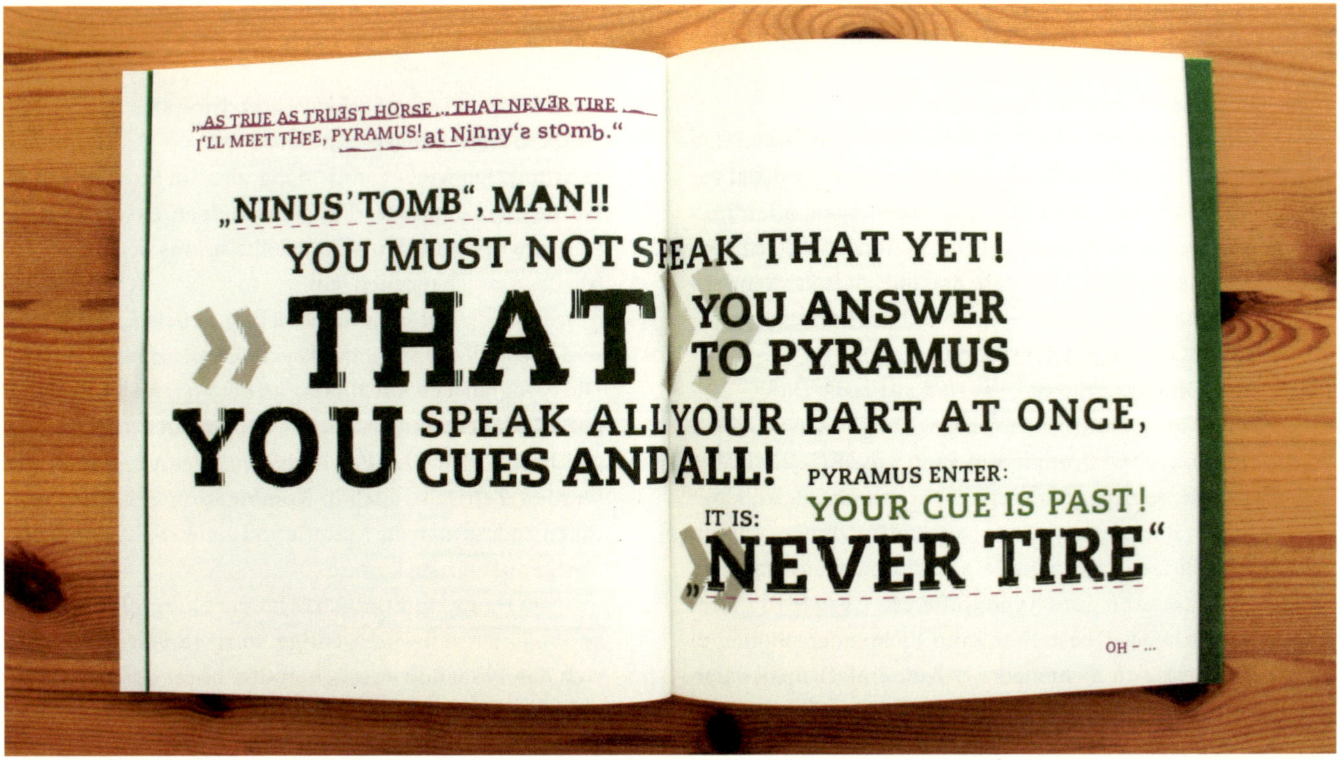

„AS TRUE AS TRUEST HORSE ... THAT NEVER TIRE ...
I'LL MEET THEE, PYRAMUS! at Ninny's stomb."
„NINUS' TOMB", MAN!!
YOU MUST NOT SPEAK THAT YET!
»THAT« YOU ANSWER TO PYRAMUS
YOU SPEAK ALL YOUR PART AT ONCE, CUES AND ALL!
PYRAMUS ENTER:
YOUR CUE IS PAST!
IT IS:
„NEVER TIRE"
OH - ...

ZEITGESCHICHTE

DEMETRIUS IS THE YOUNG ATHENIAN WHO SHOULD HERMIA

INTERVIEW MIT CAROLINE HEDINGER

Wann hast Du das Interesse an Typografie entdeckt?

Mit 13/14 habe ich angefangen, im Unterricht Songtexte und Zitate in meine Kladden zu *malen*. Ich habe dabei versucht, den Inhalt in die Schrift zu übertragen. Allerdings geschah das noch ohne jegliche Kenntnisse — einfach nur, weil es mir Spaß gemacht hat und ich etwas Schönes aufs Papier bringen wollte. Das wirkliche Interesse an der Materie kam erst mit dem Studium.

Typografie als Gestaltungselement — was bedeutet das für Dich?

Typografie ist natürlich ein sehr wichtiger Aspekt in der Gestaltung. Das Drumherum kann großartig sein, aber wenn die Schrift überhaupt nicht stimmt, dann kann man den Rest auch nicht so ganz ernst nehmen. Ich bin selten ein Freund von großem *Chichi*, meistens finde ich sogar, dass eine gute Typografie die Gestaltung zum wesentlichen Teil bestreiten kann. Viele andere Elemente braucht es da oft nicht mehr. Ich habe einfach Spaß daran, nach passenden Schriften zu suchen, Buchstabenabstände zu optimieren und Texte sauber zu setzen.

Bei einer Illustration achte ich schließlich auch darauf, dass die Details stimmen. Für mich hat Typografie als Gestaltungselement grundsätzlich den gleichen Wert wie ein Foto oder eben eine Illustration — wie man dann den Schwerpunkt setzt, das bleibt jedem selbst überlassen.

Hast Du einen Lieblingsbuchstaben und/oder eine Lieblingsschrift?

Nein, es gibt einfach zu viele gute Schriften und es kommt immer auf den Verwendungszweck an. Natürlich habe ich ein paar Lieblinge, wie z. B.:

— die THESIS, weil sie mit ihren vielen Schnitten sehr vielfältig und modern ist und schöne Details hat;
— die DIN mit kühler, aber sympathischer Neutralität;
— die JANE AUSTEN, eine sehr weich fließende Schreibschrift
... aber ich könnte jetzt noch eine Weile aufzählen ...

Letztendlich muss das Ensemble stimmen, Lieblingsschriften bekommen daher nur bedingt einen Vorzug. Einen Lieblingsbuchstaben habe ich nicht.

Bist Du mit der Wahl Deines Studienfaches zufrieden? Würdest Du noch einmal das Gleiche studieren?

Ja, stünde ich wieder am Anfang, also am Studienbeginn, würde ich mich wieder dafür entscheiden. Es war vor dem Studium das, was ich machen wollte, und es ist auch weiterhin das, was ich machen will.

Wie beurteilst Du die typografische Ausbildung an Deiner Hochschule? Was würdest Du Dir wünschen, was könnte intensiviert werden?

Die typografische Ausbildung an der FH fand ich wirklich gut. Eines der wenigen Fächer, in dem auch Theorie und gleichzeitig vielfältige Praxisarbeiten gelehrt und gefordert wurden. Zeitweise auch in Kombination mit Drucktechniken, sodass man die Materie von vielen Seiten angehen und kennenlernen konnte.

Im Hauptstudium gab es immer eine große Auswahl an Projekten, teilweise richtige Aufträge, von denen man sich das Passende aussuchen und unter der Betreuung unseres Professors bearbeiten konnte. Auch aktuelle Typo-Projekte aus Agenturen oder von Typografen wurden regelmäßig von unserem Professor vorgestellt.

Alles in allem hat mir in diesem Fach eigentlich nichts gefehlt, was ich nicht hätte selbst ändern können.

Now,
until the
break of day
through this
house each
fairy
stray

Bitte freimachen

Eine Hommage an Brief und Co.

HÉLÈNE KRATZ FH Trier, Diplom SS 08, Prof. Andreas Hogan, www.helenekratz.com

Kaum einer schreibt ihn, aber *jeder* will ihn.
»Der Brief (von lat. brevis: *kurz*) ist eine auf Papier festgehaltene, schriftliche und meist verschlossene Mitteilung an Abwesende.« (Brockhaus).

Dieses Kommunikationsmittel führt uns zurück zu den Babyloniern, die Nachrichten auf Tontafeln ritzten. Und auch im antiken Griechenland und Rom verwendete man mit Wachs beschichtete Tafeln, um sich mitzuteilen. Danach ersetzten Pergament, Papyrus und Papier die Tafeln, unterschiedliche Methoden des Falzens, Schnürens und Versiegelns wurden ausgetüftelt, und 1840 erschien in England die ONE PENNY BLACK — die erste Briefmarke der Welt. Seitdem geht die Post ab und rund 70 Millionen Briefe werden täglich von Deutschlands Postboten in die Briefkästen eingeworfen.

Der Brief hat durch das Telefon, SMS und E-Mail Konkurrenz bekommen und es wird immer seltener, dass bei der täglichen Post zwischen den Rechnungen und Werbebriefen auch ein persönlicher Brief liegt. Doch noch nie ist eine Kommunikationsform wirklich ausgestorben, nur weil eine neue erfunden wurde. Allein ihre Bedeutung hat sich sehr verändert, denn Menschen haben das Bedürfnis sich mitzuteilen — egal wie.

KASTE
ZELT
HELN

Der Brief ist zwar ein altes Kommunikationsmittel und für manche zu verstaubt und zu langsam für unsere hektische Welt. Doch jeder Brief ist einzigartig, ein haptisches und visuelles Erlebnis und eine der persönlichsten Kommunikationsformen der heutigen Zeit. Er ist vielleicht aus der Mode gekommen, er bleibt jedoch unverzichtbar. Briefe sind Lebenszeichen, die gebündelt im Schrank aufbewahrt werden können. Johann Wolfgang von Goethe hätte sie nicht treffender beschreiben können, denn für ihn »gehörten die Briefe unter die wichtigsten Denkmäler, die der einzelne Mensch hinterlassen kann.«

Dieses Kommunikationsmittel ist auch auf der grafischen Ebene sehr hoch einzuschätzen: Denn es ist keine formelle und statische Ansammlung von Daten, sondern ein individuelles, grafisch sehr flexibles Medium, das zum Experimentieren geradezu einlädt.

In meinem Buch BITTE FREIMACHEN porträtiere ich das romantischste und persönlichste Medium der zwischenmenschlichen Kommunikation und zeige all die Facetten auf, die der Brief mit sich bringt. In den drei Kapiteln Absender, Schnittstelle und Empfänger wird er und seine verwandten Verständigungsformen von verschiedenen Seiten beleuchtet. Denn der Brief durchlebt immer den Weg von A nach B, von Absender zu Empfänger und die Schnittstelle verbindet diese beiden Bereiche und macht die Kommunikation aus der Ferne erst möglich. Ich möchte nicht mit erhobenem Zeigefinger die Gesellschaft zu mehr Briefkorrespondenz ermahnen. Mein Ziel ist, dass der Brief in unserer hochmodernen, rasenden Welt trotz Bits and Bytes, A-DSL und Dauerstress wahrgenommen und kennengelernt wird. Er soll durch diese Hommage nicht in Vergessenheit geraten — bekanntermaßen ist der Brief in unserer Gesellschaft nämlich nicht mehr omnipräsent und wir haben dieses Kommunikationsmittel nicht im Hinterkopf, wenn wir uns mitteilen wollen.

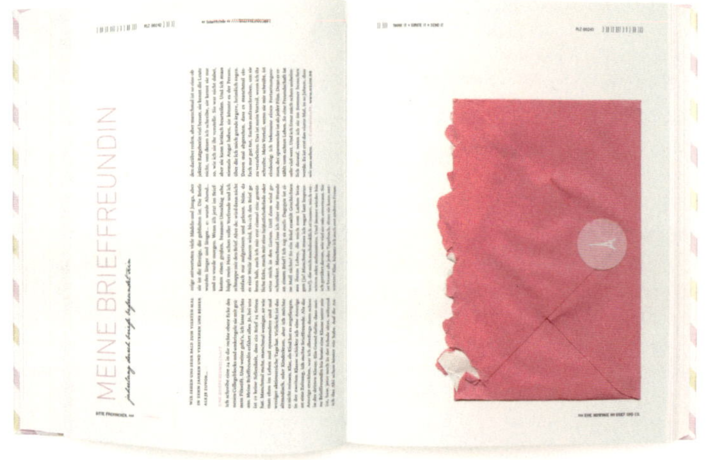

Post Scriptum: Ebenso ist zu erwähnen, dass BITTE FREIMACHEN ein *Wendebuch* ist, das von beiden Seiten aus gelesen werden kann — denn manchmal ist man Absender, manchmal Empfänger. Es ist sehr wertvoll, keine vorgeschriebene Reihenfolge in der Kommunikation zu haben: Briefe sollten von Herzen kommen und keinem Pflichtprotokoll unterstehen.

Hi! I am THE mr.Stamp
Hélène Bratz
Petrusstraße 21
54292 Trier
Allemagne
PRIORITAIRE
PRIORITY
I air mail
BITTE FREIMACHEN.
Umschlag
David Monteiro
Paris

THINK IT
WRITE IT
SEND IT
I PAPER
even if that's
Love letters
OR
hate
Letters
me gusta vivir!
me gusta hablar!
miao!
THINK IT WRITE IT SEND IT
EINE HOMMAGE AN BRIEF UND CO.

WEIL MIR JEDER PERSÖNLICHE BRIEF, DER AUS MEINEM BRIEFKASTEN PURZELT, EIN LÄCHELN AUF DIE LIPPEN ZAUBERT.

INTERVIEW MIT HÉLÈNE KRATZ

Wann hast Du das Interesse an Typografie entdeckt?

Die Sensibilisierung für Typografie kam während meiner Studienzeit — das Thema hatte mich spätestens im 3. Semester in den Bann gezogen, als ich eine eigene Schrift gestalten durfte. Danach wuchs die Liebe zu Schriften und dem Umgang mit ihnen. Für mich war dann schnell klar, dass ich auch in meiner Diplomarbeit einen typografischen Schwerpunkt setze.

Typografie als Gestaltungselement — was bedeutet das für Dich?

Es ist jedes Mal eine große Herausforderung, *richtig* mit Schrift umzugehen. Sie ist eines der wichtigsten Gestaltungselemente und wenn der Umgang mit Typografie bei einem Projekt nicht geglückt ist, dann wertet es die gesamte Gestaltung ab. Um die Seele einer Marke oder eines Produktes spürbar zu machen, muss man sich im Vorfeld für den jeweiligen Umgang mit Typografie viel Zeit nehmen.

Hast Du einen Lieblingsbuchstaben und/oder eine Lieblingsschrift?

Das Versal Q — man kann sehr schöne Akzente mit dem Abstrich setzen. Eine wirkliche Lieblingsschrift habe ich nicht, aber Fonts wie die STAG SANS und die REPLICA haben mich in letzter Zeit begeistert.

Bist Du mit der Wahl Deines Studienfaches zufrieden?
Würdest Du noch einmal das Gleiche studieren?

Absolut! Das Studium hat mich sehr erfüllt und ich denke gerne an diese Zeit zurück. Danach ist es aber auch im Arbeitsalltag sehr wichtig, dass man auf sich selbst und seine Kreativität achtet. Hierfür braucht man ein richtiges Maß an Input, Output, Zeit und Muße.

Wie beurteilst Du die typografische Ausbildung an Deiner Hochschule?
Was würdest Du Dir wünschen, was könnte intensiviert werden?

Ich habe gerne bei Herrn Prof. Hogan studiert und bin mit der typografischen Ausbildung sehr zufrieden. Ich habe mich besonders im Diplomjahr frei gefühlt und dennoch wurden an der richtigen Stelle wichtige Fragen gestellt. Intensiviert werden sollte vor allem die Länge der Studienzeit — man sollte sich nicht zu sehr unter Druck setzen und auch — wenn möglich — ein bis zwei Semester verlängern.

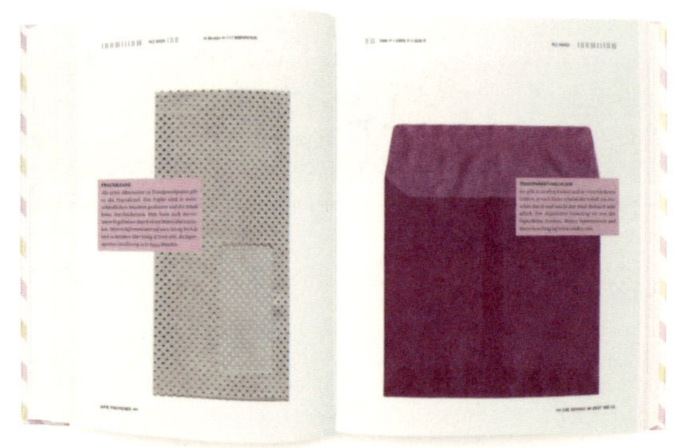

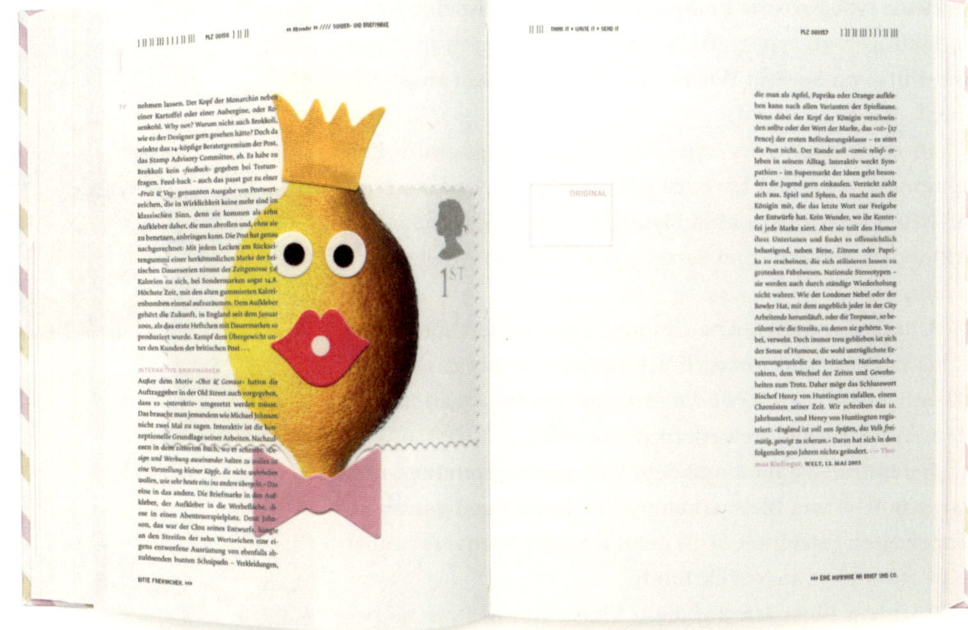

PLZ 00156

nehmen lassen. Der Kopf der Monarchin neben einer Kartoffel oder einer Aubergine, oder Rosenkohl. Why not? Warum nicht auch Brokkoli, wie es der Designer gern gesehen hätte? Doch da winkte das 14-köpfige Beratergremium der Post, das Stamp Advisory Committee, ab. Es habe zu Brokkoli kein *«feedback»* gegeben bei Testumfragen. Feed-back – auch das passt gut zu einer *«Fruit & Veg»* genannten Ausgabe von Postwertzeichen, die in Wirklichkeit keine mehr sind im klassischen Sinn, denn sie kommen als zehn Aufkleber daher, die man abrollen und, ohne sie zu benetzen, anbringen kann. Die Post hat genau nachgerechnet: Mit jedem Lecken am Rückseitengummi einer herkömmlichen Marke der britischen Dauerserien nimmt der Zeitgenosse 5,6 Kalorien zu sich, bei Sondermarken sogar 14,8. Höchste Zeit, mit den alten gummierten Kalorienbomben einmal aufzuräumen. Dem Aufkleber gehört die Zukunft, in England seit dem Januar 2001, als das erste Heftchen mit Dauermarken so produziert wurde. Kampf dem Übergewicht unter den Kunden der britischen Post …

INTERAKTIVE BRIEFMARKEN

Außer dem Motiv *«Obst & Gemüse»* hatten die Auftraggeber in der Old Street auch vorgegeben, dass es *«interaktiv»* umgesetzt werden müsse. Das braucht man jemandem wie Michael Johnson nicht zwei Mal zu sagen. Interaktiv ist die konzeptionelle Grundlage seiner Arbeiten. Nachzulesen in dem zitierten Buch, wo er schreibt: *«Design und Werbung auseinander halten zu wollen ist eine Vorstellung kleiner Köpfe, die nicht wahrhaben wollen, wie sehr heute eins ins andere übergeht.»* Das eine in das andere. Die Briefmarke in den Aufkleber, der Aufkleber in die Werbefläche, diese in einen Abenteuerspielplatz. Denn Johnson, das war der Clou seines Entwurfs, hängte an den Streifen der zehn Wertzeichen eine eigens entworfene Ausrüstung von ebenfalls abzulösenden bunten Schnipseln – Verkleidungen,

BITTE FREIMACHEN

ORIGINAL

PLZ 00157

die man als Apfel, Paprika oder Orange aufkleben kann nach allen Varianten der Spiellaune. Wenn dabei der Kopf der Königin verschwinden sollte oder der Wert der Marke, das «1st» (27 Pence) der ersten Beförderungsklasse – es stört die Post nicht. Der Kunde soll *«comic relief»* erleben in seinem Alltag. Interaktiv weckt Sympathien – im Supermarkt der Ideen geht besonders die Jugend gern einkaufen. Verrückt zahlt sich aus. Spiel und Spleen, da macht auch die Königin mit, die das letzte Wort zur Freigabe der Entwürfe hat. Kein Wunder, wo ihr Konterfei jede Marke ziert. Aber sie teilt den Humor ihrer Untertanen und findet es offensichtlich belustigend, neben Birne, Zitrone oder Paprika zu erscheinen, die sich stilisieren lassen zu grotesken Fabelwesen. Nationale Stereotypen – sie werden auch durch ständige Wiederholung nicht wahrer. Wie der Londoner Nebel oder der Bowler Hat, mit dem angeblich jeder in der City Arbeitende herumläuft, oder die Teepause, so berühmt wie die Streiks, zu denen sie gehörte. Vorbei, verweht. Doch immer treu geblieben ist sich der Sense of Humour, die wohl untrüglichste Erkennungsmelodie des britischen Nationalcharakters, dem Wechsel der Zeiten und Gewohnheiten zum Trotz. Daher möge das Schlusswort Bischof Henry von Huntington zufallen, einem Chronisten seiner Zeit. Wir schreiben das 12. Jahrhundert, und Henry von Huntington registriert: *«England ist voll von Späßen, das Volk freimütig, geneigt zu scherzen.»* Daran hat sich in den folgenden 900 Jahren nichts geändert. >>> Thomas Kielinger, WELT, 13. MAI 2003

TypoBasis A–Z

ALEXANDER PENKIN FH Potsdam, 1. Semester SS 09, Severin Wucher, www.alexanderpenkin.com

Das kleine typografische Kompendium A–Z umfasst eine Reihe von Übungen zu typografischen *Grundlagen*, die ich im TypoBasis-Kurs von Severin Wucher an der FH Potsdam absolviert habe.

In systematischen Experimenten mit typografischen Elementen, vor allem Layoutübungen, habe ich meine typografischen Kenntnisse über historische und technische Entwicklungen, Schreib- und Satzregeln und deren Anwendung erprobt.

Um das umfangreiche Übungs- und Recherchematerial, das hierbei entstand, übersichtlich und informativ zusammenzufassen, nahm ich mir vor, die gesammelten Informationen in einem A–Z-Nachschlagewerk zu archivieren.

Jedem Buchstaben und dem korrespondierenden Stichwort, z. B. B — wie Bleisatzübung, sind individuell gestaltete Doppelseiten gewidmet. So ist der Buchstabe N unverkennbar meine Hommage an Neville Brody.
Das Büchlein illustriert auf diese Weise von A–Z meine persönliche Auffassung von kunstvoll angewandter Typografie. Das Handgefertigte und die angenehme Haptik des Buchumschlags, hergestellt im Bleisatz, verleihen dem Kompendium die abschließende persönliche Note.

Tristan und Isolde

ANNA SCHLECKER HS Mannheim, Bachelorarbeit WS 07/08, Prof. Armin Lindauer, Prof. Thomas Friedrich, www.anna-schlecker.de

»Isolde meine Freude, Isolde meine Not. Du bist für mich das Leben, Du bist für mich der Tod!«

TRISTAN UND ISOLDE ist eine der ältesten und schönsten Liebesgeschichten der deutschen Sprache. Brutal, leidenschaftlich, blutig und betörend. Eine Geschichte voller Gegensätze und Widersprüchlichkeiten. Es geht um Freiheit und Zwang, Ehre und Verrat und vor allem um Liebe und Tod.

Die dramatische Poesie des Mittelalters über Leidenschaft und absolute Hingabe habe ich in meinem Projekt in Linol geschnitzt.

Freud im Wort

FREDERIK WILKEN HBK Braunschweig, Bachlor WS 09/10, Prof. Ulrike Stoltz, Prof. Heike Klippel

FREUD IM WORT setzt sich mit Sigmund Freuds *Traumdeutung* und ihrem Verständnis des Wortes gestalterisch und inhaltlich auseinander. Die Psychoanalyse Freuds wird als Frage nach der Sprache analysiert: Der Wechsel vom Sprachcode des Bewussten in den Bildercode des Unbewussten ist wie der Sprung von einem Schriftsystem in ein anderes.
Einen Traum aufzuschreiben, birgt einerseits den Konflikt in sich, geschlossene Sätze aus den verwirrenden Eindrücken eines Traumerlebnisses zu formulieren. Andererseits ist Schrift nicht nur fest codierter Ausdruck von Buchstaben, sondern auch typographisch gestaltetes Zeichen. Die eigentliche Aufgabe besteht darin, die Brücke von unbewussten, offenen Impressionen eines Traums zu gestalterischen Möglichkeiten von Schrift zu schlagen.

Wie kann ich eine Erzählung in der Typografie um ihren unbewussten Ausdruck erweitern? Wie gestalte ich eine wissenschaftliche Typografie, die sich sowohl flüssig lesen lässt, als auch ihren Charakter vielschichtiger Quellenforschung offen anzeigt? Wie lasse ich die Gedanken frei strömen?

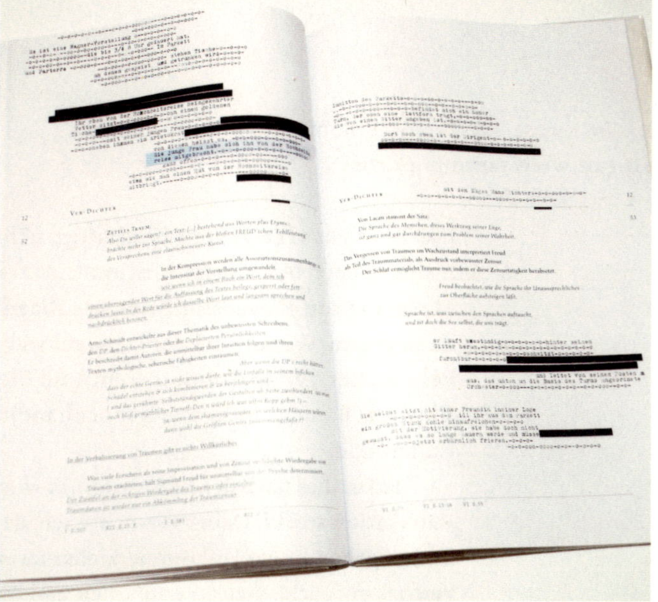

Printed Papers

Über den Einfluss von Artzines und Kleinstmagazinen

CALIN KRUSE **FH Trier, Diplom SS 09, Prof. Andreas Hogan, www.rammbock.com**

Das Buch PRINTED PAPERS beschäftigt sich mit dem bisher wenig bekannten Medium ARTZINE sowie Magazinen in Klein- und Kleinstauflage bis 1500 Exemplaren. Wichtig bei der Auswahl war mir, dass kein großer Verlag dahinter steht und die Publikationen z. B. nicht in Bahnhofsbuchhandlungen zu finden sind.

Ich suchte nach der Motivation, die hinter einer Publikation steckt. Dabei versuchte ich, dem Drang, nachzugehen, etwas Unkommerzielles zu erschaffen, Vertriebsmöglichkeiten zu erforschen und diese große, aber wenig bekannte Szene vorzustellen. Die Zines und Kleinstmagazine wurden unter anderem katalogisiert. Außerdem habe ich nach Festivals, nichtkommerziellen Vertriebs- und Verkaufsmöglichkeiten recherchiert.

Mein Buch ist das erste dieser Art; nach intensiven Recherchen konnte ich keine Publikation finden, die sich, trotz des großen Einflusses der ARTZINES auf herkömmliche Publikationen, nur annähernd ausreichend mit dem Thema beschäftigt.

PRINTED PAPERS

der wedding
dienacht
diezweibitte
die facette
dog eared
don't know yet
dot dot dot
drawsquare
ein magazin über orte
elster
embryo
emitron
empty
enténdre
epidermophytie
erraticus
esopus
etisoppo
exot
faesthetic
facehug
family style jamboree
faund
famous
fanzine 137
fanzine no. 1
femzine
ferrum wheel
fever
first person
foto.zine no. 1

ARTIC
ONE PAGE MAGAZINE

06 | untitled - a fashion magazine

properly get it out there you have to put in tons of man hours. I need to focus on this more.

In the United States, there is a huge artzine and [generally] fanzine scene, fanzine festivals and distros. Germany has since one year its first zine festival, and in Eastern Europe fanzines are completely unknown or misunderstood, although there is a great, booming art and magazine scene. What do you think it needs to accept and understand this underground movement?
People just need to learn that anyone can make a zine and then do it. I still meet people [young people] who have never heard of a zine. But once they discover how easy it is they usually fall in love. So really like most subjects education is the key to people learning and growing there minds.

Or, on the other way around, why do think it is important [if it is, at all] that this movement exists?
It is important because it is a format that anyone can use. The content can be anything. My mom accidently made me a zine for christmas a few years ago. She made me a homemade cook book. That is a zine to me.

Do you think that the fanzines have a personal or rather a global meaning [the meaning of magazines or newspapers is obvious]? Why?
Sure it is a way of sharing ideas and commonality. I don't know if people still do this but when I was in school there was all kinds of global zine trading going on. Kinda like a zine pen-pal.

Leerzeichen für Applaus — Gestalter sein. Eine Momentaufnahme

Ein Buchprojekt über die sprachliche und typografische Auseinandersetzung mit dem Leben eines angehenden Gestalters

JENNA GESSE FH Bielefeld, Diplom WS 09/10, Prof. Dirk Fütterer, www.jennagesse.de

LEERZEICHEN FÜR APPLAUS ist eine sprachliche und typografische Auseinandersetzung mit dem Leben als angehender Gestalter. In Gedicht- und Prosaform beschreiben die Texte den Alltag eines Gestaltungsstudenten zwischen Flattersatz-Krisen, verschwitzten Exportiervorgängen und hochauflösenden Freundschaften.

Diesen Inhalten folgen die typografischen Mittel aufmerksam. Sie geben der Sprache ein Gesicht, ohne ihr die Poren zu verstopfen. Die visuelle Wirkung lebt von der subtilen Inszenierung, die gezielt mit dem *Gestalter-Auge* und typografischem Verständnis spielt. Sie macht Lust, nach weiteren Brüchen zu suchen und eine Verbindung zwischen Inhalt und Form herzustellen.

So entstand ein Buch-Objekt der kollektiven Gedankengänge, des Kopfschüttelns, der Hingabe und Irritationen. Eine Momentaufnahme im Gestalter-Dasein. Das Buch wurde beim LUCKY STRIKE JUNIOR DESIGNER AWARD und beim RED DOT JUNIOR AWARD ausgezeichnet und wurde im Herbst 2010 im NIGGLI VERLAG publiziert.

designers' taste:
coffee
cigarettes
and copy paste

schlechtgeredet
gefiel mir alles
gleich viel besser.

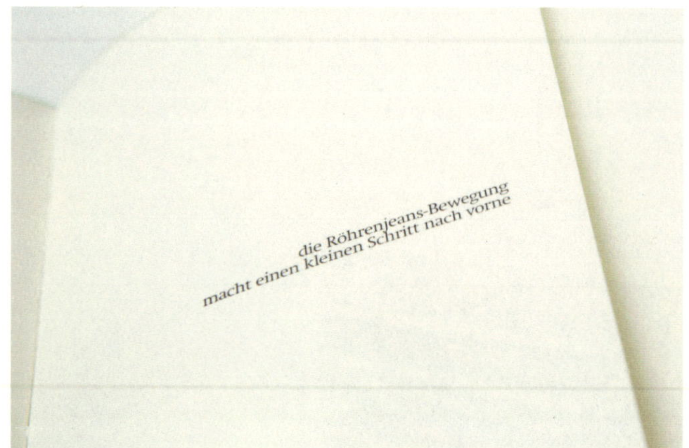

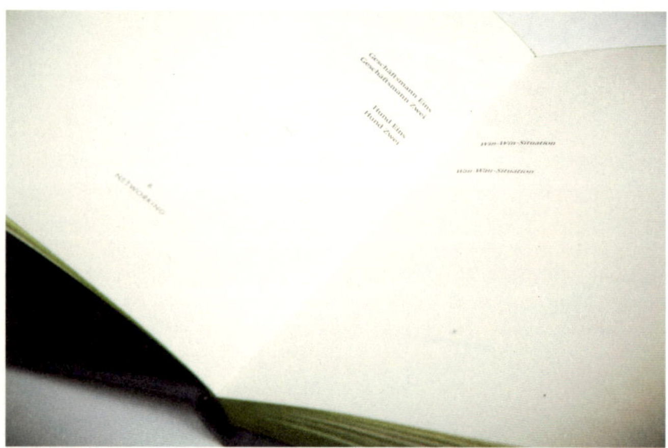

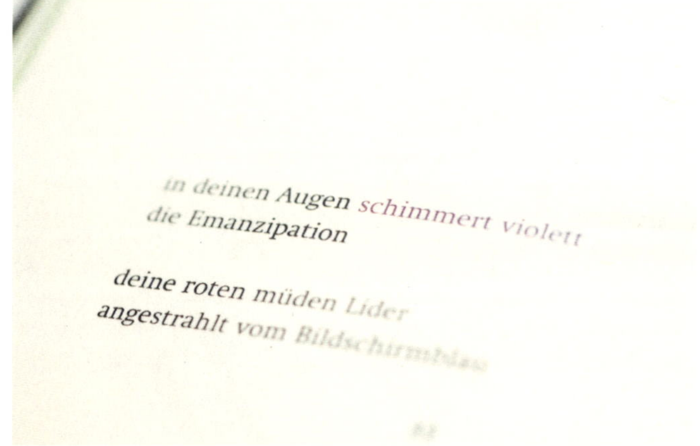

INTERVIEW MIT JENNA GESSE

Wann hast Du das Interesse an Typografie entdeckt?

Mit dem klassischen Malen und Zeichnen als Kind kombinierte sich bei mir eine scheinbar angeborene Faszination für Worte und Sprache. Es gab schon immer Sätze, Betonungen und Dialoge, die ich jahrelang im Kopf behielt. Zum Umgang mit Typografie bin ich letztendlich sicher über die Sprache gekommen. In beiden Fällen interessieren mich Strukturen, Brüche, Atmosphäre und Präzision.

Außerdem ist mein Vater gelernter Schriftsetzer. Dieser Beruf wurde zwar irgendwann durch den des Mediengestalters ersetzt, aber über ihn habe ich trotzdem früh mitbekommen, dass es da ein paar Schriften und Möglichkeiten mehr gibt.

Typografie als Gestaltungselement — was bedeutet das für Dich?

Informationen und Stimmungen übermitteln. Nachdenken und konsequent sein. Klarheit. Struktur. Definierte Formen. Regeln überordnen und überschreiten. Verkrampfen und loslassen. Und den Humor nicht verlieren.

Hast Du einen Lieblingsbuchstaben und/oder eine Lieblingsschrift?

Es gibt viele Schriften, die ich sehr mag und mit denen ich mich auf Anhieb wohl fühle. Dann gibt es welche mit schwierigerem Charakter, die einen fordern, aber auch voller Spannung stecken. Wie bei Freunden. Man sollte sich eben überlegen, was man unternehmen will und wen man dabei an seiner Seite haben möchte.

Lieblingsbuchstaben habe ich nicht. Das ändert sich stark von Schrift zu Schrift.

Bist Du mit der Wahl Deines Studienfaches zufrieden? Würdest Du noch einmal das Gleiche studieren?

Ja. Wobei es natürlich immer Dinge gibt, die verbessert werden könnten. Ich bin auch gespannt, wie sich Grafik- und Kommunikationsdesign im Bachelor-Studiengang entwickelt. Grundsätzlich hängt Lernen immer sehr von der eigenen Motivation ab. Die kann keine Schule ersetzen.

Wie beurteilst Du die typografische Ausbildung an Deiner Hochschule? Was würdest Du Dir wünschen, was könnte intensiviert werden?

Mittlerweile gibt es viele Lehraufträge und Workshops, die das Angebot im Grafik- und Typografiebereich ergänzen, was sicher sinnvoll ist. Grundsätzlich wird der Typografiebereich von wenigen, dafür aber sehr guten Lehrenden betreut. Wenn man sich darauf einlässt und die eine oder andere Nachtschicht nicht scheut, kann man besonders in Seminar-unabhängigen Projekten viel lernen. Die Möglichkeiten zur intensiven Auseinandersetzung sind dort am größten. Für die Ausbildung an der Hochschule wünsche ich mir, dass den Studenten innerhalb der neuen Studienordnung die Zeit bleibt, sich an Aufgaben aufzureiben und sich umfassend damit zu beschäftigen. Solche Prozesse lassen sich nicht beschleunigen, ohne irgendwann zur Oberflächlichkeit zu führen.

Fiese Viecher

MARK FRÖMBERG **Hochschule für Technik und Wirtschaft Berlin, 2. Semester SS 09, Prof. Jürgen Huber, www.mirque.de**

Dieses Buch entführt den Leser in eine erstaunliche und faszinierende Welt der Insekten und Gliederfüßer. Die ausgewählten Tiere werden vornehmlich mit ihrem mysteriös-urwüchsigen Antlitz dargestellt, selten hingegen auch mal überspitzt. Man steht also vor der Herausforderung, die Realität zu enträtseln.

Die Einzelheiten und Überlebensstrategien sind alle wahr und ohnegleichen eindrucksvoll. Für das homogene Erscheinungsbild wurden Text und Illustration mit derselben Feder angefertigt, sozusagen handgeschrieben. Es ist lediglich eine Frage der Zeit, bis das Konzept auf weitere Tiergruppen angewandt wird.

Zoom/Stille

DIRK BÜCHSENSCHÜTZ Universität Wuppertal, 7. Semester SS 10, Dipl.-Des. Thekla Halbach, www.dbuechsenschuetz.de

Quiet is the new loud. Die erste Ausgabe des Gesellschaftsmagazins ZOOM setzt sich spielerisch mit dem Thema STILLE auseinander. Um diese sichtbar zu machen, wird dem Thema sowohl inhaltlich als auch gestalterisch immer etwas Lautes entgegengesetzt. Das Magazin umfasst insgesamt 60 Seiten mit selbst verfassten Texten, Fotos und Illustrationen.

Neben Klischees wie Tod und Tinnitus finden ebenso kuriose Artikel über konservierte Stille oder Smalltalk-Tipps Platz. Der Artikel GLAUBE AUF DER STRECKE beschäftigt sich mit Autobahnkapellen und gestaltet sich als Sinnsuche entlang der Autobahn. Der Stilleforscher Gordon Hempton prophezeit, dass Lärm in Zukunft das neue Passivrauchen sein wird. In einem anderen Artikel wird anhand von Stanley Kubricks 2001: ODYSSEE IM WELTRAUM das dramatische Element der Stille beleuchtet. Der Ausnahme-Regisseur hat es geschafft, in der vollkommenen Stille des Alls die ganze Welt erklingen zu lassen. Auf der nächsten Seite findet der Leser John Cages legendäres Notenpapier seiner Komposition 4,33‘. Eine Bildstrecke erforscht STILLE ORTE und deren Wirkung.

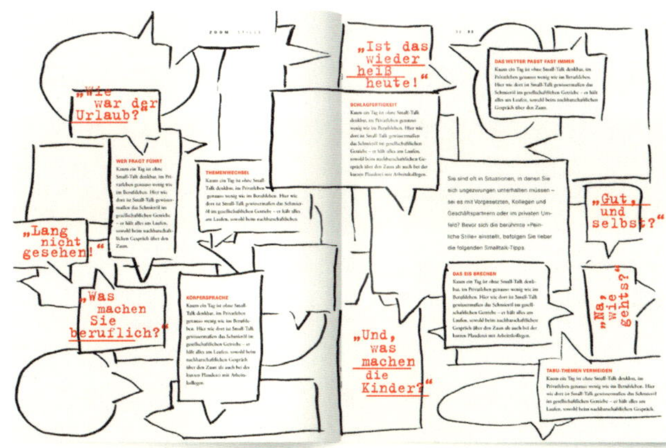

Modul_Typo_Grafik

Ein Projekt über modulare Typografie und Grafik

OLE GEHLING FH Aachen, 5. Semester WS 09/10, Prof. Ilka Helmig, www.olegehling.de

Das Projekt MODUL_TYPO_GRAFIK setzt sich mit modularer Typografie und Grafik auseinander. Dazu gehören zum Beispiel Display- und Raster-Fonts, Dot- und 3D-Schriften sowie künstlerische, informative und technische Abbildungen, Illustrationen und auch Zeichnungen, deren Basis geometrische Grundformen eine Art architektonischen Bauplan bilden. Dabei wurden nicht primär oben genannte Schriften und Grafiken an sich entwickelt, sondern vielmehr ein modulares System, welches es ermöglicht, auf einem aus geometrischen Grundformen zusammengesetzten modularen Raster bzw. einem Modul-Typ oder einer Modul-Kombination Schriften und Grafiken zu entwerfen.

Entstanden ist ein Kompendium mit einem Archiv von Patterns, bestehend aus rasterbasierten geometrischen Formen, wie Linien, Kreisen und Quadraten, die jeweils ganz unterschiedliche Eigenschaften aufweisen und dem Buch auf einem Datenträger in digitaler Form beiliegen.

Auf der Grundlage der entwickelten Rasterstrukturen wurde parallel dazu der Font MODUL_MONO entwickelt, aus dem auch das Kompendium gesetzt wurde. Aus der Pattern-Idee entstanden außerdem die MODUL_HEFTE, Notizhefte unterschiedlichen Lineaturen in Form von einzelnen modularen Strukturen.

ODUL_HEFT
MODUL_HE

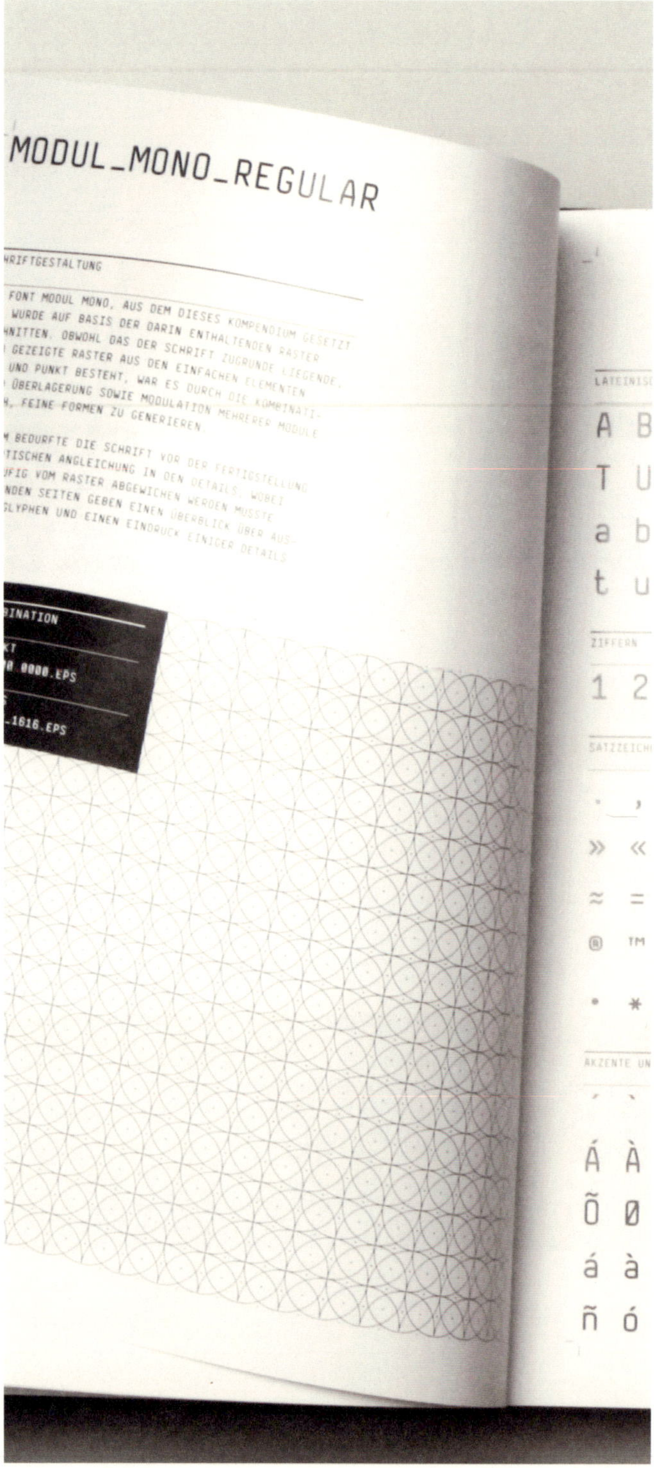

MODUL_
TYPO-
GRAFIK

MODUL_MONO_REGULAR

ANWENDUNG

Schrift

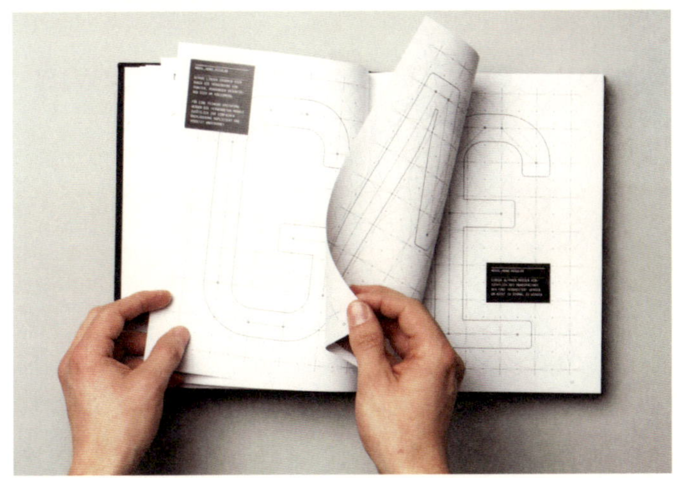

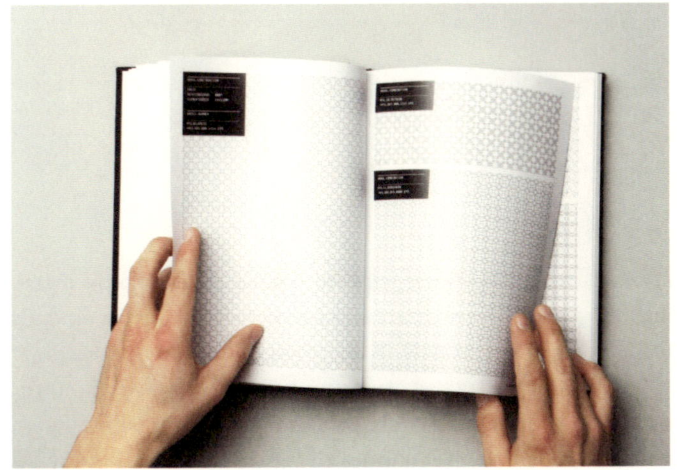

MODUL_
TYPO_
GRAFIK

Von der Anstrengung weniger lesbar zu sein

Typografie zwischen Informationsvermittlung und Formgewirr

ANKE ENDERS FH Mainz, Diplom WS 07/08, Prof. Jean Ulysses Voelker, www.ankeenders.de

Das Buch VON DER ANSTRENGUNG, WENIGER LESBAR ZU SEIN möchte die Grenzen zwischen Lesbarkeit, Informationsvermittlung und ästhetischem Formenspiel ausloten.

Wie hat sich das Rezeptionsverhalten mit dem Blick auf die visuelle Kommunikation verändert? Wie wird Typografie heute überhaupt wahrgenommen? Warum funktioniert experimentelle Typografie, obwohl anerkannte Grafiker das Gegenteil behaupten?

Der Leser wird mit vielen Fragen konfrontiert, deren Antworten nicht *servierfertig zubereitet* sind. Es kann nicht *die* eine Wahrheit geben, sodass auch nicht immer klare Antworten gefunden werden können. Stimmen von außen sollen die unterschiedlichen Positionen dokumentieren, sodass der Leser möglichst unterschiedliche Blickwinkel kennenlernt. Er wird dazu veranlasst, seine eigene Wahrnehmung zu reflektieren und eigene Antworten zu finden.

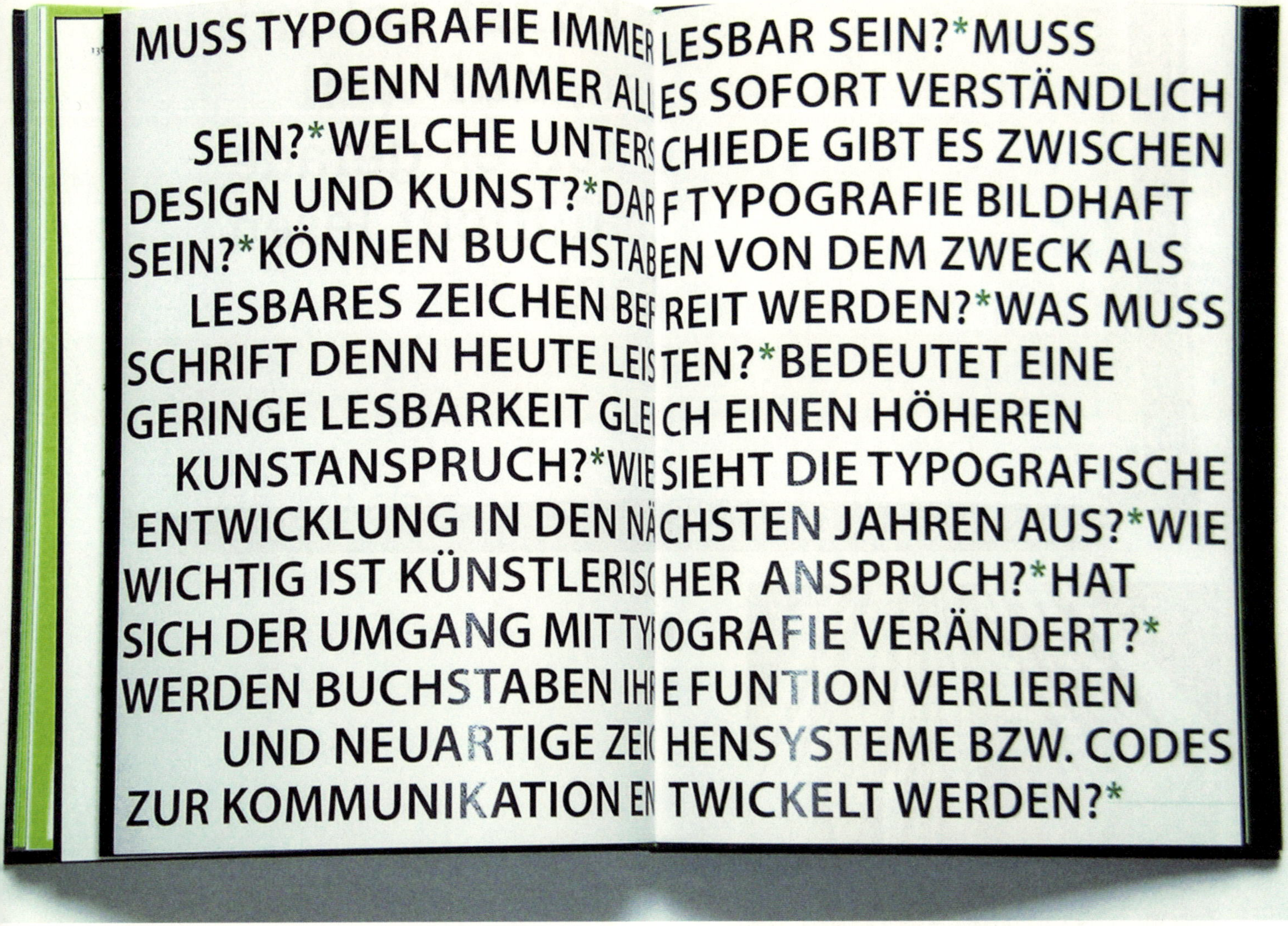

MUSS TYPOGRAFIE IMMER LESBAR SEIN?*MUSS
DENN IMMER ALLES SOFORT VERSTÄNDLICH
SEIN?*WELCHE UNTERSCHIEDE GIBT ES ZWISCHEN
DESIGN UND KUNST?*DARF TYPOGRAFIE BILDHAFT
SEIN?*KÖNNEN BUCHSTABEN VON DEM ZWECK ALS
LESBARES ZEICHEN BEFREIT WERDEN?*WAS MUSS
SCHRIFT DENN HEUTE LEISTEN?*BEDEUTET EINE
GERINGE LESBARKEIT GLEICH EINEN HÖHEREN
KUNSTANSPRUCH?*WIE SIEHT DIE TYPOGRAFISCHE
ENTWICKLUNG IN DEN NÄCHSTEN JAHREN AUS?*WIE
WICHTIG IST KÜNSTLERISCHER ANSPRUCH?*HAT
SICH DER UMGANG MIT TYPOGRAFIE VERÄNDERT?*
WERDEN BUCHSTABEN IHRE FUNTION VERLIEREN
UND NEUARTIGE ZEICHENSYSTEME BZW. CODES
ZUR KOMMUNIKATION ENTWICKELT WERDEN?*

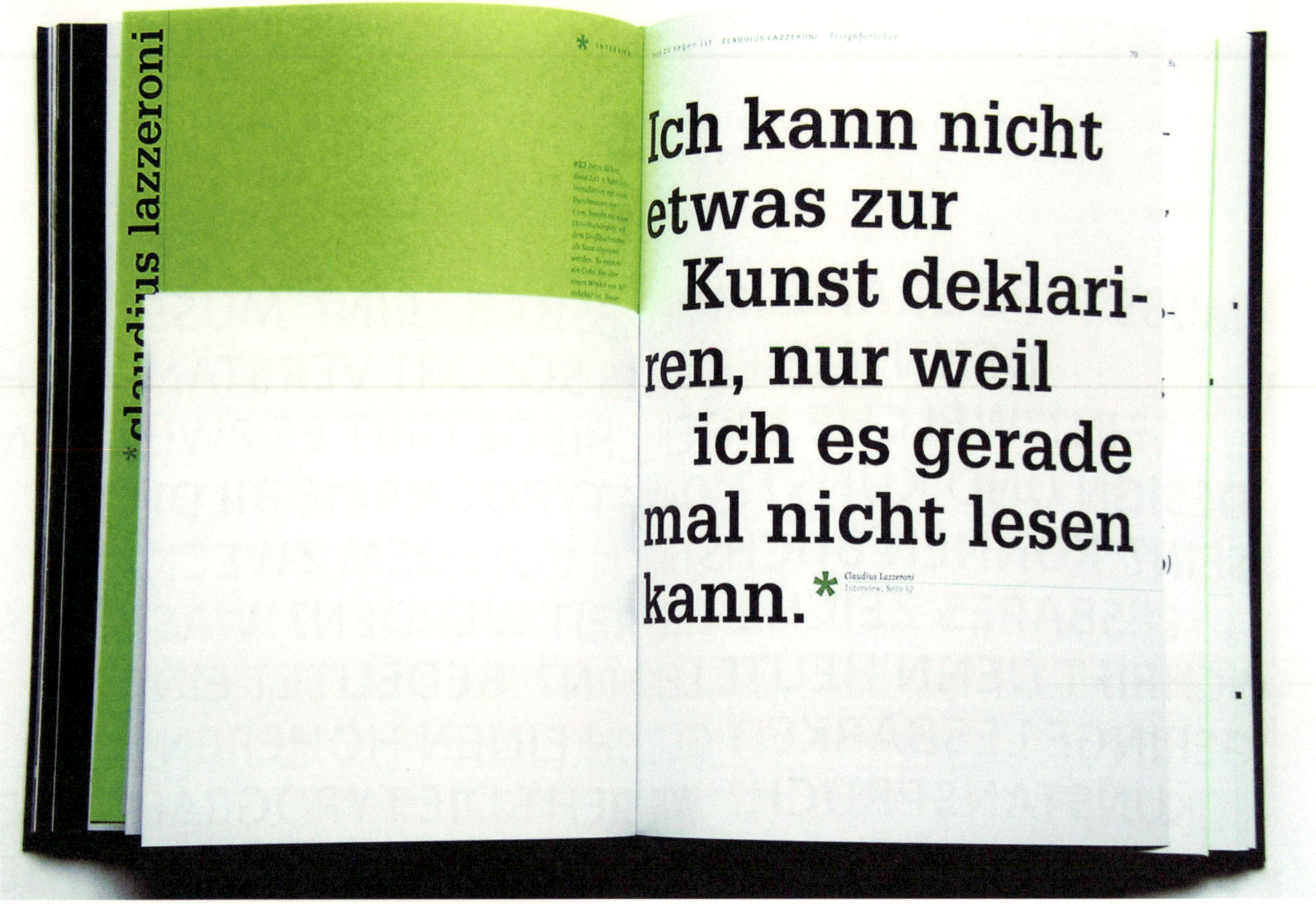

*claudius lazzeroni
Ich kann nicht etwas zur Kunst deklarieren, nur weil ich es gerade mal nicht lesen kann.*
Claudius Lazzeroni

*4

Was ist für Sie Kunst?
Etwas, was auf hauptsächlich oder nur künstlerische Weise kommuniziert. „Auf künstlerische Weise", das ist natürlich zum einen eine unvermeidliche Tautologie, zum anderen schließt es die Möglichkeit ein, dass der Künstler nur mit sich selbst kommuniziert. Der Rechtfertigungsdruck ist also gering, das „das wollte ich eben so" ist erlaubt.

Otl Aicher sagte einmal: „Wer es mit Kommunikation zu tun hat, muss auf Kunst verzichten". Was halten Sie von diesem Ausspruch?
Auf Kunst im Sinne von Unbegründbarem, Hochpersönlichem und Verwirrendem sollte der Designer verzichten. Der Kommunikator eher nicht, ist der Künstler doch gewiss auch ein solcher: Er stellt ja Kunstwerke vor uns hin, und wenn er auf diese Weise nicht kommuniziert, was denn dann? Aber natürlich darf der Designer auch Hochpersönliches und Verwirrendes verwenden, er muss nur genau begründen können, wozu das gut sein soll.

Wie wichtig ist künstlerischer Anspruch für Ihre Arbeit als Gestalter?
Künstlerischer Anspruch besteht nicht und ist insofern unwichtig.

„Design vs. Kunst" ist ein viel diskutiertes Thema. Sehen Sie Unterschiede zwischen Design und Kunst?
Klar sehe ich Unterschiede. Der Künstler darf, ja soll, sagen: „Das wollte ich eben so". Der Designer hat Rechtfertigungen bereitzuhalten: Dafür, was er wie und warum macht. Diese Rechtfertigungen äußert er klassischerweise bei Präsentationen. Die sind vielleicht nachträglich konstruiert, sollten aber ihm und den Präsentanden plausibel sein. Ein Künstler kann verkannt sein, sich ein Ohr abschneiden und verarmt sterben – und dennoch ein großer Künstler sein. Auf Designer trifft das nicht zu. Um es kurz zu sagen: „Im Design sollte die Decodierbarkeit der Information gewährleistet sein, in der Kunst ist dies kein Muss".

Im Design sollte die Decodierbarkeit der Information gewährleistet sein, in der Kunst ist dies kein Muss. Doch wie sehen sie ein Objekt (z. B. ein Plakat oder ein Buch), das eigentlich Information übermitteln soll, aber zu verschlüsselt dafür ist? Ist es dann schon Kunst?
Diese Anwendung von Ad Reinhardts[19] allzu bekanntem „Kunst ist Kunst und alles andere ist alles andere" ist mir zu einfach: Ich gestalte ein Plakat oder ein Buch (oder was auch immer) mit dem Auftrag, dass das Ding etwas zu leisten hat, und wenn ich es zu sehr verschlüssele, dann ist es eben Kunst: Das geht nicht. Ein Plakat, das ich ohne Auftrag gestalte und nach Herzenslust verschlüssele, ist natürlich Kunst, da es etwas anderes nicht ist.

Es ist nicht die Aufgabe von Typografie, als Typografie wahrgenommen zu werden.

Typografie ist eine Teildisziplin des Designs. Darf Typografie Ihrer Meinung nach bildhaft sein und muss Typografie immer lesbar sein?
Typografie muss bildhaft sein, da bleibt ihr gar nichts anderes übrig. Die Debatte, ob ein Typograf bestimmte Anklänge nutzen darf oder soll, über die sich ein Bild mitteilt – sei es was Emotionales, was Historisches oder was-auch-immer, ist müßig, da es bildlose, irgendwie-neutrale Typografie gar nicht geben kann. Lesbarkeit: Wie oben geschildert, hat der Typograf einen Auftrag und hat Rechenschaft über die Art seiner Mittel geben zu können. Dazu passt Unlesbarkeit nie und nimmer. Wenn ich unlesbare Typografie mache, mache ich ein Bild mit Buchstaben, und keine Typografie.

Was muss Typografie leisten, um heute wahrgenommen zu werden?
Es ist nicht die Aufgabe von Typografie, als Typografie wahrgenommen zu werden. Das kann mal passieren, üblicherweise hat sie sich aber bitte zurückzuhalten. Über ihre Aufgaben und Nichtaufgaben, über ihre Grenzen und Freiheiten wird seit langem debattiert, oft sogar fruchtbar. Da sehe ich kein klares „Heute" im Gegensatz zu einem wie-auch-immer „Früher".

Können sie beschreiben, wie sich die Wahrnehmung von Typografie in den letzten 20 Jahren verändert hat?
Nein.

Hat die Gestaltung der letzten 20 Jahre Einfluss auf Ihre Arbeit – hat sich ihr Umgang mit Typografie verändert?
Natürlich hat die Gestaltung der letzten 2000, 200, 20 und 2 Jahre großen Einfluss auf meine Arbeit als Gestalter. Das gilt für jeden Gestalter; je genauer er weiß, inwiefern das der Fall ist, desto besser für alle. Speziell Typografie ist ein Gestaltungs-Fach mit eminent historischen Wurzeln.

Können Sie sich vorstellen, dass Buchstaben ihre Funktion verlieren können und neuartige Zeichensysteme bzw. Codes zur Kommunikation entwickelt werden?
„Ich kann mir eine Menge vorstellen", wie Han Solo zu Luke Skywalker[20] sagte. Wenn es entsprechende Anforderungen gibt, für die die tradierten Systeme nicht ausreichen, wird man was Neues entwickeln. Das zeichnet sich eher nicht ab. Umgekehrt neuartige Systeme zu entwickeln und hernach die Anforderungen zu suchen ist bestenfalls interessant, aber gewiss ohne Breitenwirkung.

Wie sehen Sie die typografische Entwicklung in den nächsten Jahren?
Gefasst. •••

19 *Ad Reinhardt (1913–1967), Maler, Kunsttheoretiker, polemischer Kritiker der Kunstszene der 50er und 60er Jahre. Pionier der Concept art und der Minimal art. Reinhardt wollte mit extrem reduzierten Mitteln zu einer puristischen, sich selbst genügenden Kunst gelangen. Endpunkt dieser Entwicklung waren seine so genannten „black paintings".*

20 *Han Solo und Luke Skywalker sind Charaktere des bekannten Star Wars Epos von George Lukas. Dieses Zitat stammt aus Episode IV, als Han Solo und Luke Skywalker Prinzessin Leia aus der Gefangenschaft von Darth Vader befreien.*

Ich bin Vermittler und versuche die visuellen Zeichen so zu platzieren, dass der Code zielgerichtet interpretiert werden kann.

Was ist für Sie Kunst?
Im Kommunikationsdesign wünsche ich mir einen gerichteten Prozess zwischen Sender und Empfänger. Ich bin Vermittler und versuche die visuellen Zeichen so zu platzieren, dass der Code zielgerichtet interpretiert werden kann. Wohingegen Kunst interpretationsoffen sein kann.

Hat die Gestaltung der letzten 20 Jahre Einfluss auf Ihre Arbeit – hat sich Ihr Umgang mit Typografie verändert?
Ja, hat er. Also zum einen wurde man von einem Gerät namens Macintosh[23] beeinflusst, welches die Schrift „beweglicher" gemacht hat. Sie wurde aus dem formalen Satzschema des Bleisatzes, aus dieser horizontalen und vertikalen Ausgerichtetheit heraus genommen und jedem zugänglich gemacht. Mit Neville Brody, wurde in den 80ern eine perfekte reinzeichnerische Qualität ausgereift und die Schrift „entfesselt". Danach gab es den Gegenschuss von Carson, der zwar ebenfalls alles am Computer machte, seine Arbeiten aber eher so aussahen, als hätte man zwei Mal kopiert und viermal falsch zusammengeklebt.

Natürlich habe ich als Student diese Strömungen mitgemacht, ich nehme heute aber wieder etwas Abstand davon. Viele Experimente sind inzwischen schon zu oft gesehen und z. Z. interessiert es mich wieder, traditionell zu arbeiten. Das betrifft den Umgang mit Schrift und das Typedesign. Ich habe Mitte der 80er Jahre eine Schrift entworfen, die sehr fragmentarisch, kaputt ist und wende mich heute aber Formen zu, die sehr traditionell sind, die ihre Inspiration aus dem Hand- bzw. Pinsel geschriebenen beziehen[24]. Der Computer hat jedoch nach wie vor seine Berechtigung, vor allem als ein Werkzeug der Präzision. Das kann er gut. Besser als ich das kann.

Otl Aicher sagte einmal: „Wer es mit Kommunikation zu tun hat, muss auf Kunst verzichten". Was halten Sie von diesem Ausspruch?
Muss man auf Kunst verzichten? Man kann doch trotzdem ins Museum gehen. (lacht)

Nein, das ist grundsätzlich schon richtig. Die Kunst darf aus meiner Sicht interpretationsoffen sein. Der Künstler ist meistens zugleich Sender, der Designer steht aber im Kommunikationsprozess immer vermittelnd zwischen Sender und Empfänger. Insofern er also tatsächlich Dienstleister ist. Das meint Aicher vielleicht auch, dass er (der Gestalter) nicht sich selbst verwirklichender Künstler sein kann und darf und sein Tun viel gerichteter ist. Nämlich, dass ich als guter Designer versuche, den kommunikativen Zweck meines Auftraggebers auch entsprechend an den Mann zu bringen. Was aber nicht heißt, dass die Sachen nicht gleichzeitig auch ästhetisch hoch anspruchsvoll sein können.

Wie wichtig ist künstlerischer Anspruch für Ihre Arbeit als Gestalter?
Das ist eben die Frage, wie man diesen definiert. Also wenn man sagt, der künstlerische Anspruch ist der Anspruch, welcher mir erlaubt, dass meine Mittel vielleicht nicht hundertprozentig den Empfänger treffen, mir also eine gewisse künstlerische Freiheit in der Interpretation gestatten, dann würde ich sagen, dass er überhaupt nicht wichtig ist. Weil ich im Design zumindest sehr versuche, zielgerichtet und im Sinne meiner Auftraggeber zu arbeiten. Künstlerischer Anspruch ist mir aber als Ausgleich wichtig. Es gibt eine Reihe von Sachen, die ich in der Vergangenheit gemacht habe und noch mache, in denen ich mich selbst verwirklicht habe und keinen kommunikativen Zweck verfolgt habe. Diese Arbeiten können interpretiert werden, gerne auch falsch interpretiert werden, das ist mir relativ egal.

„Design vs. Kunst" ist ein viel diskutiertes Thema. Sehen Sie Unterschiede zwischen Design uns Kunst?
Die Beantwortung der Frage verlangt eine Randschärfe bezogen auf eine Definition von Kunst, die man so eigentlich nicht hat. Kunst bedeutet für mich jedes Mal etwas anderes. Kunst verhilft mir Dinge anders zusehen, als ich sie vorher gesehen habe.

Typografie ist eine Teildisziplin des Designs. Darf Typografie Ihrer Meinung nach bildhaft sein?
Typografie ist immer bildhaft. Man kann die inhaltliche Ebene nicht von der Ebene in der die ästhetische Wirkung des Zeichens mit schwingt, trennen. Das geht nicht. Es gibt Schriften, die das zwar versuchen, aber selbst die werden immer interpretiert. Das Schriftbild schwingt immer mit. Auch bei einer Helvetica oder der Akzidenz Grotesk[25], die auf Sachlichkeit oder Neutralität angelegt sind.

23 *Der heute als Mac bezeichnete Macintosh der Firma Apple, war der erste Mikrocomputer mit grafischer Benutzeroberfläche, der in größeren Stückzahlen produziert wurde.*

24 *Wie z. B. die „Suedtirol". Sie ist die Haus- und Headlineschrift des Tourismusverbandes Südtirol zur Bewerbung der gleichnamigen Region.*

25 *Die Akzidenz Grotesk hat mehrere Väter. Hermann Berthold integriert 1908 die „Royal Grotesk" von Ferdinand Theinhardt in seine bestehende „Akzidenz-Grotesk" Familie unter der Bezeichnung „AG Mager". Für viele ist die „Akzidenz Grotesk" auch heute noch die „einzig wahre" Groteske.*

Man erwartet in bestimmten Bereichen des Alltags nicht mehr zwingend Klarheit und Lesbarkeit.*

Gerrit Terstiege
Interview Seite 128

Wenn ich unlesbare Typografie mache, mache ich ein Bild mit Buchstaben, und keine Typografie.*

Friedrich Forssman
Interview Seite 121

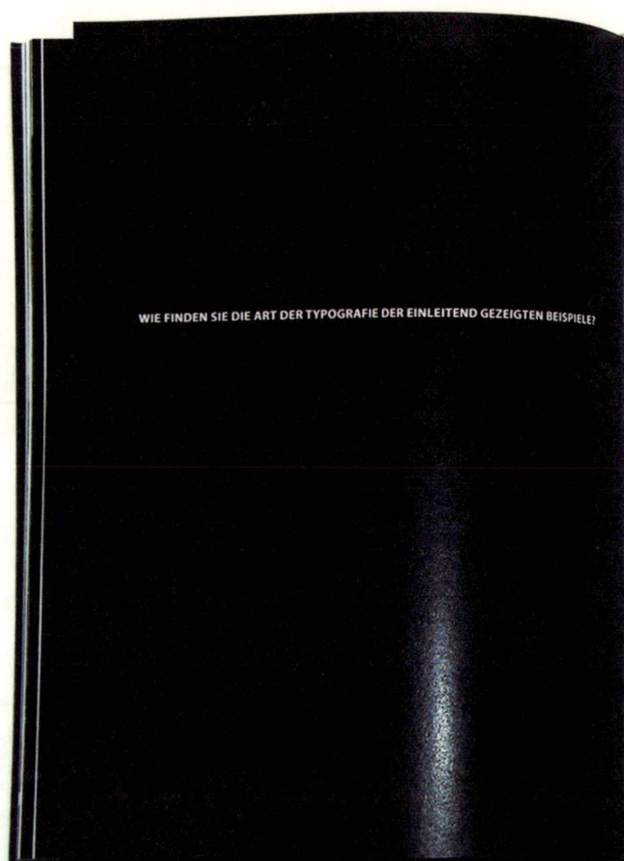
WIE FINDEN SIE DIE ART DER TYPOGRAFIE DER EINLEITEND GEZEIGTEN BEISPIELE?
Es gibt einmal diese klar, nach geometrischen Prinzipen konzipierten Schriftzeichen, die sich ans Alphabet anlehnen, damit man noch etwas lesen kann. Man kann das Konstruktionsprinzip schnell begreifen und merkt, dass es ein funktionierendes System ist. Es ist ein sehr formalistisches System, das sich sehr wenig auf Aspekte der Wahrnehmung bezieht, weil sich die Form ganz klar aus einer konzeptionellen Herangehensweise entwickelt. Ich finde es interessant so systematisch vorzugehen. (Hort#6–8, Post Typography #10)
Diese hebräischen Buchstabengebilde sind ein sich zwischen 2-D und 3-D bewegendes Phänomen. Sie sehen wie abblätternde, abfallende Buchstaben aus. Sie lassen verschiedene Assoziationen zu, weil man verschiedene Zeichen wie-

claudius lazzeroni
DESIGNFORSCHER
Ich kann nicht
etwas zur

INTERVIEW MIT ANKE ENDERS

Wann hast Du das Interesse an Typografie entdeckt?

Mein Interesse an Typografie begann schon vor meinem Studium. Während des Fachabiturs habe ich meine Leidenschaft für Bücher und Schriften entdeckt und habe mich dann entschlossen, Kommunikationsdesign zu studieren, um diese Leidenschaft auch in einem späteren Beruf ausüben zu können.

Typografie als Gestaltungselement — was bedeutet das für Dich?

Typografie ist für mich ein essenzielles Gestaltungselement. Alle Gestaltungselemente eines Mediums müssen dazu beitragen, die zu vermittelnde Botschaft verständlich zu transportieren. Dazu gehört eben auch die passende Schrift.

Hast Du einen Lieblingsbuchstaben und/oder eine Lieblingsschrift?

Meine Lieblingsbuchstaben sind das kleine a und das kleine g. Diese zwei Buchstaben sind für mich die charakteristischsten, an denen ich am leichtesten eine Schrift erkennen kann. Und ich finde beide sehr ästhetisch. Lieblingsschriften habe ich auch, die ändern sich aber immer wieder. Ich mag generell ausdrucksstarke, gut ausgebaute Schriften mit vielen Details.

Bist Du mit der Wahl Deines Studienfaches zufrieden? Würdest Du noch einmal das Gleiche studieren?

Ja, ich würde das Gleiche noch einmal studieren. Eventuell an einer anderen Hochschule.

Wie beurteilst Du die typografische Ausbildung an Deiner Hochschule? Was würdest Du Dir wünschen, was könnte intensiviert werden?

Die typografische Ausbildung an meiner damaligen Fachhochschule war ganz passabel. Es kommt natürlich immer auf einen selbst an, wie man sein Studium gestaltet. Ich habe eine solide Grundausbildung erhalten. Generell hätte ich mir aber mehr Experimente mit Typografie und typografischen Medien mit Kunst, Architektur und Musik gewünscht. Gerade im Studium ist es wichtig, Grenzen zu übertreten, Gewohntes zu verlassen und neue Sichtweisen zu schulen.

Die verschwundenen Geschichten hinter meinen Worten

Eine typografische Inszenierung zum Thema IDENTITÄT

STEFAN GUNNESCH HBK Braunschweig, 7. Semester SS 08,
Prof. Ulrike Stoltz, Jörg Petri, www.bildschriftlich.de

Zwei Erzählstimmen beschreiben Gedanken um das Thema IDENTITÄT und verflechten sich — jeweils durch den eigenständigen Charakter im Schriftbild sowie eine eigene Leserichtung bestimmt — im Spannungsbogen des Buches auf immer neue Weise. So wird in vier Kapiteln dem Text inhaltlich wie formal eine neue Identität verliehen. Das *Identischsein* und das Variieren werden bis hin zu einer daraus resultieren Neuschöpfung des Textes untersucht. Die Geschichte wird dabei immer wieder anders erzählt.

Im Entstehungsprozess des Buches kam es zu einem direkten Austausch von Autor und Gestalter: der Text formte das Buch und gab dessen Gestaltung vor, ebenso wie sich die Parameter der Gestaltung inhaltlich in den Text einschrieben. Schreiben und Setzen bedingten sich gegenseitig und beeinflussten einander. Inhalt und Form sind nicht voneinander zu trennen.

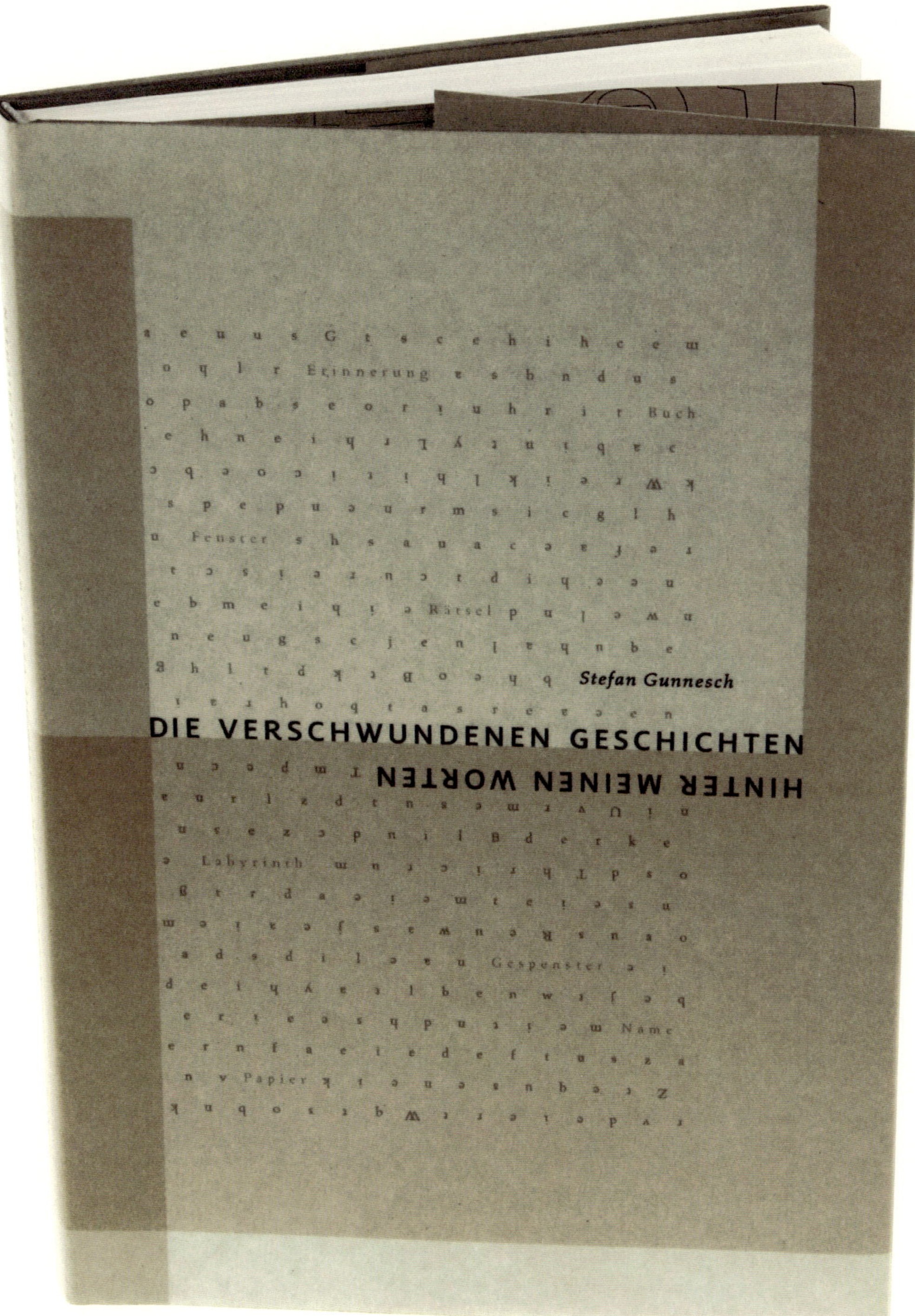
Stefan Gunnesch
DIE VERSCHWUNDENEN GESCHICHTEN
HINTER MEINEN WORTEN

sprang mit einem Satz auf die Fensterbank und begrüßte mit einem
– Kann ich eine Geschichte ohne Namen erzählen?

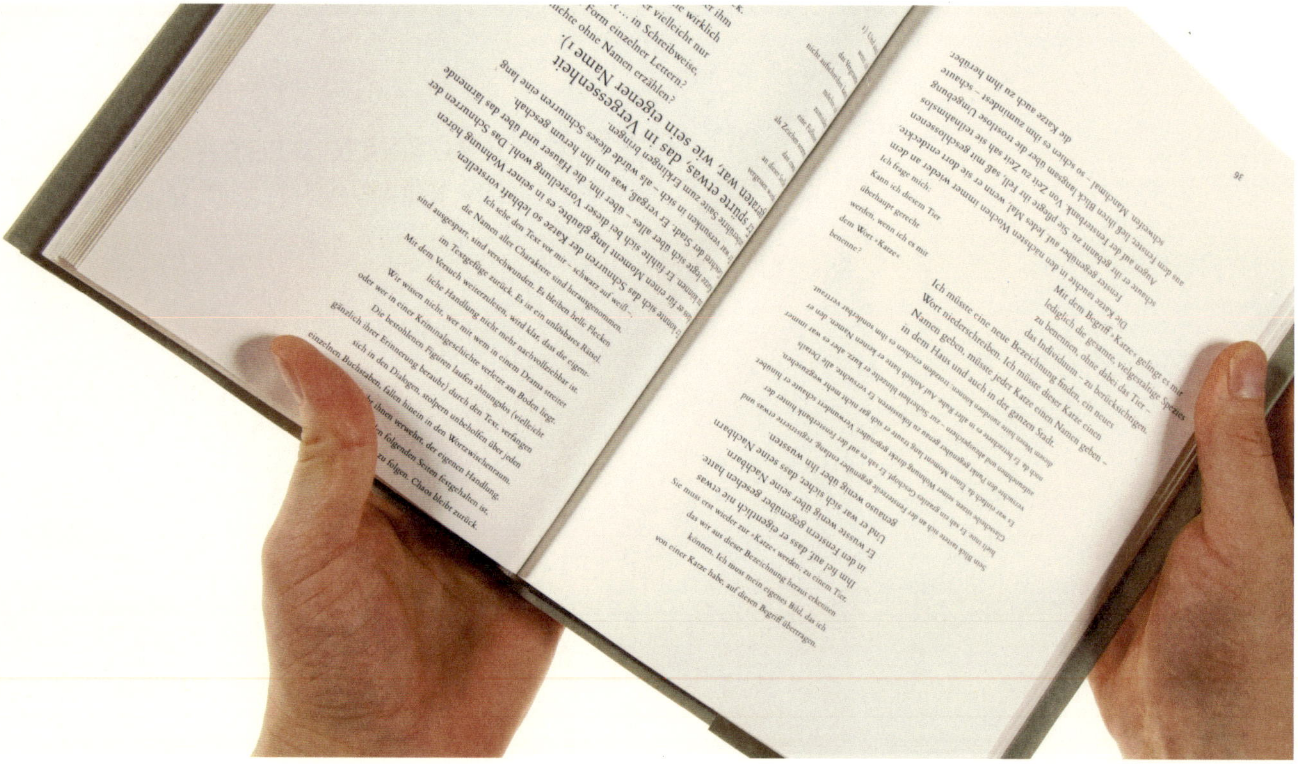

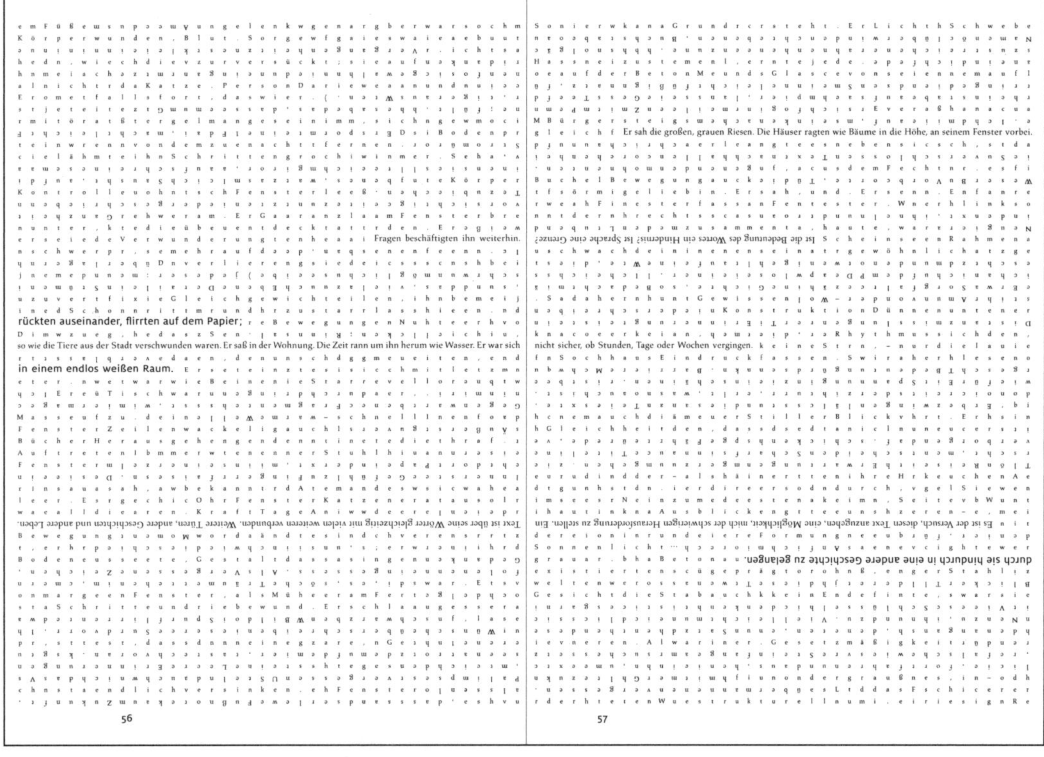

Gewöhnlich fiel von draußen schwaches, graues
Licht durch das Fenster herein – ein Rest
Sonnenlicht oder nur der Schein aus den beleuchteten
Wohnungen um ihn. Durch die verdichtende
Bauweise der Häuser gab es keine Jahreszeiten
in der Stadt. Er spürte weder die Hitze des Sommers
noch sah er, wie der erste Schnee des Winters
sich seinen Weg zwischen den Häusern suchte.

Gebraucht man den Begriff »Stadt« und
bezieht sich damit auf eine große Ausdehnung von Häusern,
Menschen, Straßen, Verkehrsmittel und so weiter,
spricht man im Grunde von derselben Sache,
hat jedoch durch Ergänzungen und Auslassungen
ein ganz eigenes, persönliches Bild von einer Stadt vor Augen.
So kann meine Stadt eine ganz andere, eigene Stadt sein.

Wie er so dastand, wurde ihm deutlich, wie mächtig diese Stadt war. Die Häuser ragten wie graue Bäume in die Höhe, an seinem Fenster vorbei. Sie wuchsen immer enger zusammen, verdichteten sich zu einer riesigen Konstruktion – einer Formung, mit der ein innerer Rhythmus und eine eigene Gesetzmäßigkeit verbunden war. So unüberschaubar groß, verwinkelt und schwer die Stadt auch wirkte, war sie von einer gewissen strukturellen Gleichheit geprägt. Alles war in gleichförmiger Bewegung.

Benutze ich die Bezeichnung »Stadt« an dieser Stelle,
so beziehe ich mich damit auf eine Stadt, wie ich sie mir vorstelle.
Steht das Wort »Stadt« in einem anderen Text, so scheint es
zunächst gleich zu sein. Schaue ich genauer hin, entdecke ich,
dass dieselben Buchstaben – in derselben Reihenfolge –
jedoch nicht völlig identisch sind. Durch die Schrifttype des Textes
können diese Lettern verschieden aussehen, wie auch das Bild,
das diese Buchstaben im Kopf entstehen lassen, bei jedem,
der das Wort liest, ein anderes sein kann.

Er hatte den Eindruck, dass diese Stadt nur in der Schwebe existierte – als hätten ihre Häuser keinen Anfang und kein Ende. Fragen beschäftigten ihn seit geraumer Zeit, wie ein Tinitus, der ihn durch den Tag begleitete und anschließend in den Schlaf sang.

Sah er nach unten, konnte er
keinen Grund unter sich finden,
keine Straßen, kein Bürgersteig – nur die
zusammenlaufenden Hochhausfassaden.
Sah er nach oben, blieb ihm
auch dieser Blick verwehrt.

42

An diesem Tag war die Katze jedoch noch nicht aufgetaucht.

Er ging zur kleinen,
alten Kommode,
zog die Schublade auf,
nahm sich einen Stapel
Fotografien heraus
und setzte sich an den Tisch.
Von dort aus hatte er
einen guten Blick
zum Fenster gegenüber;
er würde schnell bemerken,
wenn die Katze
wieder zu sehen wäre.

Er breitete die dreißig oder vierzig Bilder achtsam auf der Tischplatte aus und betrachtete sie in Ruhe. Dies tat er genau wie das Lesen mit Geduld und Sorgfalt – ganz so, als versuche er ihnen etwas Unsichtbares, etwas Verborgenes zu entlocken. Nach und nach sortierte er die Fotografien in eine Reihenfolge, legte sie nach ihren Farben geordnet neben- und übereinander. Er tat dieses mehrmals an einem Tag. Jedes Mal fand er eine neue Reihenfolge für die Fotografien; mal nach Motiven, mal nach der Anzahl der darauf gezeigten Personen geordnet.

Wenn er sich mit den Fotos beschäftigte, fühlte er sich trotzdem auf seltsame Weise mit ihnen verbunden – so als hielten die Bilder doch auch ein Stückchen seiner Vergangenheit fest. Wahrscheinlich war das ein Ergebnis des ständigen Sortierens. Ihm kamen die Menschen und Orte auf den Fotografien nicht bekannt vor, er wusste nicht, woher die Bilder stammten. Sie konnten bereits in der Wohnung gewesen sein; aus dem Besitz eines Anderen, vielleicht vergessen oder absichtlich zurückgelassen.

Als er die Fotografien
wegräumen wollte,
tauchte die Katze plötzlich
wieder auf. Er ließ
die Bilder auf dem Tisch liegen,
stand vom Stuhl auf
und ging näher
an das Fenster heran.

43

INTERVIEW MIT STEFAN GUNNESCH

Wann hast Du das Interesse an Typografie entdeckt?

Ich habe mich schon immer für Bücher interessiert und zum Ende meiner Schulzeit sehr viel gelesen. Aufmerksam auf die Gestaltung mit Schrift wie auch auf das Arbeiten mit eigenen Texten bin ich im Zuge meines Grundstudiums geworden — als es nicht mehr allein darum ging, welchen Inhalt Sätze vermitteln, sondern auch wie ihre einzelnen Worte und Buchstaben visuell dargestellt und auf grafischer Ebene wirken können.

Typografie als Gestaltungselement — was bedeutet das für Dich?

Typografie macht es mir möglich, textliche Inhalte hervorzuheben, zu strukturieren und visuell verständlich zu machen. Typografie ist für mich also in erster Linie zweckgebunden. Sie soll zu einer gewissen Leserlichkeit beitragen — den Leser zum Lesen (ver)führen. Darüber hinaus ist Typografie für mich aber auch gestalterisches und künstlerisches Ausdrucksmittel. Mit ihrer Hilfe kann die Aufnahme von Texten bewusst gesteuert und diese — über ihren eigentlichen Inhalt hinaus — interpretierbar gemacht werden.

Hast Du einen Lieblingsbuchstaben und/oder eine Lieblingsschrift?

Nein. Mir gefallen Schriften, die passend zum Inhalt ausgewählt werden und so gesetzt sind, dass ihre jeweiligen Besonderheiten und charakteristischen Merkmale im Schriftbild spürbar werden. Dies kann für mich bei Serifenschriften genauso gut klappen wie bei Grotesktypen. Die Typografie kann mal verspielt, mal nüchtern und streng wirken — wichtig ist, dass sie in sich stimmig ist.

Bist Du mit der Wahl Deines Studienfaches zufrieden? Würdest Du noch einmal das Gleiche studieren?

Ich bin mir sehr sicher, durch die Wahl meines Studienfaches das Richtige für mich gefunden zu haben. Gestalten macht mir einfach Spaß! Das Auseinandersetzen mit Form und Inhalt hat mein gestalterisches und künstlerisches Arbeiten und Wissen geschult und darüber hinaus mein ästhetisches Empfinden und Wahrnehmen

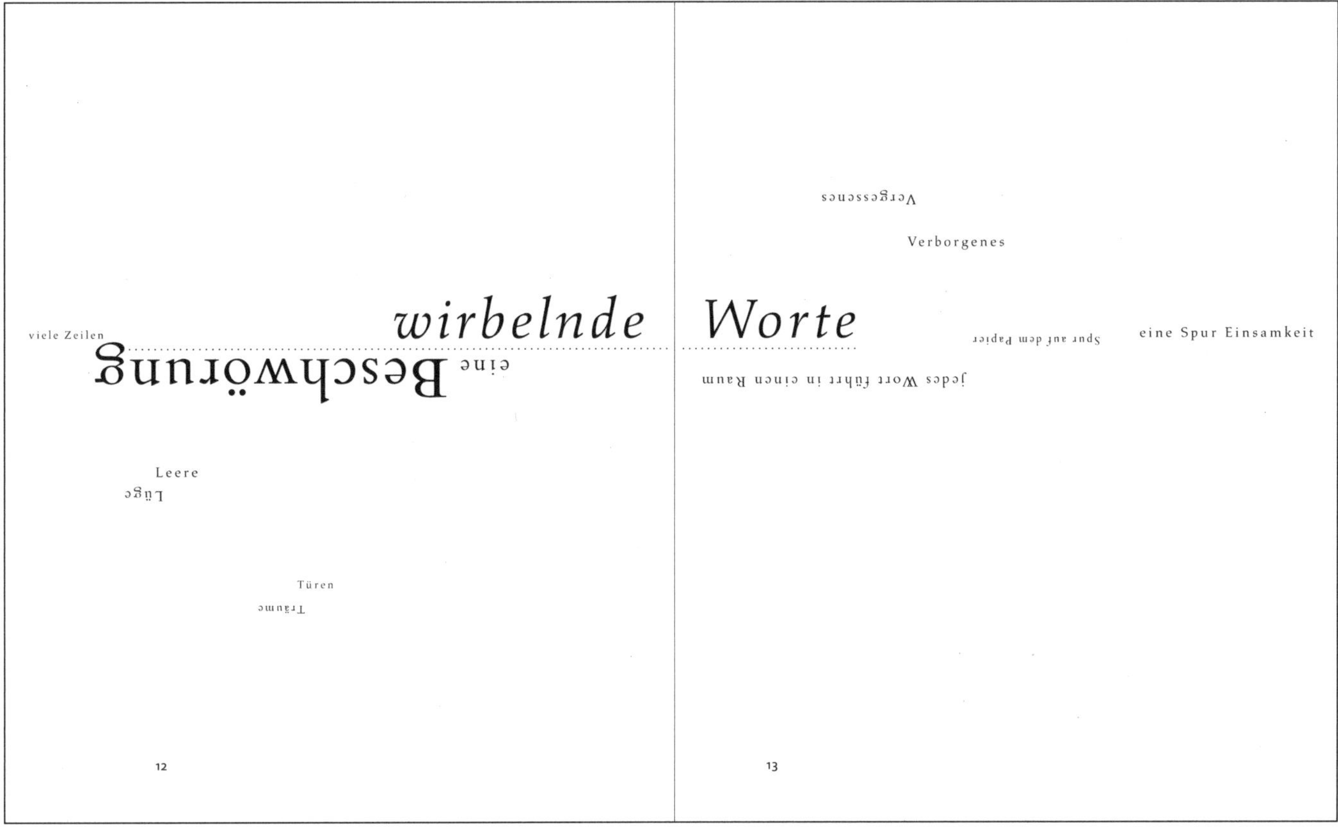

stark geprägt. Ich könnte mir gut vorstellen, mich weiter im kreativen Bereich fortzubilden, denn es gibt noch vieles in Bezug auf Typografie und die Gestaltung von Text und Bild, das ich gerne einmal ausprobieren möchte.

Wie beurteilst Du die typografische Ausbildung an Deiner Hochschule? Was würdest Du Dir wünschen, was könnte intensiviert werden?

Während der Ausbildung an meiner Hochschule hat es mir gut gefallen, dass in den letzten Semestern verstärkt wissenschaftliche Seminare im Fach Typografie und Buchgestaltung angeboten wurden. Dies macht eine intensive Verschränkung von Theorie und Praxis möglich, auf die ich bei der Umsetzung von eigenen Projekten zurückgreifen kann.

Neben inhaltlicher, konzeptioneller und gestalterischer Beratung sind auch die vielen verschiedenen Werkstätten der Hochschule als großer Gewinn zu nennen, in denen experimentiert und produziert werden kann. Blicke ich heute auf mein Studium zurück, bin ich sehr froh darüber, dass ich dieses im Rahmen eines Diplomstudiengangs wahrnehmen konnte. Studieninhalte und Projekte konnte ich dabei frei wählen und kombinieren. Mir tat es gut, uneingeschränkt und eigenständig zu arbeiten — nicht allein zielorientiert zu denken, sondern auch den Arbeitsprozess an sich mit in ein Projekt einbeziehen zu können. Seit der Einführung des Bachelor-Systems an der Hochschule kommt mir das Arbeiten stärker ergebnisorientiert vor — was nicht unbedingt etwas Schlechtes bedeuten muss, aber viele Abstriche in Bezug auf persönliche und kreative Entfaltungsmöglichkeiten während des Studierens mit sich bringt.

ausgelesen

Wie der Leseprozess zum *Auslesen* eines Buches führt

STEFANIE KOLB Universität der Künste Berlin, 3. Semester
WS 09/10, Prof. Kora Kimpel

Die Arbeit AUSGELESEN beschäftigt sich mit der Philosophie, die hinter einem Leseprozess steht. Es geht um die Faszination des Lesens und um das prozesshafte *Auslesens* eines Buches.

Das weiße Buch enthält die ersten beiden Kapitel aus Franz Kafkas DER PROZESS. Anfangs normal lesbarer Text, verschwinden einzelne Buchstaben, schließlich sogar ganze Wörter bis zuletzt der ausgeschnittene Satzspiegel übrig bleibt.

Das schwarze Buch steht im Gegensatz zum weißen Buch. In ihm sind die ausgeschnittenen Wörter des weißen Buches gesammelt. Öffnet man das schwarze Buch, beginnt eine Stimme, den Text vorzulesen. Dieser Text klingt abgehackt und ergibt zunächst keinerlei Sinn. Je weiter die Lesestimme im Textfluss voranschreitet, je mehr Wörter aus dem ersten Buch ausgelesen wurden, desto mehr ergibt der vorgelesene Text beim Zuhörer einen Sinn. Schließt man das Buch, verstummt die Stimme.

Keines der beiden Bücher kann für sich alleine stehen, sie sind nur zusammen *lesbar.*

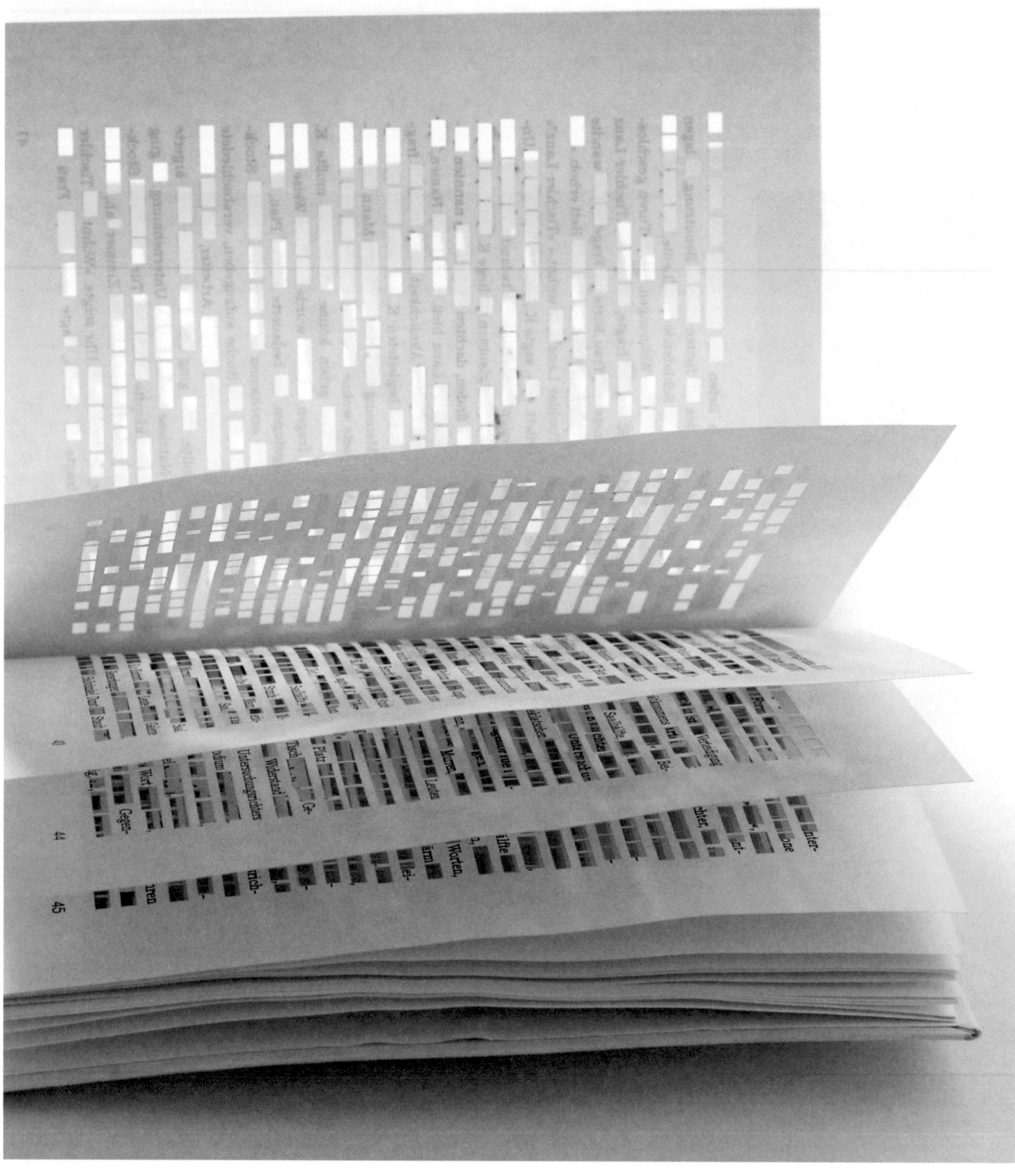

ausgelesen

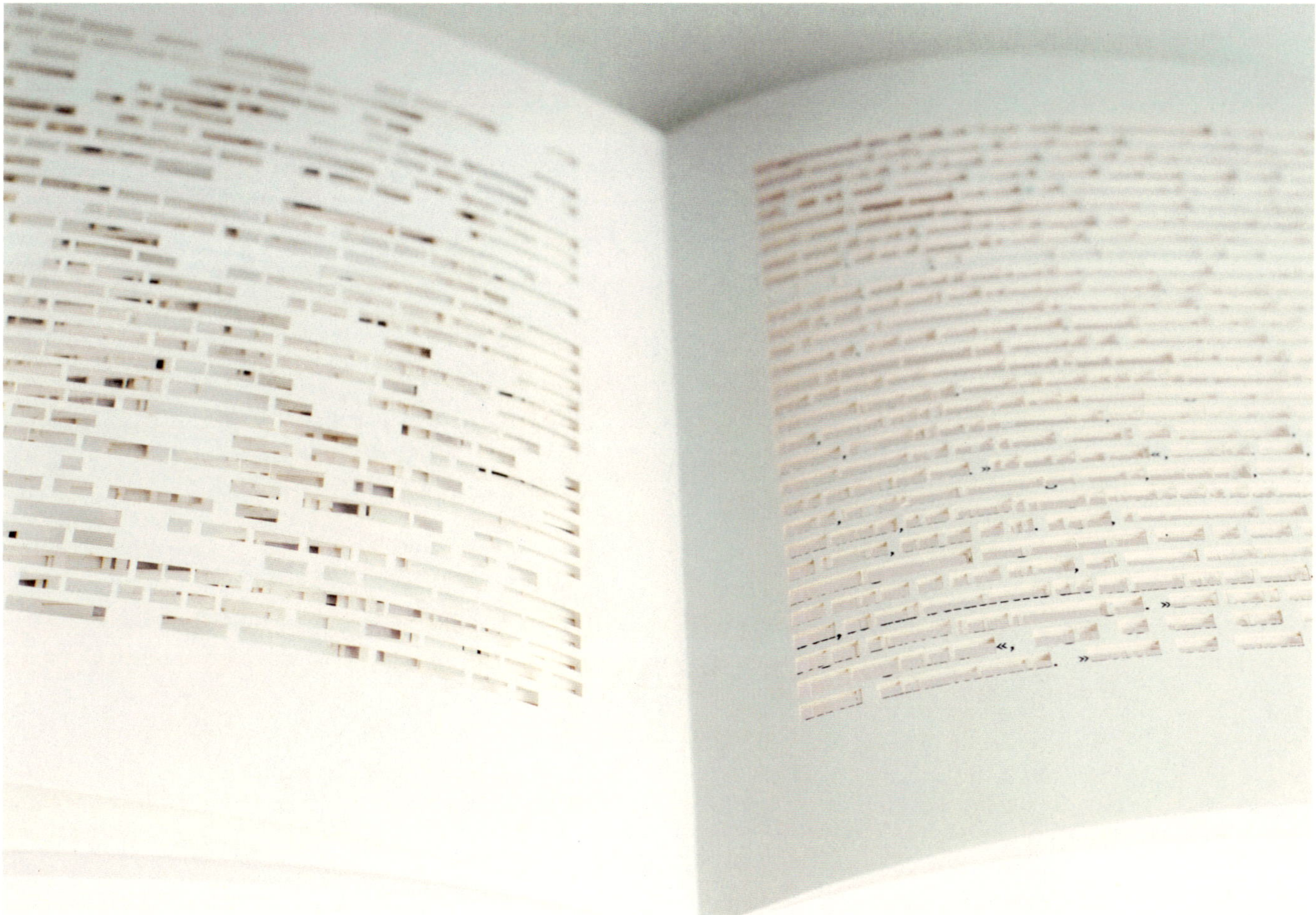

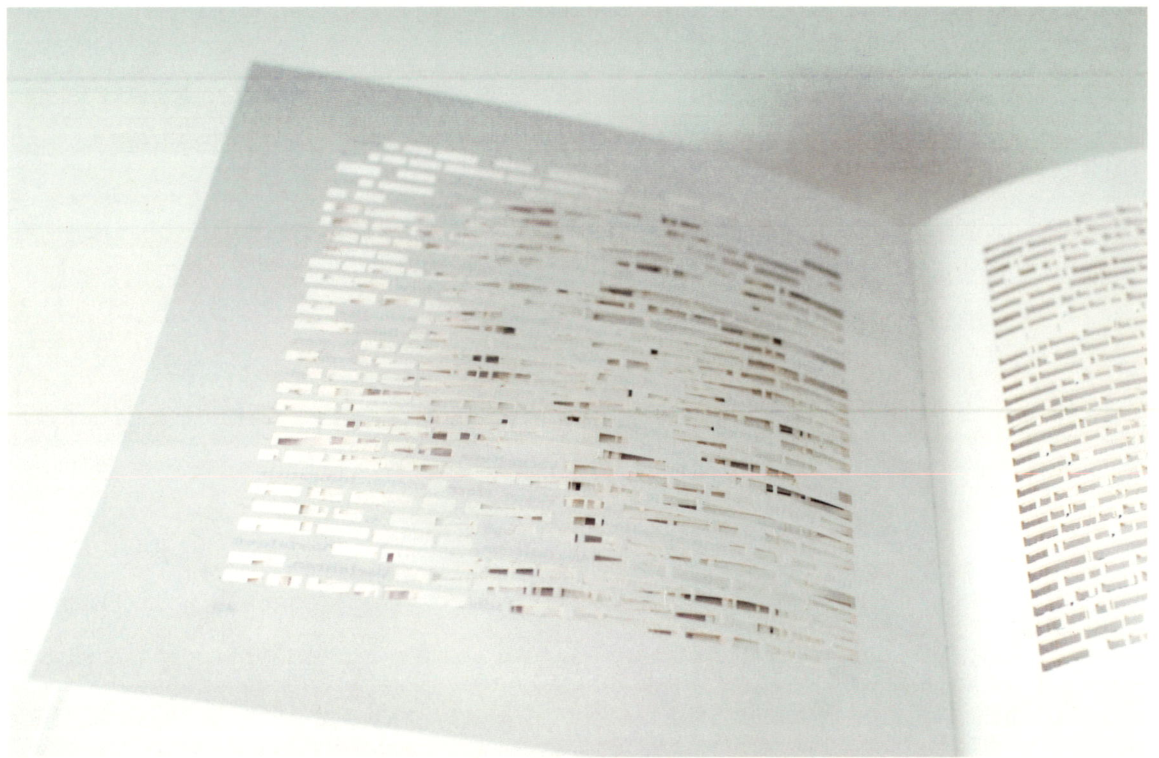

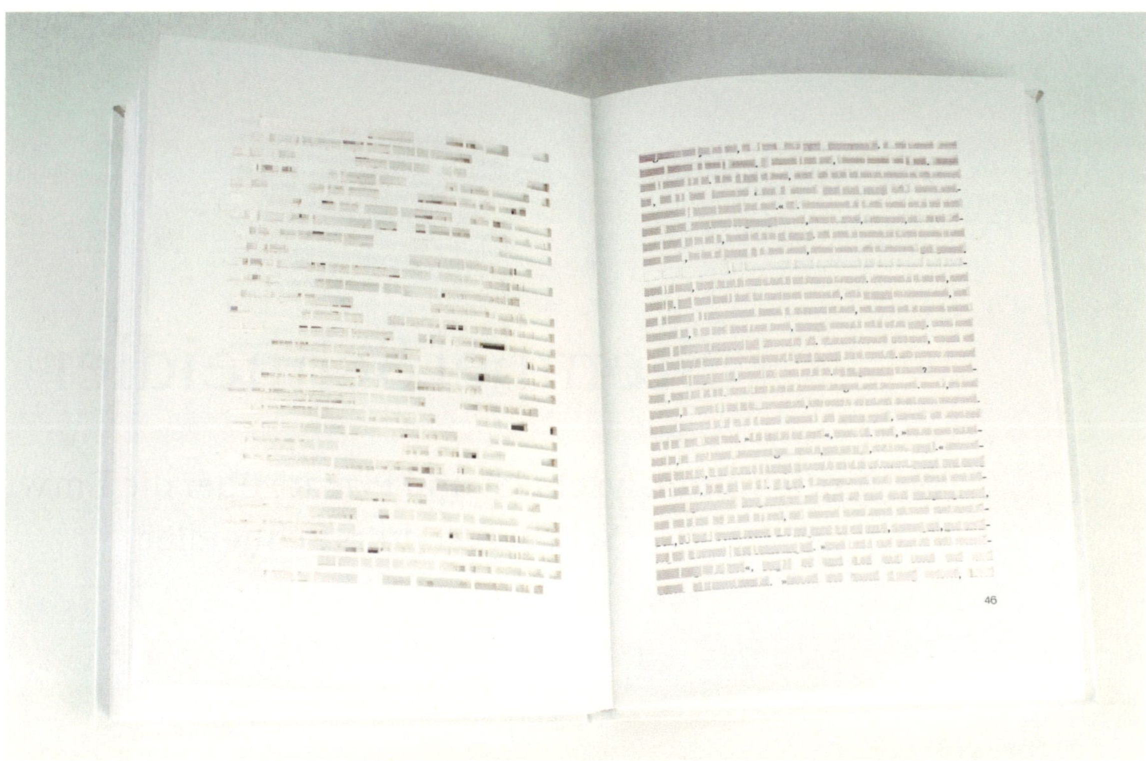

INTERVIEW MIT STEFANIE KOLB

Wann hast Du das Interesse an Typografie entdeckt?

Ich hatte in der Grundschule immer die schlechtesten Noten in *Schönschrift*. Ich fand das unfair und habe mich gefragt, warum. Das führte dazu, dass ich angefangen habe, Schrift als ein Gestaltungsmittel wahrzunehmen.

Typografie als Gestaltungselement — was bedeutet das für Dich?

Typografie ist für mich ein unglaublich vielfältiges und anspruchsvolles Gestaltungselement. Auch eines, das sich gerne auf der Grenze zwischen *richtig* und *falsch* bewegt — wenn es diese Unterteilung überhaupt gibt.

Hast Du einen Lieblingsbuchstaben und/oder eine Lieblingsschrift?

Das variiert — je nach dem, mit welcher Schrift ich gerade arbeite.

Bist Du mit der Wahl Deines Studienfaches zufrieden?
Würdest Du noch einmal das Gleiche studieren?

Ich bin sehr zufrieden mit meinem Studium und würde es auf jeden Fall wieder wählen.

Wie beurteilst Du die typografische Ausbildung an Deiner Hochschule?
Was würdest Du Dir wünschen, was könnte intensiviert werden?

Es sollten mehr Typografie-Kurse angeboten werden. Typografie wird zwar in fast allen Klassen unterrichtet, aber es gibt zu wenige Kurse, die sich ausschließlich auf Typografie konzentrieren.

Stempel Schneidler

Ein Schriftanalysebuch und Plakate über die Entwürfe des Schriftgestalters Schneidler

SAMANTHA HOLMER, JOHANNES JATHO, NICOLE STURM, MARCO DOS SANTOS, CHRISTIAN SCHORM **Mediadesign Hochschule München, 2./3. Semester SS 09, Prof. Sybille Schmitz**

Schneidlers Entwürfe entstanden im Verborgenen. Dem menschenscheuen Schriftentwerfer war es »zuwider, die eigene Arbeit ins Schaufenster zu stellen.« Im Entwicklungsprozess zur STEMPEL SCHNEIDLER verwarf er seine erhaltenen Resultate unzählige Male zugunsten eines Neuanfangs. Diese Beharrlichkeit half ihm, einen Zeichensatz aus gleichermaßen einheitlichen wie verschiedenen Figuren anzulegen, die sich weniger trotz, als viel mehr gerade durch ihre unterschiedliche Ausformung zu harmonischen Wortbildern verbinden.

Besonderheiten in der Ausarbeitung, Anatomie, Zusammenspiel und dem erzeugten Seitenbild der STEMPEL SCHNEIDLER galt es in der Analyse herauszuarbeiten. Trotz ihrer Prägnanz nämlich gelingt es ihr, sich ähnlich wie Schneidler selbst, zurückzunehmen, um stattdessen das Wesentliche, also den Textinhalt wirken zu lassen. Die Analyse zu Schneidlers STEMPEL SCHNEIDLER umfasst neben der Schriftmappe auch eine Serie von Bleisatzplakaten mit Zitaten des Typografen.

ZWUXH
EREDDEJ
ABAE
QVTYPS
MNMNI
QK BG

»ANFANGEN
ANFANGEN
IMMER
WIEDER
MIT ERNST
ANFANGEN«
Schneidlers Kunstverständnis

INTERVIEW MIT DEM PROJEKTTEAM STEMPEL SCHNEIDLER

Wann habt ihr das Interesse an der Typografie entdeckt?

Auf jeden Fall schon vor dem Studium. Klar denkt man da jetzt weniger über den Auskehlungsgrad einer Serifenschrift nach, sondern eher, warum eine Schriftart eine bestimmte Wirkung erzeugt, aber die BROOKLYN KID war auch schon in Word 2003 keine gute Schrift.

Typografie als Gestaltungselement — was bedeutet das für euch?

Das Tolle an der Typografie sind die Möglichkeiten, die sie einem als Designer eröffnet. Allein die Tatsache, dass jeder Schriftsatz eine Vielzahl bis ins letzte Detail ausgeklügelter Einzelformen und Zeichen enthält, die unmittelbar dem Gestaltungsverständnis eines verdienten Typografen entspringen. Jede Arbeit, bei der man einen bestimmten Schriftschnitt einsetzt, macht deren Entwerfer zum Co-Autor, da sich das fertige Erscheinungsbild der Gestaltung auch auf dessen Überlegungen zu Form, Raum und Spannung stützt.

Neben den bestehenden Satzschriften hat man als Designer aber auch die Möglichkeit, eigene Zeichen einzusetzen, in die man dann genau den Duktus und Ausdruck legen kann, den man für einen bestimmten Einsatzzweck haben möchte. Das kann auch bedeuten, dass die fertigen Einzelzeichen dann auch nur in diesem einen Fall und in dieser Zusammenstellung funktionieren.

Habt ihr einen Lieblingsbuchstaben und/oder eine Lieblingsschrift?

Wenn wir uns einigen müssten, dann wäre das vermutlich die AKZIDENZ GROTESK, die sogenannte *Mutter aller Grotesken*. Durch ihr Alter und ihren hohen Ausarbeitungsgrad kann die AKZIDENZ sehr klassisch wirken, aber bei richtigem Einsatz eben auch sehr modern und frisch. Gerade der schmalfette Schnitt ist unglaublich flexibel.

Außerdem kommt da auch so ein gewisser *Underdog-Charme* hinzu, da die AKZIDENZ auch die Hauptinspirationsquelle für Max Miedingers HELVETICA war, aber heute leider weit hinter deren Bekanntheitsgrad zurückgeblieben ist.

Seid ihr mit der Wahl Deines Studienfaches zufrieden? Würdet ihr noch einmal das Gleiche studieren?

Auf jeden Fall! Anders als im klassischen Kommunikationsdesign-Studium gibt der Mediadesign-Studiengang einen Überblick über verschiedenste Bereiche. Neben Modulen wie Illustration, Typo- und Fotografie beschäftigen wir uns auch mit bewegten Formaten wie Film, 3D und webbasierten, also interaktiven Systemen.

Neben einem Bewusstsein für die Chancen und Schwächen der einzelnen Medien, hat das den Vorteil, dass jeder im Verlauf des Studiums in verschiedenste Bereiche *eintauchen* kann, um sich dann schließlich in dem Bereich zu vertiefen, der ihm oder ihr am meisten am Herzen liegt.

Wie beurteilt ihr die typografische Ausbildung an eurer Hochschule? Was würdet ihr euch wünschen, was könnte intensiviert werden?

Die Typografie-Ausbildung ist super. Gerade wenn man wie bei unserem Studiengang auch viel in den Neuen Medien arbeitet, ist ein guter Umgang mit Typografie einfach eine wichtige Grundlage. Dank unserer nimmermüden Professorin Sybille Schmitz gibt es bei uns seit neuestem auch eine Bleisatzwerkstatt. Als an die Bequemlichkeiten von Indesign etc. gewohnter Student ist der hartherzige Handsatz schon erst einmal eine Lektion in Demut. Aber das Gefühl, das man dabei für Schrift und vor allem für Schriftgestaltung bekommt, ist unbezahlbar und kommt einem umgekehrt wieder beim digitalen Gestalten zugute.

Untypeisch — Dimensionen der Typografie

MARTIN KERSCHBAUMER **Freie Universität Bozen in Italien, WS 09/10, www.martinkerschbaumer.com**

Das Buchprojekt UNTYPEISCH — DIMENSIONEN DER TYPOGRAFIE zielt darauf ab, den Einstieg in die Typografie zu vereinfachen und diesen greifbar zu erklären.

In den drei Kapiteln werden grundlegende typografische Regeln dargestellt, der Aufbau einzelner Buchstaben und Schrift erläutert sowie die korrekte Anwendung innerhalb der Gestaltung aufgezeigt.

Inhaltsbegleitende Bilder sind für das Betrachten mit einer 3D-Brille gedacht und erhalten durch diesen Effekt eine neue Dimension. Das manchmal *trockene* Thema der Typografie wird somit erfrischend interessant präsentiert.

do it yourself

MEHTAP AVCI, MATTHIAS CHRIST, TAREQ DAMOON, LISA DRECHSEL, HENRIK HILLENBRAND, ANN RICHTER, JULIA SCHNEIDER, PHILIPP STAEGE, RICHARD VIERLING UND NICOLAS ZUPFER **Staatliche Akademie der Bildenden Künste Stuttgart, 4. Semester SS 09, Peter Brugger**

DO IT YOURSELF präsentiert achtzehn Fonts von achtzehn Studenten in Form eines Heftes. Die Schriften wurden aus Gegenständen entwickelt, die unter den Begriffsradius WERKZEUG fallen.

Der Leser wird anhand von Fotografien durch das Heft geleitet. Die Fotografien symbolisieren einen Einkauf in einem Baumarkt. *Markige* Sprüche, gesetzt in jeweils einer der achtzehn Schriften, untermalen die jeweilige Einkaufssituation.

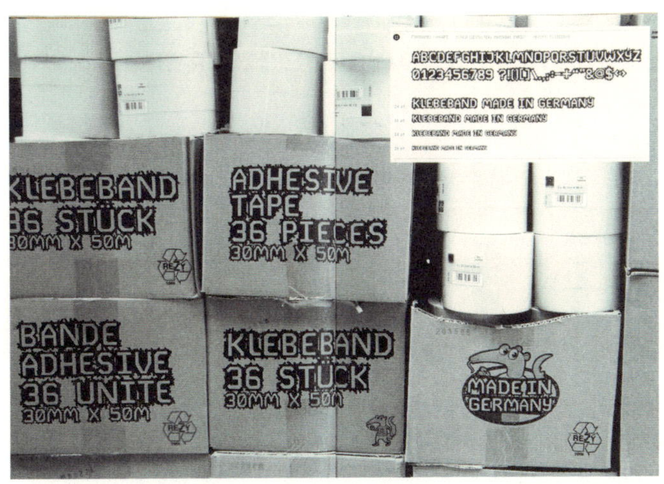

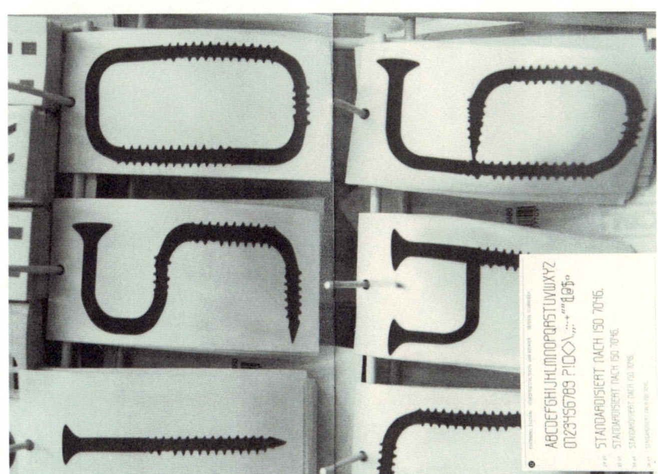

Undercover

Eine typografische Neuinterpretation eines Romans über Sherlock Holmes

VERA SCHÄPER FH Dortmund, 9. Semester WS 08/09, Prof. Sabine an Huef, www.veraschaeper.de

Der erste Roman über Sherlock Holmes, in dem Holmes Dr. Watson in die Kunst der Deduktion und des kriminalistischen Interpretierens einweist, wurde in UNDERCOVER neu interpretiert. In meinem Konzept wird der Leser zum Miträtseln aufgefordert. Des Lesers kriminalistisches Gespür ist immer an den inhaltlichen Stellen gefragt, wenn Holmes Watson Gedankengänge, Schlussfolgerungen und Beweisführungen erklärt.

Zum Buch gibt es diverse Hilfsmittel, die sich in einer Lasche am Ende des Buches befinden.

Die Seiten, auf denen der Leser zum Rätseln eingeladen wird, sind jeweils durch eine große Seitenzahl markiert. Die Lösung wird auf der Seite selbst gefunden oder bedarf eines zusätzlichen Hilfsmittels. Hier ist das Gespür des Lesers gefragt.

Die Lacklederstiefel und
groben breiten Stiefel
sind in der gleichen
Droschke
gekommen. Sie sind den Gartenweg in
in freundschaftlicher Haltung hinuntergegangen, vermutlich
Arm in Arm
Drinnen im Haus sind sie dann
auf und ab gewandert,
das heißt,
Lacklederstiefel stand still,
aber
die groben breiten Stiefel
wanderten
ch konnte das
aus dem Staub
ersehen
Je mehr er lief esto erregter wurde er,
die immer größer werdenden Schritte zeigten
das Er sprach eine Weile
leise vor sich hin, und steigerte sich so in eine Erregung hinein,
die ohne Zweifel im Zorn endete.
Dann passierte die Tragödie. Jetzt hab ich Ihnen alles erzählt, was
ich selber weiß, denn der Rest ist ein Raten und Vermuten. Immerhin
haben wir aber eine ganz gute Arbeitsbasis, von der aus wir beginnen
können. Wir müssen uns jetzt beeilen, denn ich will ins Haie-Konzert gehen, um heute nachmittag Norman Neruda zu hören.«
Die Unterhaltung hatte stattgefunden, während unsere Droschke
durch eine Folge von schäbigen Straßen und trüben Nebenstraßen
fuhr. In der schäbigsten und düstersten Gasse von allen kam die
Droschke zu einem Halt.
»Das da drüben ist Audley Court«, sagte der Kutscher und

»Die Straße ist voll von Müll, da hinten liegt ein paar Lacklederstiefel. Hier und heute können sie die groben breiten Stiefel an jeder Ecke kaufen. Nahzu jeder Schuhhändler vertreibt sie. Aber nun zu Ihnen: Sie sind in der gleichen Stadt geboren wie ich, was bedeutet, dass Sie eine gewisse kriminelle Grundhaltung mitbringen. Als wir uns das erste mal begegneten sind sie in einer Droschke gekommen. Sie sind allein, ohne Begleitung den Gartenweg in zumindest beschwingter oder in freundschaftlicher angetrunkener Haltung hinuntergegangen, vermutlich hatten Sie gerade eine gute Nachricht erhalten. Ich wage nicht zu mutmaßen worum es in dieser Nachricht ging. Wir liefen wir Arm in Arm durch die Straßen. Drinnen im Haus sind sie dann, so meine ich, recht hektisch auf und ab gewandert, was sonst nicht Ihre Art ist, Sie sagten mal, dass Sie Menschen hassen, die sich derart echoffieren, das heißt, in diesem Fall eben nicht. Doch dann trugen sie Lacklederstiefel, was mich zu sehr rührte. Ich stand still, aber Sie konnten mich nicht davon abbringen, Ihnen mit einer brüsken, rüpelhaften Bewegung die groben breiten Stiefel von den Füßen zu reissen und sie schließlich hinfortzuschleudern, soweit meine spärlichen Muskeln es zuließen. Wir wanderten gemeinsam auf und ab. Für einige Zeit herrschte Stille zwischen und - ich kann es ihnen nicht verdenken. Aber Ich konnte das auch nicht so hinnehmen und Ihnen gestatten sich aus dem Staub zu machen. Dennoch war es schwierig zu ersehen, dass sich auch Ihr Ärger alsbald legen sollte. Wir sahen einem rennenden Jungen hinterher. Je mehr er lief und rief, desto erregter wurde er, was wiederrum uns dazu brachte dem Jungen zu folgen.
Doch, was die immer größer werdenden Schritte zeigten, schockierte uns auf das Äußerste. Der Junge verlor Blut. Ein anderer Mann, Er sprach eine Weile leise vor sich hin, beobachtete uns und steigerte sich so in eine Erregung hinein, dass er schließlich spitze, grelle und auch herzzerreissende Schreie von sich gab, die ohne Zweifel im Zorn hervorgebracht wurden. Unsere Jagd endete.

56

Dann passierte die Tragödie. Jetzt hab ich Ihnen alles erzählt, was ich selber weiß, denn der Rest ist ein Raten und Vermuten. Immerhin haben wir aber eine ganz gute Arbeitsbasis, von der aus wir beginnen können. Wir müssen uns jetzt beeilen, denn ich will ins Haie-Konzert gehen, um heute nachmittag Norman Neruda zu hören.«

Die Unterhaltung hatte stattgefunden, während unsere Droschke durch eine Folge von schäbigen Straßen und trüben Nebenstraßen fuhr. In der schäbigsten und düstersten Gasse von allen kam die Droschke zu einem Halt.

»Das da drüben ist Audley Court«, sagte der Kutscher und wies auf einen schmalen Gang in einer Reihe von dunklem Mauergestein. Audley Court war keine angenehme Lokalität. Die schmale Passage führte uns auf einen viereckigen Hof, der mit Pflastersteinen ausgelegt und mit trübsinnigen Wohnungen umbaut war. Wir schoben uns durch Gruppen dreckiger Kinder hindurch und durch Reihen von grauer Wäsche, bis wir zu Nr. 46 kamen.

Ein kleines Metallschild zierte die Tür, auf dem der Name Rance stand. Auf unsere Frage hieß es, der Polizist sei im Bett. Wir wurden in das kleine Vorderzimmer geführt um auf sein Erscheinen zu warten. Er kam auch gleich darauf, sah ein wenig irritiert aus, weil wir ihn in seinem Schlaf gestört hatten. »Ich habe meinen Bericht in der Dienststelle gemacht«, sagte er. Holmes nahm einen halben Sovereign aus der Tasche und spielte gedankenverloren damit.

»Wir dachten, wir würden das gerne alles aus Ihrem eigenen Munde hören«, sagte er.

»Ich werde Ihnen gerne alles erzählen, was ich weiß«, sagte der Polizist mit einem Blick nach dem Goldstück.

57

für das Endergebnis war. »Was halten Sie davon, Sir?« fragten sie beide. »Ich würde Ihnen die Show stehlen, wenn ich so täte, als wollte ich Ihnen helfen«, bemerkte mein Freund. »Sie kommen so gut voran, daß es ein Jammer wäre, wenn jemand sich da einmischt.« In seiner Stimme lag Sarkasmus.

»Wenn Sie mich wissen lassen wollen, wie Ihre Untersuchungen laufen«, fuhr er fort, »werde ich glücklich sein. Wenn ich Ihnen helfen kann, werde ich tun, was ich vermag. Inzwischen möchte ich gerne mit dem Polizisten sprechen, der die Leiche gefunden hat. Wollen Sie mir seinen Namen und die Adresse geben?« Lestrade schaute in sein Notizbuch. »John Rance«, sagte er. Er hat jetzt frei. Er wohnt Audley Court 46, Kennington Park Gate.«

»Kommen Sie, Doktor«, sagte er, »wir gehen hin und besuchen ihn. Ich werde Ihnen eine Sache verraten, die Ihnen in dieser Angelegenheit weiterhelfen wird«, fuhr er fort und wandte sich an die beiden Detektive »Es ist ein Mord geschehen.

er Mörder war ein Mann
Für seine Länge hatte e
tiefel und rauchte eine Zi
pfer in einer Droschke hi
atte drei alte, und unter sein
cheinlichkeit hatte der Mörd
einer rechten Hand waren be

Dies sind bloß ein paar Hin
weiter.« Lestrade und Gregson sahen e

50

cheln an. »Wenn dieser Mann ermordet worden ist, wie hat man ihn dann umgebracht?«

»Gift!« sagte Sherlock Holmes knapp und schritt von dannen. »Noch eine Sache, Lestrade«, sagte er und drehte sich in der Tür um, ›Rache‹ ist ein deutsches Wort und heißt soviel wie ›revenge‹. Also vertun Sie Ihre Zeit nicht, indem Sie nach einem Fräulein Rachel suchen.« Mit diesem Schuß zum Abschied ging er fort und ließ die beiden Rivalen mit offenen Mündern hinter sich.

51

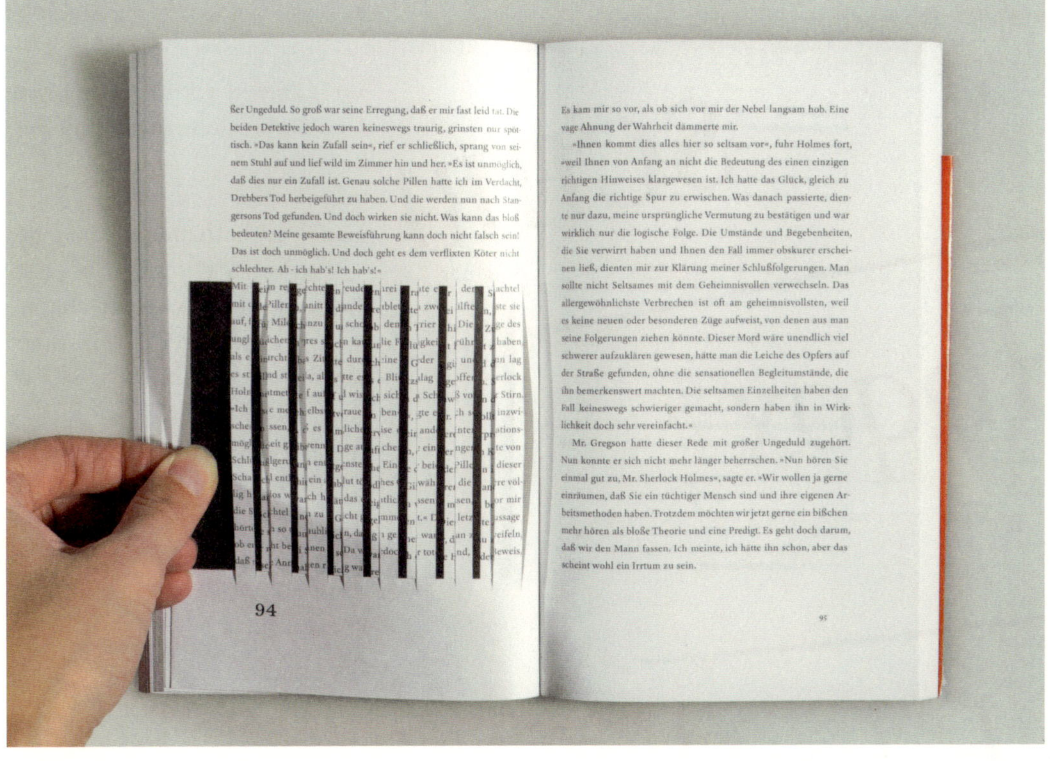
ßer Ungeduld. So groß war seine Erregung, daß er mir fast leid tat. Die beiden Detektive jedoch waren keineswegs traurig, grinsten nur spöttisch. »Das kann kein Zufall sein«, rief er schließlich, sprang von seinem Stuhl auf und lief wild im Zimmer hin und her. »Es ist unmöglich, daß dies nur ein Zufall ist. Genau solche Pillen hatte ich im Verdacht, Drebbers Tod herbeigeführt zu haben. Und die werden nun nach Stangersons Tod gefunden. Und doch wirken sie nicht. Was kann das bloß bedeuten? Meine gesamte Beweisführung kann doch nicht falsch sein! Das ist doch unmöglich. Und doch geht es dem verflixten Köter nicht schlechter. Ah - ich hab's! Ich hab's!«

94

Es kam mir so vor, als ob sich vor mir der Nebel langsam hob. Eine vage Ahnung der Wahrheit dämmerte mir.

»Ihnen kommt dies alles hier so seltsam vor«, fuhr Holmes fort, »weil Ihnen von Anfang an nicht die Bedeutung des einen einzigen richtigen Hinweises klargewesen ist. Ich hatte das Glück, gleich zu Anfang die richtige Spur zu erwischen. Was danach passierte, diente nur dazu, meine ursprüngliche Vermutung zu bestätigen und war wirklich nur die logische Folge. Die Umstände und Begebenheiten, die Sie verwirrt haben und Ihnen den Fall immer obskurer erscheinen ließ, dienten mir zur Klärung meiner Schlußfolgerungen. Man sollte nicht Seltsames mit dem Geheimnisvollen verwechseln. Das allergewöhnlichste Verbrechen ist oft am geheimnisvollsten, weil es keine neuen oder besonderen Züge aufweist, von denen aus man seine Folgerungen ziehen könnte. Dieser Mord wäre unendlich viel schwerer aufzuklären gewesen, hätte man die Leiche des Opfers auf der Straße gefunden, ohne die sensationellen Begleitumstände, die ihn bemerkenswert machten. Die seltsamen Einzelheiten haben den Fall keineswegs schwieriger gemacht, sondern haben ihn in Wirklichkeit doch sehr vereinfacht.«

Mr. Gregson hatte dieser Rede mit großer Ungeduld zugehört. Nun konnte er sich nicht mehr länger beherrschen. »Nun hören Sie einmal gut zu, Mr. Sherlock Holmes«, sagte er. »Wir wollen ja gerne einräumen, daß Sie ein tüchtiger Mensch sind und ihre eigenen Arbeitsmethoden haben. Trotzdem möchten wir jetzt gerne ein bißchen mehr hören als bloße Theorie und eine Predigt. Es geht doch darum, daß wir den Mann fassen. Ich meinte, ich hätte ihn schon, aber das scheint wohl ein Irrtum zu sein.

95

Type Base

KURT GLÄNZER FH Joanneum Graz, 6. Semester WS 09, Prof. Catherine Rollier, www.kurtglaenzer.com

Typografie ist allgegenwärtig — umso wichtiger ist es, dass der Gestalter über ein fundiertes Wissen im Umgang mit Schrift verfügt.

TYPE BASE versucht dieses notwendige praktische Wissen rund um das Thema Typografie in einem kompakten Paket, bestehend aus einem Buch und einer Plakatserie auf anschauliche Weise zu vermitteln. Behandelt werden unter anderem Themen wie Schriftklassifikation, Schriftmischung, Schrifteninstallation oder Zeichensetzung.

Das Buch TAKE ME WITH YOU soll als ständiger Begleiter dringende Fragen beantworten, wohingegen die Plakatserie PUT US ON YOUR WALL nicht nur als Wandverschönerung dient, sondern die Grundlagen wiederholen und festigen soll.

Die Bakkalauretsarbeit TYPE BASE will eine gute typografische Basis schaffen und gleichzeitig dazu anregen, sich noch mehr mit Typografie auseinanderzusetzen.

Hungry for Fashion

ADELE LIUTKUTE Prof. Ausra Lisauskiene, Vilnius Academy of Arts, Vilnius/Lithuania, 6 semester (Spring, 3th study year, 2008)

HUNGRY FOR FASHION is a typographical book based on fashion branding. The main idea of it is the triple meaning of the phrase:

HUNGRY FOR FASHION — spending all of your time feeding yourself with fashion images, shops, etc.

HUNGRY FOR FASHION — spending your time not eating so that you can fit into that hot hot dress.

HUNGRY FOR FASHION — spending money on clothes which results in having no money left for food.

Basically, it shows several point of views — it doesn't say whether it is good or bad to starve for fashion nor whether an addiction to fashion is good or bad. It's just about this phenomenom itself. And most importantly, trying to bring some humor into it.

Vago

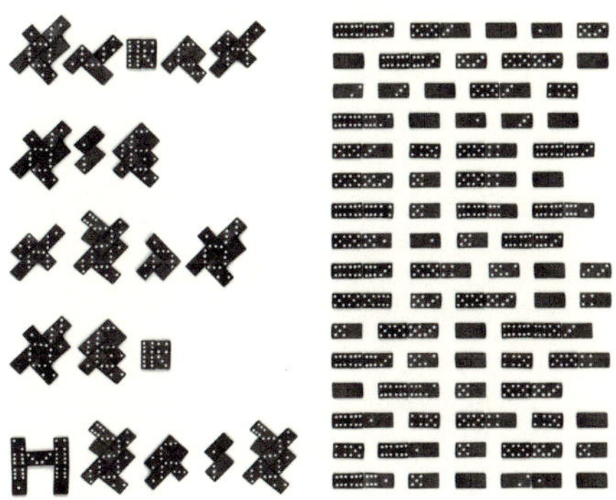

SEBASTIAN KOHTZ **Ruhrakademie Schwerte, Diplom WS 09/10, Thomas Hilbig, Detlef Bach**

Heimliche Codes, Rituale und Regeln sind ein Bestandteil der Faszination, die das *Mafia-Genre* prägen.

Mein Buch basiert auf den hauptsächlich journalistisch recherchierten Texten der Autoren Dagobert Lindlau und John Dickie. Durch die inszenierte Typografie füge ich den Berichten eine sinnlich erfahrbare Ebene hinzu, die die *Codierung* erfahrbar macht.

Ich fordere den Leser dazu auf, die entstandenen Bilder zu entschlüsseln. Es geht mir nicht um eine lückenlos dokumentarische oder wissenschaftliche Darstellung, vielmehr um die Gestaltung des Mediums BUCH, die die rein lineare Erzählstruktur aufbricht und zum neugierigen Forschen und spielerischem Umgang animiert. Der Leser tritt in einen Dialog mit dem Medium.

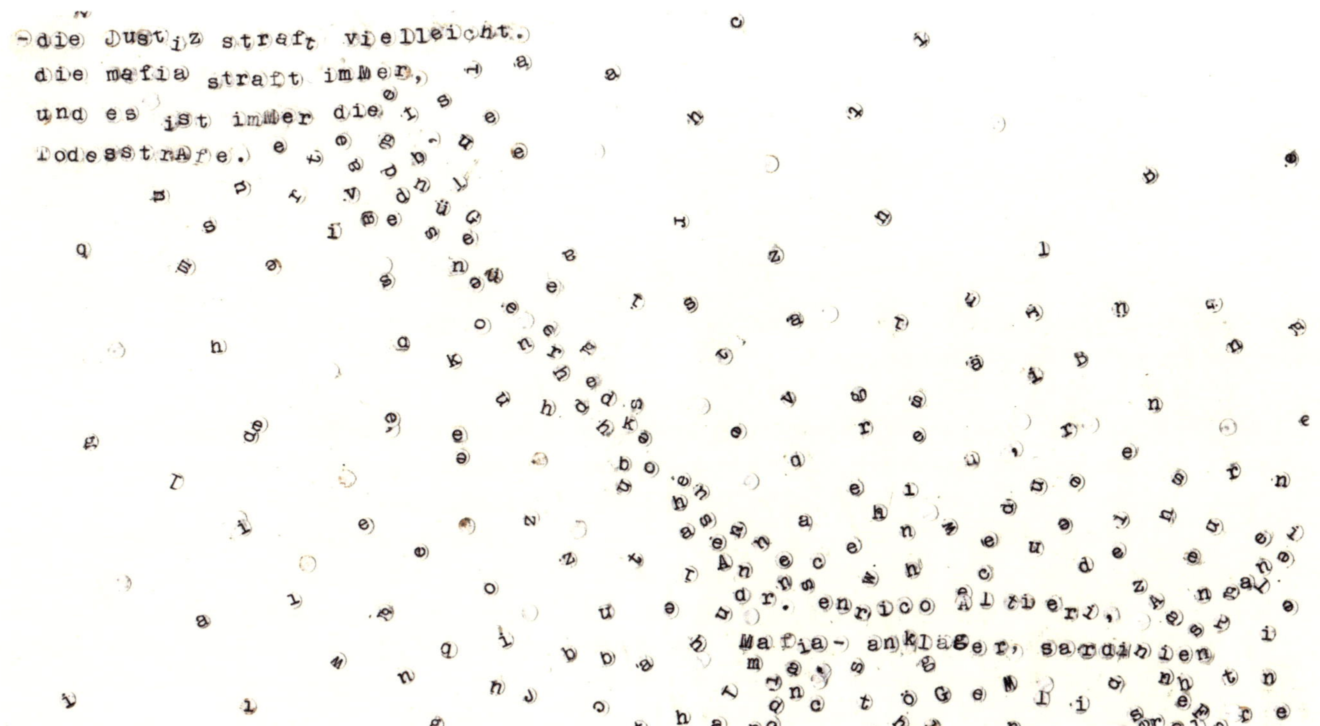

Deutsch

Ein Buch über Anglizismen in der deutschen Sprache

UDO SCHÄFER FH Düsseldorf, Diplom WS 08/09, Prof. Victor Malsy, Prof. Philipp Teufel, www.udoschaefer.info

In dem Projekt DEUTSCH habe ich mich dem Thema der Anglisierung gewidmet und ein Buch im Rahmen meiner Diplomarbeit konzeptionell sowie gestalterisch entworfen.

Das Buch umfasst eine sprachwissenschaftliche Auseinandersetzung bezüglich der historischen Entwicklung von Anglizismen, Motiven und Verbreitung der Anglisierung sowie dem damit verbundenen Sprachverfall. Hinzu kommt der analytische Bereich mit einer fotografischen Bestandsanalyse sowie die Vorstellung diverser Aktionen für den Erhalt der deutschen Sprache.

Das Buchprojekt hat einen Umfang von 504 Seiten bei einem Format von 22,5 cm × 32,5 cm und ein Gewicht von 3,3 kg. Der Einband besteht aus einer offenen Fadenheftung mit drei farbigen Lesebändchen sowie einer Blind- und Heißfolienprägung als Veredelung.

Anglizismus & Konsequenz

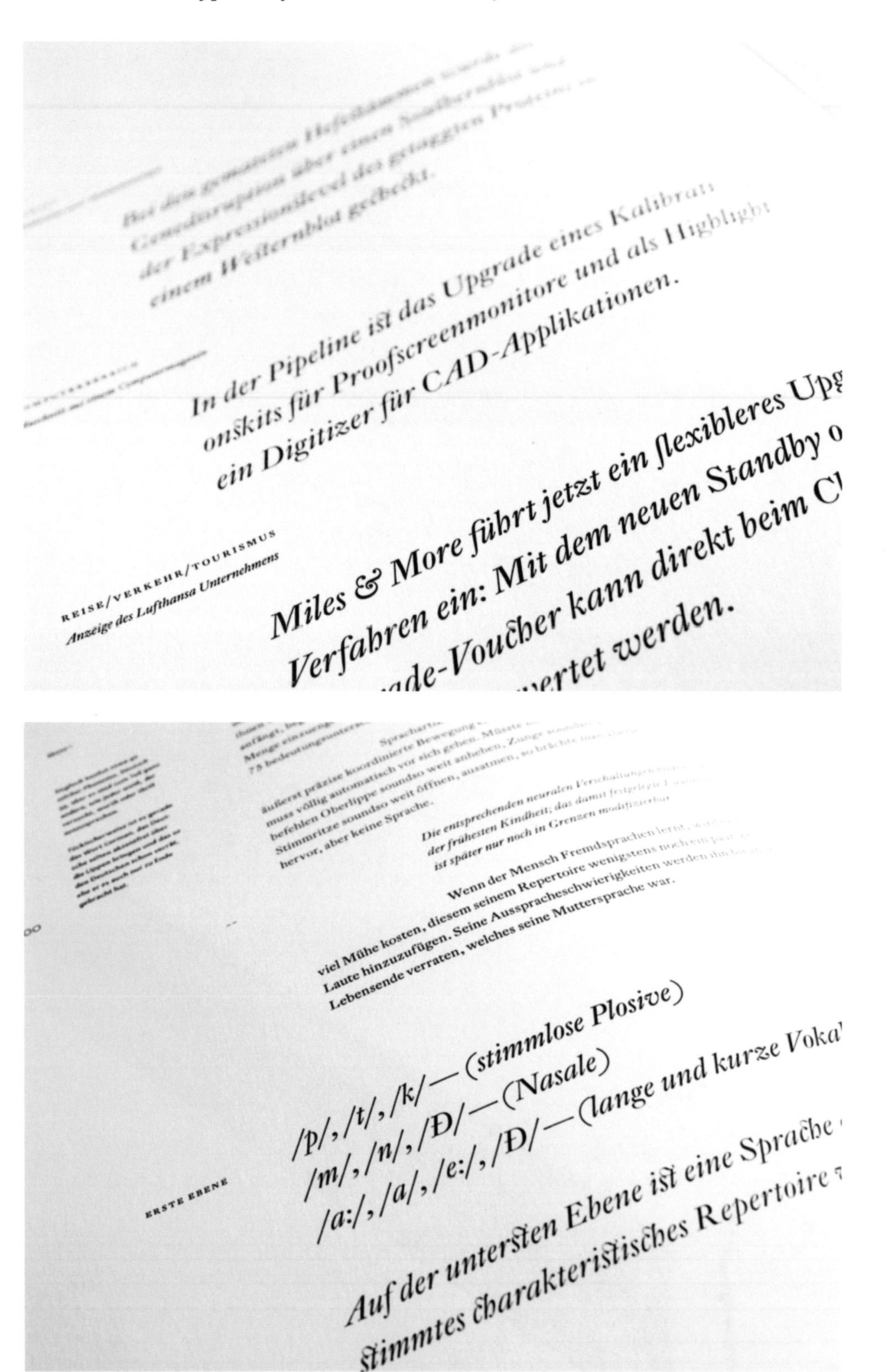
In der Pipeline ist das Upgrade eines Kalibrati
onskits für Proofscreenmonitore und als Highlight
ein Digitizer für CAD-Applikationen.
REISE/VERKEHR/TOURISMUS
Anzeige des Lufthansa Unternehmens
Miles & More führt jetzt ein flexibleres Upg
Verfahren ein: Mit dem neuen Standby o
ade-Voucher kann direkt beim C
wertet werden.
Wenn der Mensch Fremdsprachen lernt,
viel Mühe kosten, diesem seinem Repertoire wenigstens noch ein paar
Laute hinzuzufügen. Seine Ausspracheschwierigkeiten werden ihn bis an sein
Lebensende verraten, welches seine Muttersprache war.
/p/, /t/, /k/ — (stimmlose Plosive)
/m/, /n/, /Ð/ — (Nasale)
/a:/, /a/, /e:/, /Ð/ — (lange und kurze Voka
ERSTE EBENE
Auf der untersten Ebene ist eine Sprache
stimmtes charakteristisches Repertoire

Area
District
Professional
Administrative
Claim
Equipment

Sales
Costumer
Exercise
Probibitive
Economical
Business
Backbone

Director

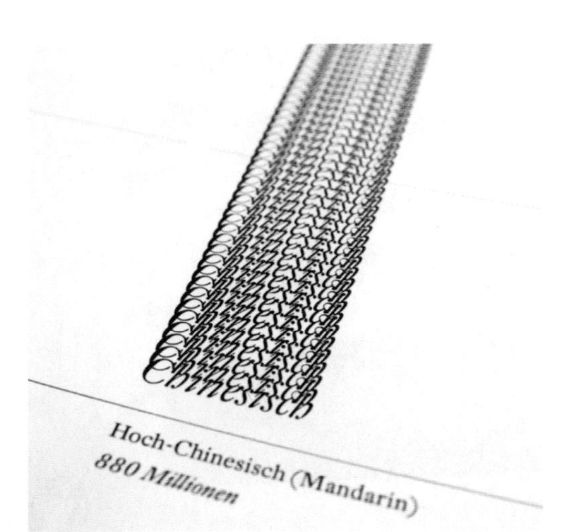

Der Shootingstar unter den Designern bekam
Standing ovations für die super-coolen Outfits
mit den trendigen Tops im Relax-Look.

MUSIK
Frei nach einem Nachrichtenmagazin

Der letzte Gig der Band zeigt einmal mehr,
der Trend zum Crossover geht, diesem aus
Sound-Mix aus Heavy Metal und Rap
Fans unter weißen Unterschichtkids
mend in die Charts gelangt.

Typografische Spielwiese Innsbruck

FLORIAN GAPP **Fachhochschule Salzburg, Fachbereich Multimediaart, 1. Semester WS 09, www.floriangapp.com**

Auch an den ungewöhnlichsten Orten findet sich gute Typografie. Unbeachtet von den vorbeigehenden Passanten werten veraltete Schilder der INNSBRUCKER KOMMUNALBETRIEBE die Straßen der Stadt auf charmante Art und Weise auf.

Diese Publikation ist als Serie konzipiert und fungiert als Sammlung typografischer Spezialitäten. Bei dem Druckwerk handelt es sich um ein kleinformatiges Heft. Das Deckblatt ist mit einem Stoffbezug versehen, der eng mit dem Umfeld der abgebildeten Schilder verknüpft ist. Im bewussten Erleben der äußeren Form des Heftes spiegelt sich so die inhaltlich transportierte Atmosphäre wider.

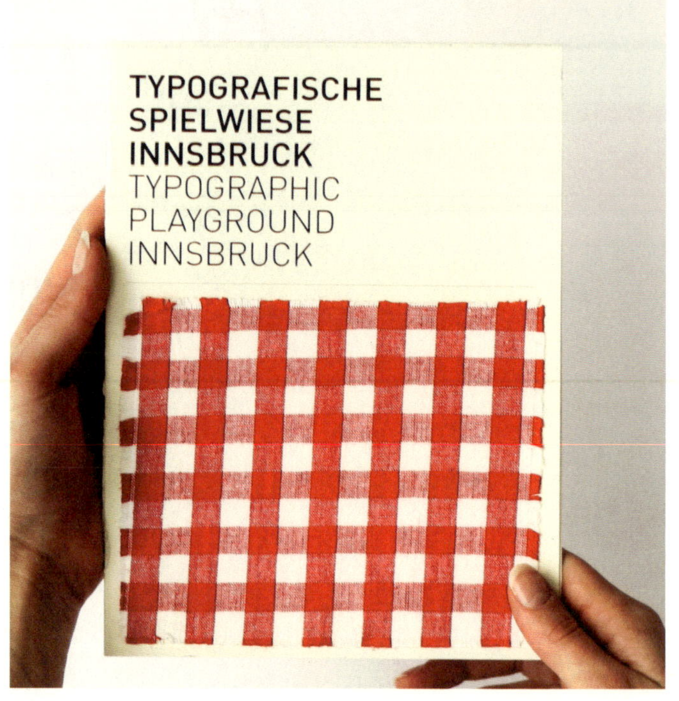

Alltagsprobleme

SEBASTIAN BAREIS, LENA TROPSCHUG **Hochschule für Technik und Wirtschaft Berlin, 2. Semester 2010, Christian Hanke**

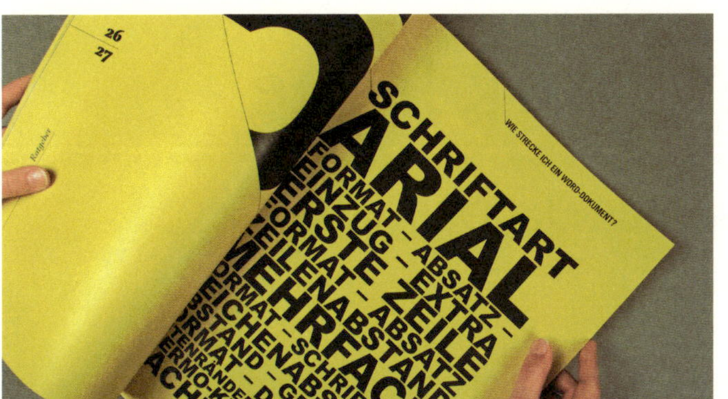

Der Ratgeber behandelt sowohl ALLTAGSPROBLEME als auch die Welt des Telefons auf humorvolle Art und Weise.

Angeleht an das Tabloid-Format hat das Buch die Maße 28,9 cm × 37,4 cm. Für den Text und die Headlines wurden die Schriften MARAT PRO von Ludwig Übele und die TV NORD von Elsner+Flake benutzt. Inspiriert durch die GELBEN SEITEN wurden nur zwei Farben verwandt.

The New York Issue

Ein Magazin über Künstler, Designer, Orte und Dinge in New York

CHRISTINE LANGE Bauhaus Universität Weimar,
SS 10, www.christinelange.com

Das Magazin THE NEW YORK ISSUE entstand während meines Aufenthalts in New York City im Sommer 2010. Darin stelle ich Künstler und Designer sowie Orte und Dinge vor, die visuell inspirieren und ein Gefühl für die Stadt vermitteln.

Ich wollte einen möglichst persönlichen Eindruck der vorgestellten Künstler und Designer und ihrer Umgebung vermitteln. Die fotografischen Portraits zeigen ihre Arbeiten, ihren Arbeitsplatz und zuletzt sie selbst. In den Interviews erzählen sie über ihre Arbeit und äußern persönliche Gedanken über die Stadt, in der sie leben.

Gestalterisch wollte ich den Künstlern und Designern viel Raum lassen. Mit den persönlichen Seitenaufmachern der Portraits unternahm ich den Versuch, ihre individuellen Eigenschaften zusammenzufassen und einen Einblick in ihr kreatives Umfeld zu geben.

Ich möchte dieses Prinzip in Zukunft auch auf andere Orte und Menschen anwenden und stelle mir vor, der jeweiligen Ausgabe ihren ganz eigenen Charakter und kreativen Freiraum zu geben.

THE NEW YORK ISSUE
LAILA GRAINAWI
Woolish Nature
HANDSOME MISS MOCK
Necklace Graphics from Brooklyn
LUCAS SHARP
Typography Youngstar
SUMMER / 2010
No 1

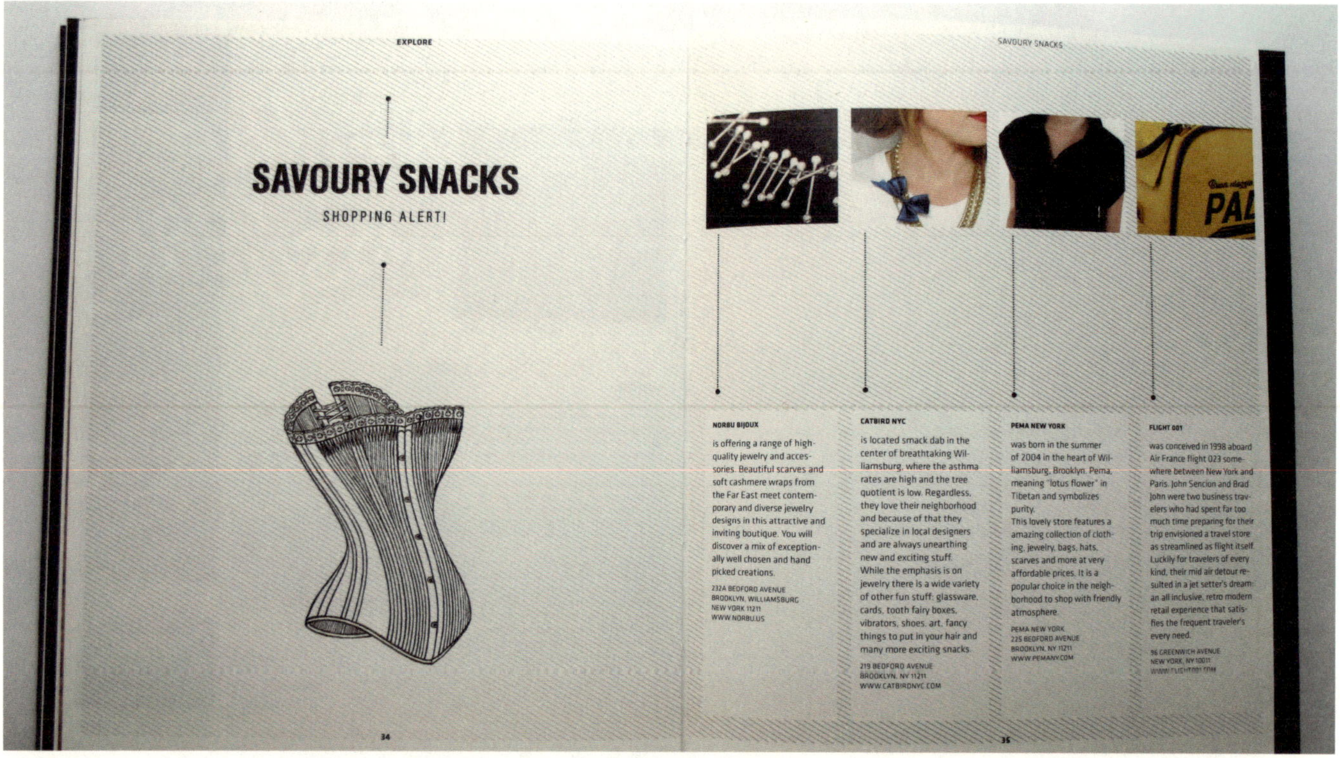

EXPLORE

SAVOURY SNACKS

SAVOURY SNACKS

SHOPPING ALERT!

NORBU BIJOUX

is offering a range of high-quality jewelry and accessories. Beautiful scarves and soft cashmere wraps from the Far East meet contemporary and diverse jewelry designs in this attractive and inviting boutique. You will discover a mix of exceptionally well chosen and hand picked creations.

232A BEDFORD AVENUE
BROOKLYN, WILLIAMSBURG
NEW YORK 11211
WWW.NORBU.US

CATBIRD NYC

is located smack dab in the center of breathtaking Williamsburg, where the asthma rates are high and the tree quotient is low. Regardless, they love their neighborhood and because of that they specialize in local designers and are always unearthing new and exciting stuff.
While the emphasis is on jewelry there is a wide variety of other fun stuff: glassware, cards, tooth fairy boxes, vibrators, shoes, art, fancy things to put in your hair and many more exciting snacks.

219 BEDFORD AVENUE
BROOKLYN, NY 11211
WWW.CATBIRDNYC.COM

PEMA NEW YORK

was born in the summer of 2004 in the heart of Williamsburg, Brooklyn. Pema, meaning "lotus flower" in Tibetan and symbolizes purity.
This lovely store features a amazing collection of clothing, jewelry, bags, hats, scarves and more at very affordable prices. It is a popular choice in the neighborhood to shop with friendly atmosphere.

PEMA NEW YORK
225 BEDFORD AVENUE
BROOKLYN, NY 11211
WWW.PEMANY.COM

FLIGHT 001

was conceived in 1998 aboard Air France flight 023 somewhere between New York and Paris. John Sencion and Brad John were two business travelers who had spent far too much time preparing for their trip envisioned a travel store as streamlined as flight itself. Luckily for travelers of every kind, their mid air detour resulted in a jet setter's dream: an all inclusive, retro modern retail experience that satisfies the frequent traveler's every need.

96 GREENWICH AVENUE
NEW YORK, NY 10011
WWW.FLIGHT001.COM

34 35

MEET & GREET

LUCAS SHARP

HERB FONT

Keep **the Ideal** *alive inside.*

QUESTIONS & ANSWERS
BY LUCAS

i

WHAT INSPIRES YOU?
Beautiful things.

WHERE ARE YOU BORN AND RAISED?
Marin County, California.

WHY AND WHEN DID YOU COME TO NEW YORK?
To learn graphic design at Parsons in 2007.

WHY DO YOU LIVE IN THE EAST VILLAGE?
Because it is vibrant and alive. In the 70's it was crack den. Arson was a big problem because there were so many abandoned buildings so you'd have these burnt out empty lots where people would through their trash – basically it was a total shithole. Then in the late seventies CHARAS, a latino community organization along with the Green Guerillas (a ridiculously cool group that is best described as eco graffiti: unsolicited planting of urban areas) – they teamed up and started cleaning out the arson lots and turning them into parks, planting trees and "seed bombing." Buckminster Fuller was involved in the creation of the very first one: he built a geodesic dome amphitheater in La Plaza Cultural on 9th and C where community events and music turned into commonplace. These community gardens come into public ownership through a series of vicious legal battles between landlords and community leaders, but for once the good guys won and these community gardens with there beautiful weeping willows are now public parks. Now its all young people, which is fun, so who can complain? Well besides … Oh … whoops.

WHO IS YOUR FAVOURITE ARITIST OR DESIGNER?
Living – Tie between Marian Bantjes and Joshua Darden
Dead – Herb Lubalin

WHO OR WHAT DO YOU LOVE?
I love a girl named Chantra. I also love everything.

WHATS YOUR FAVOURITE PLACE IN THE CITY?
I love this spot above the GW Bridge on the bike path where you can sit on this boulder overlooking the Hudson and see nothing but bridge and trees and river.

WHAT IS YOUR PASSION?
I like making beautiful things. And surrounding myself with beautiful things that I find.

You are living at a fraction of your true potential

APARTMENT WINDOWS LUCAS

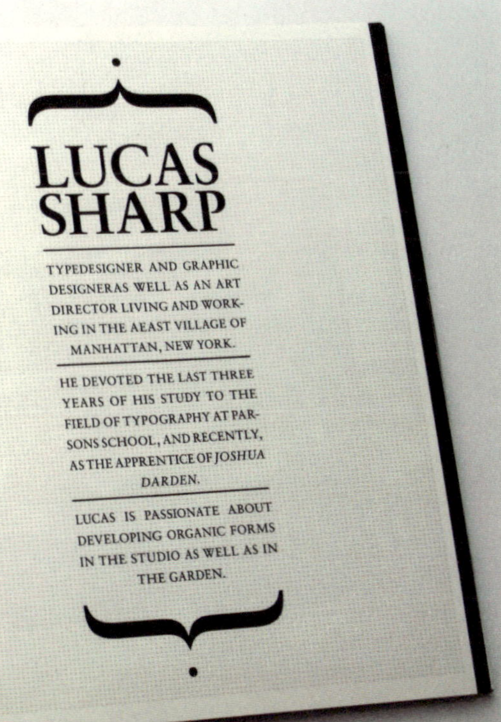

LUCAS SHARP

TYPEDESIGNER AND GRAPHIC DESIGNERAS WELL AS AN ART DIRECTOR LIVING AND WORKING IN THE AEAST VILLAGE OF MANHATTAN, NEW YORK.

HE DEVOTED THE LAST THREE YEARS OF HIS STUDY TO THE FIELD OF TYPOGRAPHY AT PARSONS SCHOOL, AND RECENTLY, AS THE APPRENTICE OF *JOSHUA DARDEN*.

LUCAS IS PASSIONATE ABOUT DEVELOPING ORGANIC FORMS IN THE STUDIO AS WELL AS IN THE GARDEN.

MEET & GREET

PETER SUNNA

QUESTIONS & ANSWERS
BY PETER

/ PETER'S WORKSPACE

WHAT INSPIRES YOU?
"You can find inspiration in everything", to steal from a Paul Smith booktitle!
Beyond outlets like books, music, art, and so on, I get inspiration from seeing good work and ideas. When you go "damn, I wish I've done that" can be inspiring. Discovering new things that surprises me is a good source of inspiration as well.

WHERE ARE YOU BORN AND RAISED?
I was born in the south of Sweden but grew up in Kiruna, the northernmost city in the country.

WHY AND WHEN DID YOU COME TO NEW YORK?
I came to New York in 2006. I had been living in Burlington, VT for four years and was longing for living in a big city again. I wanted to get the NYC experience.

WHY DO YOU LIVE IN WILLIAMSBURG?
Because rent is cheaper than Manhattan! No, but when I initially moved here it was because I had friends in the area in didn't know where else to live. I stay here because I like my neighborhood and it's more mellow (relatively speaking) than Manhattan.

WHO OR WHAT DO YOU LOVE?
My wife, my parents and my friends. I guess I should add my cat to that list as well.

WHAT IS YOUR FAVOURITE ARTIST OR DESIGNER?
It's cop out answer but I can really think of one. Or rather, I can think of JUST one and justify why.

WHAT'S YOUR FAVOURITE PLACE IN THE CITY?
Right now it would be my rooftop terrace overlooking the city skyline. Other than that it could be any quiet old bar on a Saturday early afternoon!

WHAT'S YOUR FAVOURITE PLACE OUTSIDE THE CITY?
The dock at my wife's family's summer camp by Lake Champlain in Ferrisburgh, VT.

WHERE DO YOU WANT TO GO?
Literally, I wanna go to Tokyo. I have never been and I keep hearing amazing things. There are obviously many other places but that's on top of the list.
As far as life goes, I wanna go places I never been before too, metaphorically speaking. I'm hoping that's a good strategy for not being bored and learning new things.

40

WHAT IS YOUR PASSION?
Many things, but I'll pick one: I'm pretty passionate about running. If I had a shit day, I go for a run and I feel much better mentally. It's almost like meditation and I also feel good about doing physical training and staying fit. I also like beer a lot so that vs. running is a constant struggle!

WHAT DO YOU LIKE ABOUT THE STATES?
It's hard to sum up ... in all that makes it both good and bad, it's a pretty spectacular country.
In no particular order, I like the east coast, peanut butter and jelly sandwiches, micro breweries, Brooklyn, trashy reality shows, HBO, cheap gas, Buffalo wings... the list can go on forever.

WHAT MAGAZINES DO YOU READ?
Time, New York, Wired, The Week, Creative Review, Interview.

WHAT IS YOUR FAVOURITE COLOR?
Black.

WHAT AND WHERE DID YOU STUDY?
I studied graphic design at Forsbergs College of Design in Stockholm, Sweden.

WHAT IS EXCITING ABOUT YOUR HOME COUNTRY?
The older I get I appreciate universal healthcare. It's a hot topic here in the states and it's something I took for granted living in Sweden.
As for design, I think there's still a good scene there. Stylewise, it seems to have shifted from understated minimalism to more playful and expressive. Sweden has a pretty high standard overall so I suppose I'm "excited" about that.

COULD YOU PLEASE DESCRIBE YOUR WORK?
I'm a graphic designer and art director focused on branding and brand identity work.

WHAT HAVE BEEN THE MOST INTERESTING JOB SO FAR?
Once a project is done I'm kinda over it and onto the next one. Not that I'm not proud of work I've done but I find that the so-called problem of solving the brief or coming up with ideas is what's interesting. So, in short, the most interesting job is what I'm working on right now.

THANK YOU, PETER!

/ PETER WORKING

41

INTERVIEW MIT CHRISTINE LANGE

Wann hast Du das Interesse an Typografie entdeckt?

Das ist schwer zu sagen, denn mit Buchstaben habe ich mich schon sehr früh auseinandergesetzt. Als Jugendliche war ich von Graffiti fasziniert und habe Buchstaben auf Papier und andere Medien übertragen. Dabei setzte ich mich sehr mit Form, Proportionen und Harmonie der zusammengefügten Lettern auseinander. Ich versuchte einen eigenen Stil zu entwickeln und meine Formen zu verbessern. Damals entstanden erste Alphabete.

Mein Interesse entwickelte sich hin zu gedruckten Medien und Grafikdesign. Ich verspürte schon früh den Wunsch, Visuelle Kommunikation zu studieren.
Wirklich gefesselt hat mich das Buch DAS DETAIL IN DER TYPOGRAFIE von Horst Hochuli. Ich denke, das war der Punkt, an dem ich mich das erste Mal bewusst mit Typografie auseinandergesetzt habe.

Typografie als Gestaltungselement — was bedeutet das für Dich?

Typografie nimmt einen großen Teil meiner Gestaltungsarbeit ein. Sie ist für mich ein sehr wichtiges und ausdrucksstarkes Medium der Kommunikation, mit dem ich mich sehr viel auseinandersetze. Gute Typografie inspiriert mich und kann auf verschiedensten Ebenen stattfinden.

Hast du einen Lieblingsbuchstaben und/oder eine Lieblingsschrift?

Proportionalität und Ästhetik der Minuskel g gefallen mir, aber ich kann nicht von einem Lieblingsbuchstaben oder einer Lieblingsschrift sprechen.

Ich verwende manche Schriften zu bestimmten Zeiten öfter, aber das ist sehr wechselhaft und natürlich abhängig von gestalterischen Vorgaben und Umständen.

Bist Du mit der Wahl Deines Studienfaches zufrieden? Würdest Du noch einmal das Gleiche studieren?

Oh ja, in jedem Fall. Es ist genau das, was ich schon immer machen wollte.

Das Reizvolle an Grafikdesign ist für mich die Praxisnähe, am Ende etwas Konkretes in der Hand haben zu können, die Oberfläche zu spüren. Besonders spannend finde ich analoge Arbeitsprozesse, was für mich den perfekten Ausgleich zum digitalen Arbeiten bietet.

Manchmal würde ich mir wünschen, mich mehr auf Fotografie oder Illustration konzentrieren zu können. Generell bin ich aber mit meiner Fachwahl sehr zufrieden. Es würde mich auch eine handwerkliche Ausbildung im Bereich der Drucktechnik oder des Buchbindens reizen. Trotzdem bleibt Grafikdesign meine erste Wahl.

Wie beurteilst Du die typografische Ausbildung an Deiner Hochschule? Was würdest Du Dir wünschen, was könnte intensiviert werden?

Das Studium an der Bauhaus Universität ist sehr frei und erfordert einen großen Teil Eigeninitiative. Wir haben hier ein interdisziplinäres Projektstudium, bei dem die Klassen vom zweiten bis zum neunten Semester gemischt sind und demzufolge ein großer Austausch stattfindet. Jedes Semester werden Projekte mit dem Schwerpunkt Typografie, Workshops im Bereich Schriftgestaltung oder Vorlesungen zum Basiswissen der Typografie angeboten. Des Weiteren ist unsere Bibliothek im typografischen Bereich umfangreich ausgestattet. Ich bin mit dem Angebot weitestgehend zufrieden, man muss sich dennoch sehr viel selbst aneignen, was allerdings auch ein Vorteil sein kann.

16. Oktober — Nachrichten im Linolschnitt

CAROLIN LINTL, ANNE-KATRIN KOCH **Staatliche Akademie der Bildenden Künste Stuttgart, 2009**

Durch die Verbreitung von Nachrichten im Internet hat sich die Art, wie wir Informationen konsumieren, aber auch wie sie verbreitet werden, elementar geändert. In Minuten kann man über das Internet Informationen aus der ganzen Welt erhalten. Das Tagesgeschehen ist die Basis, die je nach Anbieter unterschiedlich dargestellt wird.

Am 16. Oktober 2008 haben wir für dieses Projekt innerhalb einer halben Stunde regionale, nationale und internationale Nachrichtenportale abgerufen und von der jeweiligen Titelseite Screenshots erstellt. Aus diesen wählten wir Ausschnitte und übertrugen sie in das Hochdruckverfahren Linolschnitt. Durch die Umsetzung in ein sehr langsames und aufwendiges Druckverfahren, erfuhren die aktuellen Informationen eine Entschleunigung und wurden einer Entfremdung unterzogen, die die digitale in eine eher abstrakte Print-Darstellung umwandelte.

Investieren Sie heute in
Ihre Möglichkeiten ...
SPIEGEL ONLINE
Obama gewinnt letzte TV-Duell gegen bissigen McCain
Beste
Kurzreise

Bild.de
Kampf-Schweini
führt uns zum Sieg
Aber Löw hat jetzt auch ein Frings-Problem
ANGST UMS GELD
Ich kenne viele Banker denen ich nicht glaube
DAX stürzt erneut ins Minus
Tatlıses'e gözaltı
AŞ... FLAŞ...
ĞIDIMIZ
ŞEHİT
GUNUN SICAK GEL
SPORDA SICAK GEL

T-Licht

JOHANNES HEUCKEROTH **Georg-Simon-Ohm-Hochschule in Nürnberg, 1.Semester SS 09, Prof. Manfred Bernreuther, www.johannes-heuckeroth.de**

Im Rahmen einer studentischen Projektwoche zum Thema LICHT bestand die Aufgabe darin, einen Zusammenhang zwischen dem Buchstaben T und Licht herzustellen.

Meine Lösung strebt danach, Licht auf sehr grafische Art und Weise zu visualisieren, in Form von unterschiedlichsten Arten des Buchstaben T. Es entstehen Muster, Strukturen, Licht und Schatten. Ergänzt wird das Konzept mit Zitaten zum Thema LICHT.

In dem 5-tägigen Kurzworkshop entstand ein Buch mit 52 Seiten im Format 21 cm × 21 cm.

Georg Büchners Woyzeck

MARCO TAVANO UND PASCAL SCHÖNEGG Hochschule für Technik und Wirtschaft Berlin, 2. Semester 2010, Christian Hanke

Was Büchner nicht zu Ende bringen konnte, das schaffen wir! Natürlich nicht! Aber einmal ehrlich: Dieses Fragmentarische, dieses Darmstadt, diese Marie — anstrengend! Abmildern? Nein. Verschlimmern? OK!

Wir greifen also ein, wir kleiden Protagonisten in Schrift, wir ergötzen uns an Sparpaketen durch samtige Kommatakanten; all das, um lediglich den Punkt zu verdeutlichen: Pragmatischer Hedonismus ist das neue Schwarz!

»Ein Messer ist keine Waffe. Nein. Aber schreiben kann man mit Staub, atmen mit einer Lunge. Affären werden heute nicht mehr im Wirtshaus aufgedeckt, sondern auf FACEBOOK durch den geänderten Beziehungsstatus proklamiert. Trost bringt nicht die BIBEL, sondern Justin Bieber. Ändern? Warum denn? Wir können doch dirigieren! Sie, Schauspieler, stehen nicht unter unserer Fuchtel, vielmehr unter unserer Feder. Ha! Fremdbestimmung und Aufgabe der Selbstbestimmung sind nicht ausschließlich verwerflich, vielmehr wird eine Sehnsucht erfüllt. Ich lasse mich führen. Wenn Büchner kein fertiges Buch erschuf, so lasst uns doch wenigstens unseren Spaß. Mensch.« (Tazio Maleitzke)

Kurz gesagt: Theater, 24 Fonts, 35 Schnitte und das Buch als Bühne.

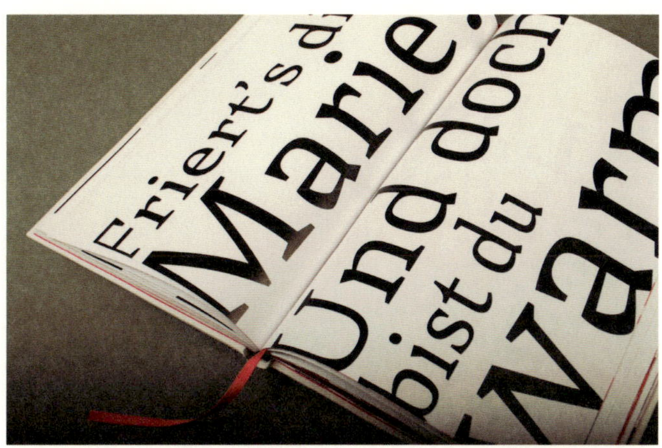

Hinter den Zeilen

Über die Reduktion von Inhalten in Medien

SIMON BRENNER HSG Pforzheim, 5. Semester,
Prof. Alice Chi

Bücher, Zeitschriften und Magazine dienen der Weitergabe von Informationen. Diese Informationen werden über Text und Bild vermittelt.

Für meine Arbeit habe ich vier Medien gewählt: die SÜDDEUTSCHE ZEITUNG, das Telefonbuch, die BIBEL und das RECLAM-Heft. Jedes Medium wurde so weit reduziert, dass am Ende jede lesbare Information verloren geht und die einzelnen Seiten nur noch optisch wirken. Durch das Reduzieren wird der jeweilige Seitenaufbau sichtbar. Daraus entstand die Idee, den Leser oder besser gesagt den *Betrachter* des Buches über verschiedene Kapitel einen immer exakteren Aufbau der vier Medien zu zeigen, um am Ende sogar eine lesbare Information zu bekommen.

Der Leser stößt auf einen gewohnten Anblick, wird aber beim Lesen merken, dass die gewohnte Wahrnehmung durch einen falschen Inhalt gestört wird. Etwas, an das man sich über Jahre gewöhnt hat, und das sich als richtig herausgestellt hat, wird inhaltlich in einen anderen Kontext gebracht und scheint somit als falsch, also als ein Fehler.

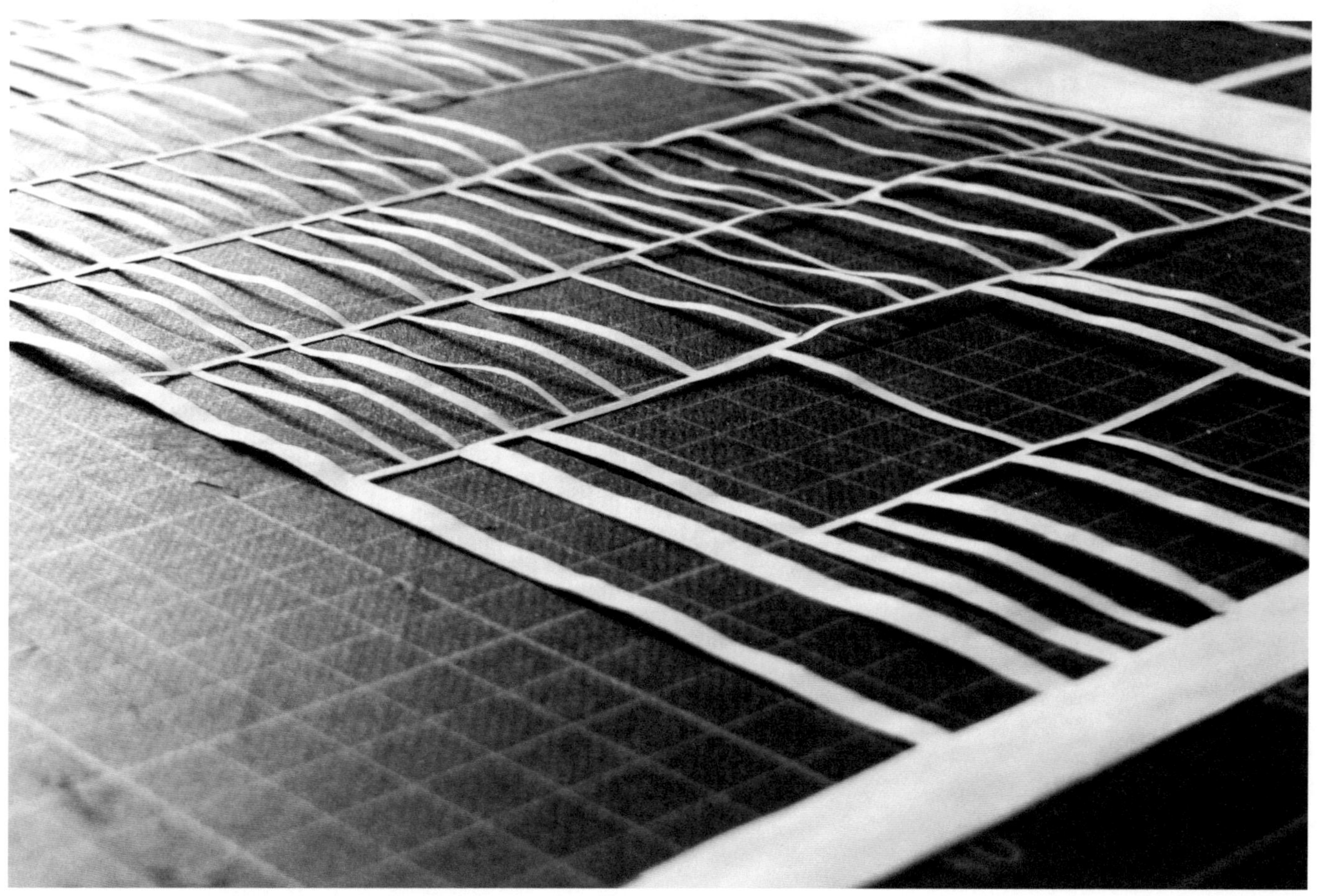

Cirque du Times

Ein typografischer Garten auf der Basis der Schrift TIMES

TOBIAS KEINATH **HS Pforzheim, Fakultät für Gestaltung, 2. Semester SS 09, Mario Lombardo**

Aufgabe des Typografieworkshops im zweiten Semester war es, in ca. sieben Wochen mit einer zugeteilten Schrift — in meinem Fall der TIMES — ein 100-seitiges Buch zum Thema EIN TYPOGRAFISCHER GARTEN zu gestalten.

Auf die traditionelle Schrift verweisend, liegt meinem Buch ein schlichter, zentrierter Aufbau, sowie ein schnörkelloser Umgang mit der TIMES zugrunde. Dieser klassischen Typografie sowie den s/w-Fotografien und Illustrationen werden in neonroter Farbe vollflächig-bedruckte Seiten als Akzent entgegengesetzt. Durch diesen Kontrast wird die Schrift in einen modernen Kontext gesetzt.

Neben der klassischen Typografie baut sich in jedem Kapitel eine andere Bildwelt auf, die jedoch immer die Schrift und das zentrale Thema des Gartens beibehält. Dadurch wird die TIMES immer wieder neu inszeniert und interpretiert. Kommunikationsziel ist eine neue, ungewöhnliche Sicht auf die oft als eher langweilig angesehene Standardschrift TIMES, sowie die Auseinandersetzung mit meiner persönlichen Sicht auf das Thema GARTEN in Verbindung mit Typografie.

CIRQUE
DU
TIMES
TIMES

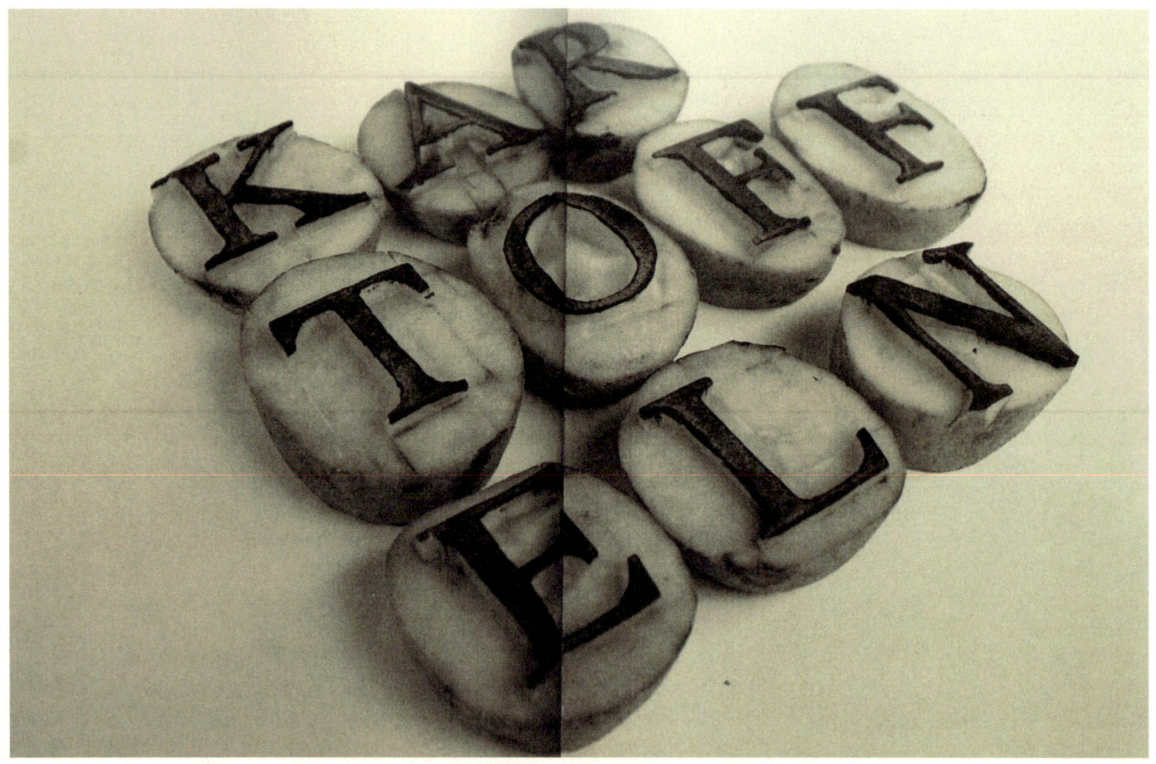

cirque

du TIMES

One morning in the silence of nature
Two shadows dance in the sunrise
Never knowing what's on the other side of the wall
What is it hiding this absence of secrets
Behind the gate to the unknown
Lying obscure behind these highest walls

What is hiding in the garden of secrets,
behind the wall
Who is the creator of these illusions of lies
A brand new project Eden
Evil seeds just waiting to bloom
Someone is testing human fate

Living in this world of secrets
In an underground sphere of science
Searching for the place where all evil began
Born into this state of innocence
An arcadia of coming future life
Reality strikes
When the two headed snake bites

Fooled by the serpent
Who took a bite
Of the forbidden fruit
From the holy tree
Fooled by the serpent
Someone took a bite
Of the forbidden fruit
In the garden

What is hiding in the gardens of secrets,
behind the wall
Who is the creator of these illusions of lies
A brand new project Eden
Evil seeds just waiting to bloom
Someone is testing human fate

Occasional sinners
That breeds
And form new life

One day someone will go back
To the place where all evil began
Only those who pray every day
will find the light
With guidance on their way
Heading back to the land behind the gate
Back to the land of all evil

I feel cold
When the night takes over
Will we ever find our peace again
We must search for another home
far across the fields
Towards what tomorrow will bring
We will be strong
Together we will make it
And never be tempted by evil again
We must leave
To find our new home beyond the sun
Hand in hand
We'll walk to find the light

Fooled by the serpent
Who took a bite
Of the forbidden fruit
From the holy tree
Fooled by the serpent
Someone took a bite
Of the forbidden fruit
In the garden

Communic

KELLER

TV
TIME
Info?
The media machine knows what to do
it knows how to feed the poison to you.
Useless information for your useless little lives
the tv lies and pacifies.
Nevermore

Wann hast Du das Interesse an der Typografie entdeckt?

Zunächst während meiner Schulzeit in langweiligen Unterrichtsstunden: Ich war ständig damit beschäftigt, irgendwelche Schriftzüge und Schriftentwürfe in meine Schulhefte zu zeichnen. Somit hatte ich schon immer ein gewisses Grundinteresse an der Typografie. Richtig intensiv beschäftigte ich mich im zweiten Semester meines Studiums damit, als ich zum ersten Mal eine Schrift bis ins kleinste Detail analysiert und viel experimentiert habe. Daraus entstand auch die abgebildete Arbeit.

Typografie als Gestaltungselement — was bedeutet das für Dich?

Für mich ist die Typografie das grundlegendste Gestaltungselement und die Basis für gutes Grafikdesign. Ich denke, im Umgang mit Typografie *liegt der Hund begraben*. Somit spielen die Wahl einer Schrift und der Umgang mit ihr eine entscheidende Rolle in meinem Gestaltungsprozess und sind keinesfalls nur Mittel zum Zweck.

Hast Du einen Lieblingsbuchstaben und/oder eine Lieblingsschrift?

Ich habe keinen expliziten Lieblingsbuchstaben. Es gibt aber Buchstaben, die ich in bestimmten Schriften besonders schön finde. Beispiele hierfür sind das versale W der BODONI, das T der TIMES oder das A der NEUTRA. Natürlich habe ich Lieblingsschriften, das hängt jedoch immer stark vom Einsatzbereich ab. Die Wahl der Schrift sollte immer konzeptionell begründet sein. Generell bevorzuge ich jedoch schlichte, zeitlose Schriften ohne viel *Schnick-Schnack*.

Bist Du mit der Wahl Deines Studienfachs zufrieden? Würdest Du noch einmal das Gleiche studieren?

Natürlich ist das Studium mitunter sehr anstrengend und ich stoße immer wieder an meine Grenzen. Dennoch gibt es für mich keine Alternative und ich würde immer wieder dasselbe studieren.

Wie beurteilst Du die typografische Ausbildung an Deiner Hochschule? Was würdest Du Dir wünschen, was könnte intensiviert werden?

Die typografische Ausbildung an meiner Hochschule beruht zu einem großen Teil auf Eigenengagement. Man wird nicht an die Hand genommen und bekommt alle typografischen Regeln von A bis Z serviert. Das hat Vor- und Nachteile. Zum einen bekommt man so einen recht freien Zugang zur Typografie, und wer sich wirklich dafür interessiert, wird sich sowieso mit diesen Inhalten auseinandersetzen.

Meine Begeisterung für Typografie wurde auch durch die Heranführung und die Aufgabenstellungen an der Hochschule geweckt.

Zum anderen halte ich den Bereich der Typografie für einen der wichtigsten im Grafikdesign, weshalb jeder Absolvent ein umfassendes Wissen darüber besitzen sollte. Daher könnte es noch mehr Seminare zu diesem Thema geben. Hier wurde im Curriculum jedoch schon nachgebessert, sodass die neuen Studenten mittlerweile einen viel intensiveren Typografieunterricht genießen.

TYPOGRAFISCHE PROJEKTE EXPERIMENT

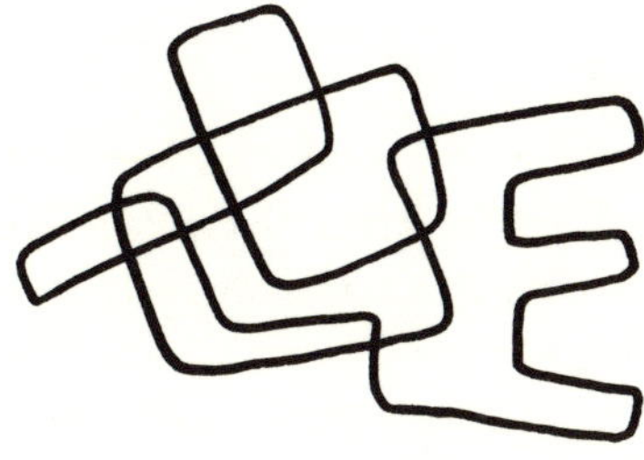

100 — Ein typografisches Würfelspiel

Spiel, Experiment und Variation

JOHANNES RITZEL **The Arts University College at Bournemouth (AUCB), 9. Trimester 2010, www.jori-design.com**

Mit Würfeln verbindet man Spiel, Aktion und Kombination. Hinter dem Projekt 100 — EIN TYPOGRAFISCHES WÜRFELSPIEL stecken jedoch auch noch ganz andere Ideen …

Man nehme einhundert Würfel. Jeder Einzelne ist bedruckt mit einer Form. Nun können die Würfel beliebig nebeneinander platziert werden, so dass sich daraus jeder der 26 Buchstaben des Alphabets bilden lässt. Es können jedoch nicht nur Worte sondern auch viele verschiedene Muster und 3D-Objekte kreiert werden. 100 präsentiert eine Form der Kreativität, die sich an dem jeweiligen Benutzer misst. Je mehr mit den Würfeln gespielt und ausprobiert wird, desto mehr Möglichkeiten zur Variation eröffnen sich. 100 ist ein Projekt zum Anfassen, Experimentieren und Staunen. Das Spiel mit den Formen ist grenzenlos.

Blickwinkel — Typografie im Raum

Die Beziehung zwischen Subjekt und Objekt durch Veränderung des Blickwinkels

MARI MAEDA **Muthesius Kunsthochschule Kiel, Diplom WS 08/09, Prof. Klaus Detjen**

Hinter einem scheinbar erkannten Sinn können sich viele Aussagen verbergen. Unsere Umwelt scheinen wir klar zu definieren, aber wenn wir es zulassen, andere BLICKWINKEL einzunehmen, können sich ungeahnte Realitäten eröffnen.

In meiner Diplomarbeit wird der Begriff des Blickwinkels genauer betrachtet. Hierfür werden Buchstabenmodelle im Raum platziert. Der Raum bietet die Möglichkeit, die Schrift aus allen Perspektiven zu betrachten. Durch ein selbst erstelltes Koordinatensystem werden verschiedene Blickwinkel als Koordinaten festgehalten — von ihnen aus wird der Buchstabe fotografiert, sodass mehrere Serien des Alphabets entstehen. Drei dieser Alphabete werden exemplarisch ausgearbeitet und ergeben neue Schriftbilder.

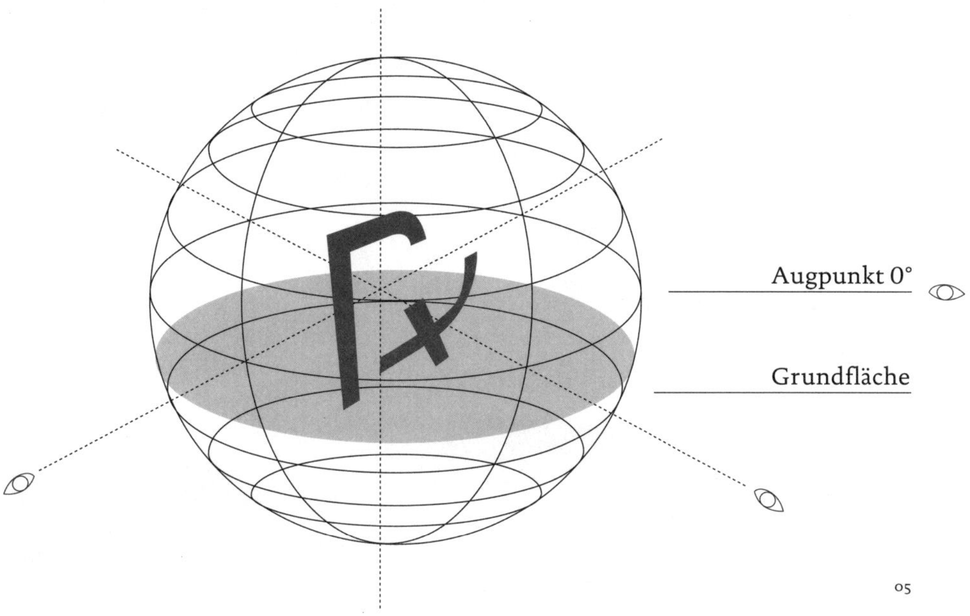

Buchstabe im Raum — Betrachtung aus allen Richtungen Festlegung eines Koordinatensystems an einem Gitter mit Augpunkt

Die Arbeit zeigt experimentell, wie die Beziehung zwischen Subjekt und Objekt durch Veränderung des Blickwinkels variiert. Dabei geht es nicht darum, welche Perspektive die Richtige ist, sondern die eigene oder die des anderen zu ergänzen und zu verstehen.

Meine Arbeit zeigt die variable Beziehung zwischen Subjekt und Objekt durch Veränderung der Position und des Blickwinkels eines Betrachters auf. Dabei geht es nicht darum, welche Perspektive die Richtige ist, sondern darum, seine eigene oder die des anderen zu ergänzen und zu verstehen.

77,5°
45°
22,5°
BLICKWINKEL
ES GEHT NICHT DARUM, WELCHE PERSPEKTIVE DIE RICHTIGE IST ODER DEN ANDEREN VON DER RICHTIGKEIT EINER PERSPEKTIVE ZU ÜBERZEUGEN, SONDERN DARUM, SEINE EIGENE ODER DIE DES ANDEREN ZU ERGÄNZEN UND ZU VERSTEHEN.
Entwurf und Entwicklung experimenteller Schriften | 0°/0° | 45°/22,5° | 135°/77,5° | »Blickwinkel – Typografie im Raum« | Mari Maeda | marimaeda@gmx.de

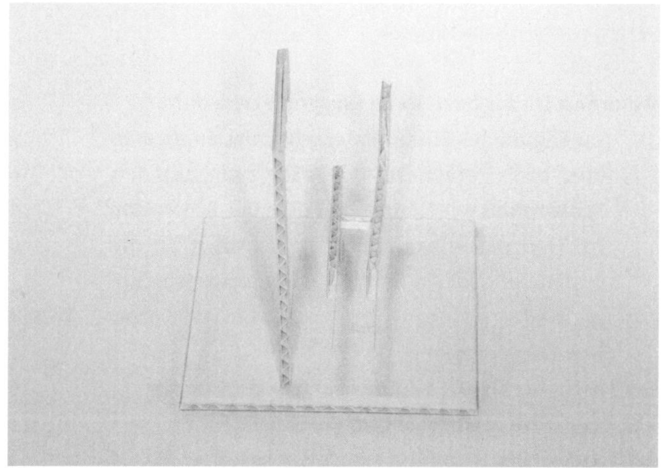

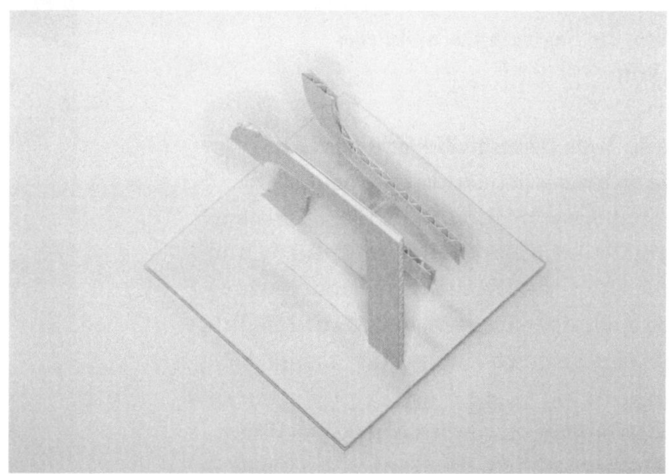

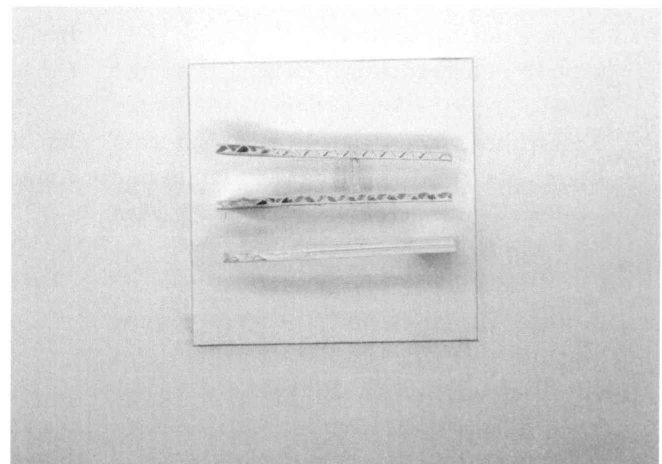

INTERVIEW MIT MARI MAEDA

Wann hast Du das Interesse an Typografie entdeckt?

Zu Beginn des Studiums waren meine Interessen eher breit gefächert, sodass ich zwischen den Schwerpunkten Grafik und Fotografie schwankte. Im Hauptstudium entschied ich mich für die grafische Linie, in der durch Semesterprojekte meine Begeisterung für Typografie und Corporate Design wuchs.

Der Pool an verfügbaren Schriften ist sehr groß, warum hast Du Dich dem Schriftentwurf gewidmet? Oder anders gefragt: braucht es noch eine neue Schrift? Was ist das Besondere an Deiner Schrift? Warum hebt sie sich von anderen ab?

Mein Diplom beschäftigt sich weniger mit der Entwicklung einer konventionell einsetzbaren Werkschrift, sondern spiegelt ein inhaltliches Thema durch experimentelle Veränderung und dreidimensionale Bearbeitung einer bestehenden Schrift wider.

Charakteristisch für die neu entstandenen Schriften ist eine explosionsartige Anmutung. Nicht immer ist die Lesbarkeit, also der eigentliche Sinn, noch erkennbar. Teilweise finden sich in ihnen Parallelen zu Schriftzeichen aus anderen Kulturen. Manche Schriften zeigen hieroglyphenartige Formen und scheinen keinen Sinn zu ergeben. Trotz ihrer gemeinsamen Ausgangsschrift sind die Schriften je nach Blickwinkel sehr verschieden. Ihre Besonderheit entsteht durch die Spuren, die der Raum hinterlassen hat.

Es ging mir bei diesem Experiment nicht vorrangig um Lesbarkeit, vielmehr interessierte mich der inhaltliche Ansatz und der Entstehungsprozess, sowie die Formen, die entstanden. Die resultierenden Schriften sind in die Kategorie der experimentellen Displayschriften einzuordnen, welche vor allem als Headline-Schriften angewandt werden sollten.

Was bedeutet Typografie als Gestaltungselement für Dich?

Grundsätzlich kann Typografie Inhalte unmittelbar mit Emotionen synchronisieren. Im Zusammenspiel mit Bildsprachen und unterschiedlichen grafischen Elementen kann sie ein ergänzendes oder führendes Gestaltungselement sein.

Hast Du einen Lieblingsbuchstaben oder eine Lieblingsschrift?

Nein.

Bist Du mit der Wahl Deines Studienfachs zufrieden? Würdest Du noch einmal das Gleiche studieren?

Das Studium ermöglicht vielfältige Tätigkeiten innerhalb des Kommunikationsdesigns und darüber hinaus auch die Auseinandersetzung mit interdisziplinären Inhalten. Diese Möglichkeiten sind spannend, sodass ich es empfehlen kann.

Wie beurteilst Du die typografische Ausbildung an Deiner Hochschule? Was würdest Du Dir wünschen, was könnte intensiviert werden?

Die typografische Ausbildung an der Muthesius Kunsthochschule in Kiel habe ich sehr genossen und ein umfangreiches Paket mit auf den Weg bekommen.

Writing LAB

About the second level of meta-information in hand-written texts

DANIEL TAUBER ECAL **Ecole cantonale d'art de Lausanne,**
2008, Antonino Benincasa, Matteo Maria Moretti

A text written by hand contains not only a linguistic-semantic level but also a second level of meta-information including traces of personality, individual styles of writing and even personal moods. Nowadays, text is mainly written using a keyboard on a personal computer, producing linear, optimized and standardized text. Opportunities to experiment and play with type informally as one would in other contexts are lacking in the modern digital world.

Therefore, I created a custom software for typing experiences that explores the unique capabilities of digitality for aesthetic explorations. My project is an experimental research tool that renders visible individual writing styles on a personal computer using responsive typography in order to achieve a unique and personal representation of text. It is a system creating a digital writing ductus generated by individual user input analogous to handwriting.

Common changes to the appearance of text are of user-generated nature and conventional manner. These are basically the typeface used, the font size and a selected font weight. These are static, preselected by the user.

Direct and real-time feedback is applied through interactive typography software. New writing and reading experiences are created while every single letter is subject to change.

Visual premises important for my ambition where a) to preserve legibility to an acceptable degree, and b) to obtain a clear visual impact and to use familiar metaphors for the modifications.

I selected base categories for activities and operations that are unique to digital writing. These are: Deleting, Rhythm and Keystroke. Deleting means the ability to erase what has been written. Rhythm is the typing sequence and progression rate produced by all key presses including pauses. Keystroke is defined as an approximated force applied by the user to press a singular key.

W riting is an a spe ct of language w hich has taken much l onger than
›thers to be a ffecte d by there re vol ution s in inte lle ctual a ssump t ion ;

he pa ss age qu o te d f rom Ha re y Mnkoff a bove con t i nue s , " most

tud ies of wrin ing i gon re l i n g u istic the o ry and metho d ol o

book s on wrin i ng sti ll tend to conc entrate more on the phy sical a pp ear ance
ipt s than on a naly s is of the format r l a tionshi ps be twe en graphic e le ments ;

ınd they rea e thon o centri , in that the y place o u own writing s y st em and
re " lated to it fi rmly in the foc u s of their view , a llot i ng to re a t i
" al ien " s ystems a t rat ment whci hc is ath bet c ur sor y and , in some c
full of fac tu al cerros .

The f irst Q ue stion s. wor th our cons ider ation , then , i s why writenn l
ate has been la rgely i g nore d by linguisti s.c'. there are se veral factos v
h make the long - standing pre o cccup ation wi th e x clus i vely spo kekn l
under s tan a b

thou gh , of course , to under stnad a pre du ci de is n ot to con done it .
One reason why t wentie th - centur y linguists have emp ha s i z e d spo kekn l
re to the e x clusion of writt en langua ge is as a simploef reat ciion agoain a

ra di tion of l an guage - stud y w hich was e quall y part ial in the oppp osi
direction . Be fore the t w e n t ie th centruy - and , much more so , before t

ine t eenth - s cho o l ar s c onc e r ne d wich qu estions of lan uga ge t ende
to appr roa ch the sub jet c in a n e val u ative spirit , the y w e re concer ne

This is my handwriting

Digital writing ductus: A visual representation of individual writing styles

Abstract

I present a custom software for typing experiences that, in contrast to linear word processing, renders visible individual writing styles on a personal computer using responsive typography in order to achieve a unique and personal representation of text analogous to handwriting.

CR Categories: H.5.2 [User Interfaces]: Interaction styles—;

Keywords: Design, Interaction design, Human computer interface, Dynamic typography, Digital ductus, writing styles

1 *Introduction*

Any common computer keyboard is modelled after the typewriter keyboard. All key presses are reported to the controlling software, for example a word processor. However, coinciding advantages are rarely used for design/artistic purposes. The automated typesetting process on the personal computer is still based on traditional (static) conventions of typewriting. I created a custom software for typing experiences, which explores the unique capabilities of digitality for aesthetic explorations [Maeda 2004]. I designed a system that is subject to individual user input, hence creating a unique piece of text that is inspired by the qualities of handwriting. A text written by hand contains along the linguistic semantic level a second level of meta-information including traces of personality, individual styles of writing and even personal moods. Nowadays, text is mainly written using a keyboard on a personal computer, producing linear, optimized and standardized text. Opportunities to experiment and play with type informally as one would in other contexts are lacking in the modern digital world.

2 *My Approach*

Common changes to the appearance of text are of user-generated nature and conventional manner. These are basically the typeface used and font size and a selected font weight. These are static, pre-selected by the user. An exception is the typeface BEOWOLF by Just von Rossum and Erik van Blokland. BEOWOLF is created with a randomization routine. Using postscript, each letter is printed unique. The random nature of the process does not, however, take individual input into account. [Reas and Fry 2007] My project applies direct and realtime feedback through interactive typography software. New writing and reading experiences are created while every single letter is subject to change.

Visual premises important for my ambition where a) to preserve legibility to an acceptable degree, and b) to obtain a clear visual impact and to use familiar metaphors for the modifications. I selected base categories for activities and operations that are unique to digital writing. These are Deleting, Rhythm and Keystroke. Deleting means the ability to erase what has been written.

Daniel Tauber

A bo ut wri ti ng

Di plo ma Ex hi bi tion

23 - 24 July 2 00 9

dy na mic Ty p ography
the quick b rown fox
hand typ ing
En ter , Ba ck s pace, Copy & Paste
one- ti me e xi st ance
di g ital ductus
I nt er action
the cl othes whi ch word s wear
R h ythm, Ke y strok e and De leting
I feel font
Fac i al Expre ssion re co gni tion
Cha ract ers in Di s or der
Cu l tural studi es
exp eri mental Ty pography

Fr ee Univer sity of Bolzano
Fa culty of Art and Design
Un versti teets platz 1 - p i a zza Univ ersit a , 1
3 9100 Boz en - Bo l zano
I taly

w w w. unibz. it

a small automobile blasting its air conditioning folds
BENEATH, MELTING IN THE PEACH TRAPEZOIDS.
YOUR HEAD, ABOCE THE FOGGY CONTAINER
COLLECTION LIQUID, LEAVES A TRAIL. WE COULD
SET TEH NIGHT TO MUSIC. A SLIPPERY FILM ON YOUR
FINTERTIPS, A HOLOGRAPHIC RESEMBLANCE TO A
PLEASUREABLE PAST EXPERIENCE. A SMASH HIT DUET I
SLOW MOTION.
A TWISTY TURQUOISE HOSE...

Deleted letters change to grey but stay visible in the background. Rhythm is the typing sequence and progression rate produced by all key presses including pauses. Rhythm is shown through modification of tracking, leading and spacing between letters, words and sentences. Keystroke is defined as an approximated force applied by the user to press a singular key. Implementations for Keystroke where: text size, a shift of the baseline, a second shadow offset and a change in font weight, regulated by the force applied.

Technical assumptions defined for my project are: to use a common keyboard and personal computer (In the test scenarios an Apple MacBook Pro was deployed). The software has to run operating system independent to achieve maximum distribution. Possibility to export vector output to use for scale independent typographic design. The conceptual brainchild for this project was to render design more human. That means including space for imperfections and rough edges [Hugh Aldersey-Williams 2008]. Technological possibilities are too often just seen from a functionalist human-centred design perspective. [2008]

3 Conclusions and Future Work

I have introduced a new system of individual and personal representation of text using responsive typography. My project investigates the possibilities of a digital produced one-time existence test. It seems suitable for a variety of applications, ranging from type writing training to a toolkit for sociological surveys and artistic typographic design. It draws on an individual and personal representation of text that has rarely been explored as a means of responsive typography before. In future work, I will study in depth how different factors and modifications influence the perception of text and conduct user study.

Acknowledgements

Degree project by Daniel Tauber for the exam session 2009, 09.2 at the Faculty of Design and Art of the Free University of Bolzano. Supervisor: Antonino Benincasa, Second supervisor: Matteo Maria Moretti

References

HUGH ALDERSEY-WILLIAMS, PETER HALL, T. S. P. A. 2008. Design and the Elastic Mind. The Museum of Modern Art, New York.

MAEDA, J. 2004. Creative code: Aesthetics + Computation. Thames and Hudson.

REAS, C., AND FRY, B. 2007. Processing. A Programming Handbook for Visual Designers and Artists. The MIT Press.

I jumped in the river and what did I see?
Black-eyed angels swam with me
A moon full of stars and astral cars
All the things I used to see
All my lovers were there with me
All my past and futures
And we all went to heaven in a little row boat
There was nothing to fear and nothing to doubt

I jumped into the river
Blacked-eyed angels swam with me
A moon full of stars and astral cars
And all the things I used to see
All my lovers were there with me
All my past and futures
And we all went to heaven in a little row boat
There was nothing to fear and nothing to doubt

There was nothing to fear and nothing to doubt
There was nothing to fear and nothing to doubt

How?
Where?
When?
Why?

INTERVIEW MIT DANIEL TAUBER

Wann hast Du das Interesse an Typografie entdeckt?

Bei mir hat es eine Weile gedauert, bis die Typografie ihre volle Faszination entwickelt hat. Ich denke, man geht als Student durch verschiedene Phasen, in denen man sich langsam herantastet.

Es geht mir persönlich jedoch nicht darum, neue Schriften zu entwerfen. Viel stärker interessieren mich die Prozesse an sich, in die Schrift eingebunden sind: Lesen und Schreiben von Text. Der Schwerpunkt meiner forschenden Projekte ist der Bereich der dynamischen und reaktiven Typografie.

Ich arbeite an einem digitalen Duktus, d.h. einer direkten Veränderung des Schriftbildes, aufgrund der individuellen Art und Weise zu schreiben.

Typografie als Gestaltungselement — was bedeutet das für Dich?

Als Gestaltungselement ist Typografie extrem vielseitig und flexibel. Sie bedarf jedoch viel Feingefühl und Erfahrung. Das Tolle an Typografie ist, dass man mit sehr Wenig sehr Viel erreichen kann. Das ist die Kunst.

Hast Du einen Lieblingsbuchstaben und/oder eine Lieblingsschrift?

Ich bin kein *Lieblings*-Mensch — weder was Essen, Farben oder eben auch Schriften angeht. Eine Top-10-Liste könnte ich allerdings erstellen.

Bist Du mit der Wahl deines Studienfaches zufrieden? Würdest Du noch einmal das Gleiche studieren?

Ja.

Wie beurteilst Du die typografische Ausbildung an Deiner Hochschule? Was würdest Du Dir wünschen, was könnte intensiviert werden?

Der BA-Studiengang DESIGN an der Freien Universität Bozen ist ein interdisziplinäres Studium zwischen visueller Kommunikation und Produktdesign.

Durch die generalistische Ausrichtung fehlt allerdings eine tiefere Spezialisierung in den einzelnen Fachgebieten. Da hängt es dann von dem Einzelnen ab, wie er seine persönlichen Schwerpunkte legt. Meinen Weg zu einer zusätzlichen Intensivierung konnte ich durch die Wahl der Auslandssemester erreichen.

Ice Type

SEBASTIAN TRUNZER FH Trier, 7. Semester SS 09, Prof. Andreas Hogan, www.pfadwerk.de

ICE TYPE. Hinter diesem Namen verbergen sich dreidimensionale Buchstaben aus Eis, die — einmal aus ihrer frostigen Umgebung befreit — sofort zu schmelzen beginnen. Genau hierin liegt auch die Besonderheit der ICE TYPE: Einer normalen Raumtemperatur ausgesetzt verändern sie sich ständig. Jeder Zustand ist vergänglich und kann nicht mehr beeinflusst werden. Planbar ist lediglich die Ausgangssituation, alles andere unterliegt dem Zufall. Jeweils nach Umgebung und Beschaffenheit entstehen so außergewöhnliche Objekte, denen die zentrale Frage gemeinsam ist: Wie lange bleiben die ICE TYPE lesbar, und wie verändert sich der Gesamteindruck während des Schmelzens.

Typografisches Selbstporträt

ANNA GOTH Schule für Graphik und Design Alsterdamm, 2008, Christiane Hoeck

Ein Kopf — ein Wort. Ein Porträt — die Sonne. Eine Licht- und Schattendarstellung durch Typografie hervorgehoben.

TypoTrip

MIKE KLÖDEN, ALLEGRA DAVID, SOPHIA PUCK HS Hof, 5. Semester WS 09/10, Astrid Agthe, www.mkloeden.de, www.allegra-david.de, www.sophiapuck.de

Im Rahmen der Vorlesung wurden wir mit der Aufgabe konfrontiert, ein unterhaltsames Gesellschaftsspiel rund um das Thema TYPOGRAFIE zu kreieren.

TYPOTRIP vereint den Spaß eines Aktions-Brettspiels mit dem Lerneffekt einer Vorlesungsstunde in Typografie. Bis zu acht Spieler können mit den handgefertigten Spielfiguren das Spielfeld umrunden. Dabei können sie auf drei verschiedenfarbigen Feldtypen Aufgaben erfüllen. Grüne Fragekarten vermitteln Wissen, orangenfarbige Aktionskarten sorgen für Unterhaltung und lila Ereigniskarten bestimmen die Reisegeschwindigkeit des Spielers.

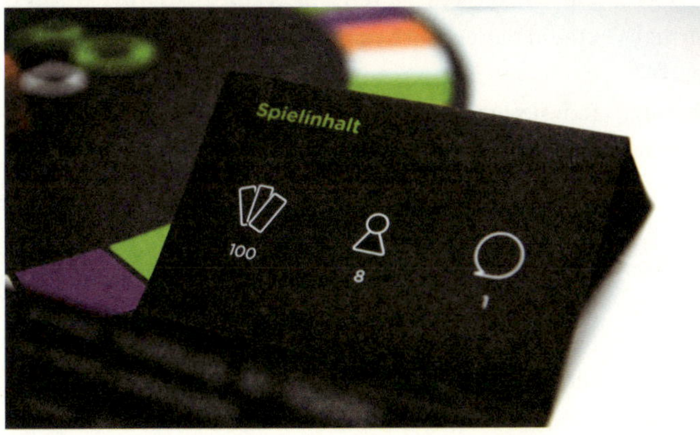

500 Blatt

Aus Papier gestaltete Schriftzeichen

CLAUDIA KLEE **Fachhochschule Würzburg-Schweinfurt, 7. Semester WS 09/10, Prof. Christoph Barth, Prof. Uli Braun**

Zwei Hände und 500 BLATT Papier im Format DIN A4 waren erforderlich, um jeweils einen der acht formal unterschiedlichen Schriftzeichen zu entwickeln.

In der Regel ist Papier Träger von Informationen. Ob man darauf schreibt, druckt, klebt oder das Papier beschneidet — in jedem Fall wird es verändert oder beschädigt. Bei meiner Arbeit wurde das Papier selbst zur Schreibfeder. Ich habe Blatt für Blatt aneinander gereiht, bis ein Schriftzeichen und schließlich eine Botschaft entstand.

Die jeweils entstandenen Buchstabengebilde sind ca. 90 cm × 100 cm gross. Die Buchstaben wurden nach ihrer Fertigstellung wieder zerstört und zu einem neuen Buchstaben zusammen geführt. Da die einzelnen Blätter nur aufeinander gelegt und nicht fixiert wurden, waren die Gebilde sehr fragil.

Im Anschluss an die manuelle Arbeit begann ich mit dem Fotoshooting: Jeder einzelne Buchstabe wurde mindestens 300 mal aus jeder möglichen Perspektive abgelichtet. Wichtig waren mir hier der unterschiedliche Lichteinfall und viele unterschiedliche Einstellungen. Enstanden ist eine Fotoserie von Buchstabenskulpturen aus Papier.

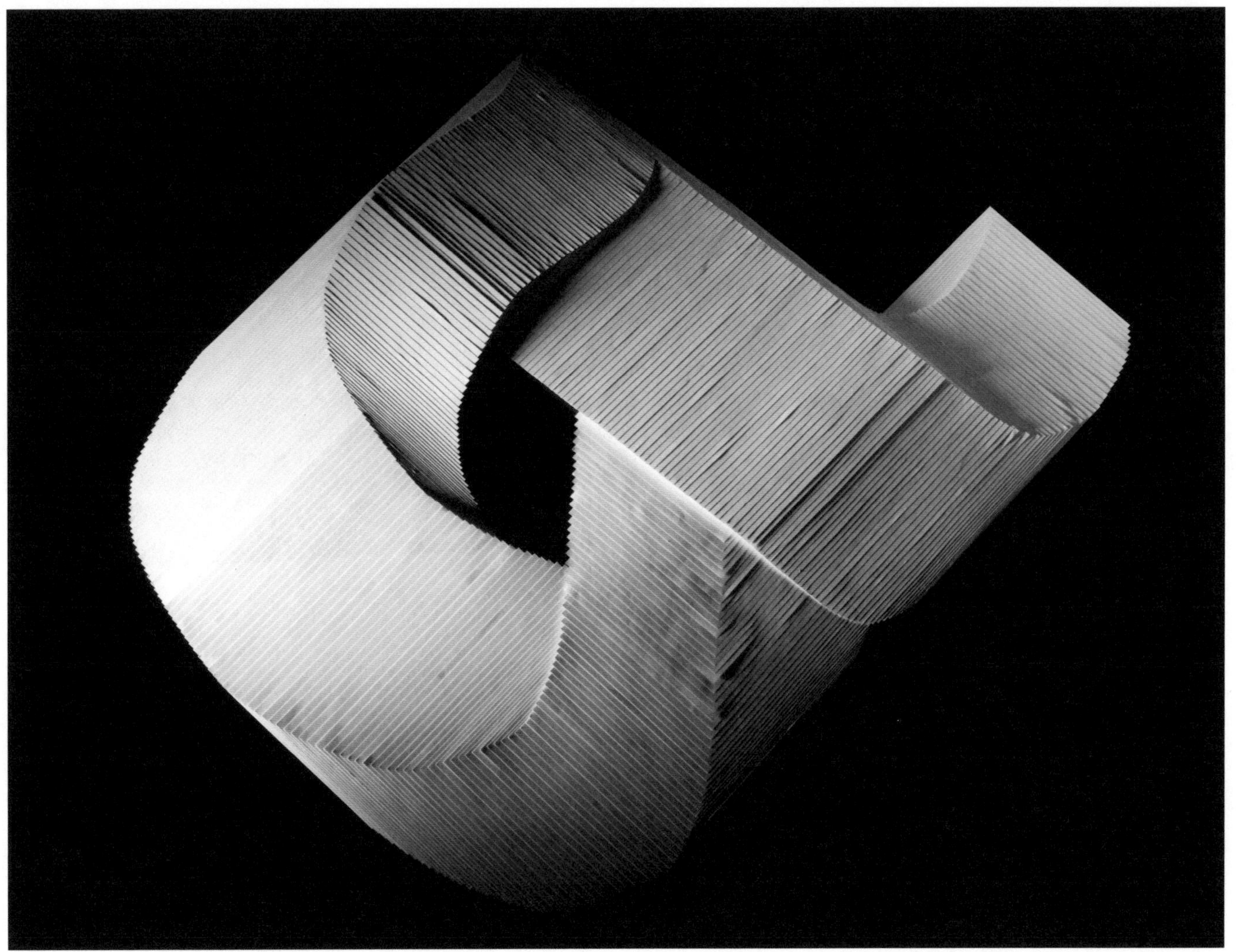

INTERVIEW MIT CLAUDIA KLEE

Wann hast Du das Interesse an Typografie entdeckt?

Vor meinem Studium habe ich eine Ausbildung zur Mediengestalterin gemacht. Dort habe ich bereits damit begonnen, mich mit Mikrotypografie auseinanderzusetzen. Mein Interesse für die Typografie war geweckt.

Im Studium hatte ich die Möglichkeit, mein typografisches Auge richtig zu schulen. Im ersten Semester habe ich jede Woche eine der zehn bekanntesten Schriften gezeichnet. Das war mühsam, aber durch diese intensive Auseinandersetzung lernt man, Schriften zu analysieren und voneinander zu unterscheiden. Meist sind es ja nur kleine Feinheiten einzelner Buchstaben, die eine Schrift einzigartig machen.

Typografie als Gestaltungselement — was bedeutet das für Dich?

Natürlich müssen immer alle Elemente zusammenpassen. Das beginnt bei einer Schrift und hört beim Papier auf. Und dazwischen liegen tausend wichtige Kleinigkeiten, die jede Arbeit einzigartig machen. Trotzdem ist die Schrift für mich eines der wichtigsten Gestaltungselemente. Wenn sie geschickt eingesetzt wird, kann sie eine Botschaft kommunizieren und braucht nichts weiter.

Hast Du einen Lieblingsbuchstaben und/oder eine Lieblingsschrift?

AKZIDENZ GROTESK! Was braucht es der Worte mehr!

Bist Du mit der Wahl Deines Studienfaches zufrieden? Würdest Du noch mal das Gleiche studieren?

Ich würde es jederzeit wieder studieren und auch wieder an der FH Würzburg-Schweinfurt. Wir hatten nette Professoren und gute Leute, die sich gegenseitig helfen.

Wie beurteilst Du die typografische Ausbildung an Deiner Hochschule? Was würdest Du Dir wünschen, was könnte intensiviert werden?

Das kommt immer auf die Professoren an: Das, was ihnen wichtig ist, geben sie natürlich auch an ihre Schützlinge weiter. Ich habe mehrere Semester bei Professor Gertrud Nolte Typografie studiert. Durch Übung, Übung, Übung hat sie es geschafft uns für typografische Feinheiten sensibel zu machen. Auch die anderen Professoren legten großen Wert auf ausgewogene typografische Gestaltung. Am Ende muss eben alles passen.

Typete

Typografische Tapeten auf Grundlage der Rotis Serif

IVANA JOVIC **Hochschule Pforzheim, 2. Semester WS 09/10, Prof. Alice Chi**

Unter dem Titel TYPETE entstanden typografische Tapeten in und aus der ROTIS SERIF. Ich habe ein variables System entwickelt und damit aus jedem Buchstaben, allen Zahlen und ausgewählten Sonderzeichen jeweils ein Muster gebaut.

Insgesamt habe ich die Glyphen der ROTIS SERIF in drei Musterbücher aufgeteilt: 1.) Majuskeln, 2.) Minuskeln und 3.) Zahlen und Zeichen.

Die Bücher bestehen aus japanisch gefalzten Seiten. Drückt man die gefalzten Seiten auf, erkennt man auf der Innenseite das jeweilige Zeichen, aus dem das Muster besteht.

Je nach Muster und Flächengröße variiert die Wirkung der TYPETE stark im Raum. Es ist denkbar, ganze Wände mit einer TYPETE zu tapezieren, oder auch nur Bordüren anzubringen.

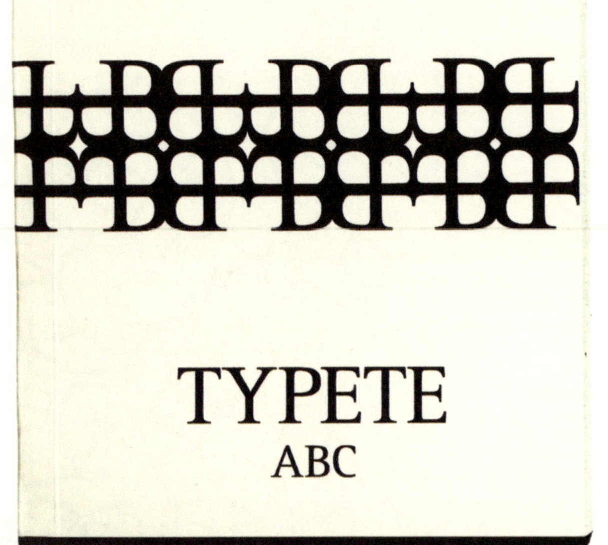

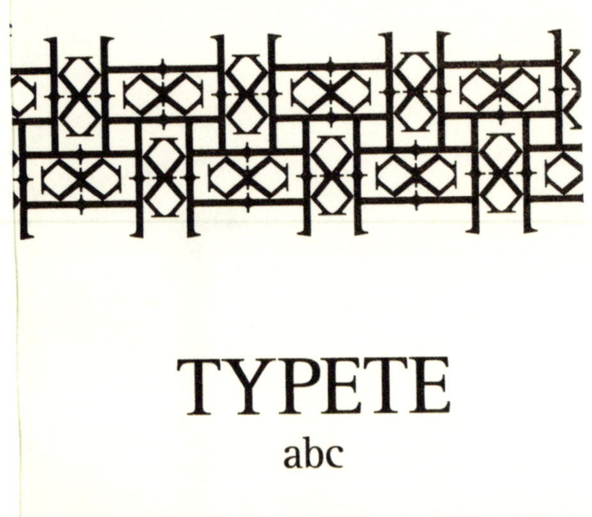

INTERVIEW MIT IVANA JOVIC

Wann hast Du das Interesse an Typografie entdeckt?

Mein Interesse an Typografie wurde während meines Studiums geweckt. Davor interessierte mich eher die Fotografie.

TYPETE war mein erstes Projekt, bei dem ich nur die gestalterischen Mittel der Typografie verwendete und lernte, welche Wirkung ich damit erzielen kann.

Typografie als Gestaltungselement — was bedeutet das für Dich?

Die Wahl der Schrift dominiert meine Arbeiten. Am Anfang jedes Gestaltungsprozesses stehen für mich Suche und Auswahl einer Schrift. Form und Inhalt spielen dabei eine große Rolle. Sobald ich diese Entscheidungen getroffen habe, ergibt sich die grundlegende Gestaltungsrichtung. Ich lasse mein Design gern von der jeweils verwandten Schrift inspirieren.

Hast Du einen Lieblingsbuchstaben und/oder eine Lieblingsschrift?

Meine Lieblingsschrift ändert sich von Projekt zu Projekt. Meist ist die von mir gerade verwandte Schrift mein absoluter Favorit. Sobald das Projekt aber beendet ist, widme ich mich einer neuen Schrift. Aktuell habe ich eine Vorliebe für Monospace-Schriften. Obwohl ich für die TYPETE Buchstaben der ROTIS SERIF verwendete, liegt für mich der Reiz vor allem im Zusammenspiel der Lettern und in den charakteristischen Buchstabenkombinationen. Einen Lieblingsbuchstaben habe ich daher nicht.

Bist Du mit der Wahl Deines Studienfaches zufrieden? Würdest Du noch einmal das Gleiche studieren?

Ich habe vor meinem Studium eine Ausbildung zur Fotodesignerin gemacht. Hier fehlten mir die anderen Bereiche der visuellen Kommunikation.

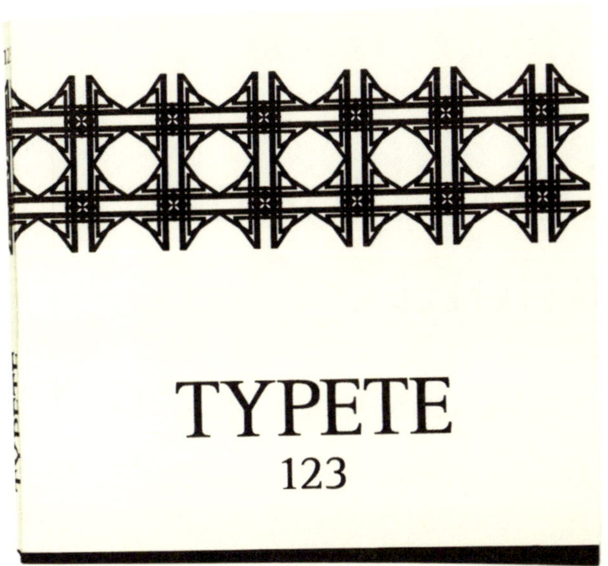

Durch das Studium habe ich viele dieser Bereiche kennengelernt und meine Profession als Gestalterin entdeckt. Ich würde auf jeden Fall noch einmal das Gleiche studieren, denn ich habe während des Studiums herausgefunden, was ich werden möchte, wenn ich mal groß bin.

Wie beurteilst Du die typografische Ausbildung an Deiner Hochschule? Was würdest Du Dir wünschen, was könnte intensiviert werden?

Typografie wird im ersten Semester theoretisch und im zweiten Semester praktisch behandelt — das bildet die Grundlage für spätere Projekte. Ich denke, wie viel man lernt, hängt stark von der gestellten Aufgabe, dem eigenen Engagement und der Betreuung durch die Professorin oder dem Professor ab. Mein erstes typografisches Projekt wurde von Prof. Alice Chi betreut. Das Projekt wurde in die Bereiche Form, Inhalt und Kommerz unterteilt. So habe ich gelernt, von verschiedenen Seiten an Typografie heranzugehen. Dabei entstand auch die TYPETE, die das Ergebnis der Auseinandersetzung mit der Form von Buchstaben ist. Mein Engagement und die Begeisterung für Typografie wachsen beständig, was nicht zuletzt an der Ausbildung an meiner Hochschule in Pforzheim liegt.

Typografieinstallationen translations 03

Experimentelle Typografie aus verschiedenen Blickwinkeln

SASKIA FRIEDRICH, MARKUS NEBEL, INA WILD FH Mainz, WS 09/10

KERZEN

»Design is thinking made Visual«
Die Idee zur Installation KERZEN basiert auf einer, sich im Verlauf eines Tages selbständig verändernden Pixelmatrix. Die zeitversetzt angezündeten Lichter ermöglichten es, das Zitat erst gegen Ende der Installation sichtbar werden zu lassen.

STYROPOR

Die Styroporblöcke wurden so gesetzt, dass der Titel der Veranstaltung TRANSLATIONS 03 jeweils nur aus einer Position lesbar war. Durch die perspektivische Verzerrung konnte man aus allen anderen Standpunkten nur scheinbar wahllos angeordnete Styroporblöcke erkennen.

SPRÜHKLEBER

»Do Designers have a role in the creation of symbols for a country, a culture, an ideology or a mentality? Are they, in short, co-authors of the *visual text* with which a country, a culture expresses itself? And if they are, does that make them co-responsible, as co-authors, for what is conveyed in that *text*?«
Zentrales Anliegen dieser Installation war, das Zitat erst durch eine Interaktion mit dem Publikum entstehen zu lassen. Das zu Beginn noch unsichtbare Zitat wurde mit Schablonen auf den Boden aufgesprüht. Mit der Zeit wurde es durch die vielen Besucher, die darüber liefen, sichtbar.

KERZEN: www.vimeo.com/9429470
STYROPOR: www.vimeo.com/7920296
SPRÜHKLEBER: www.vimeo.com/7819180

ARE THEY, IN SHORT,
A COUNTRY, A CULTURE
AND IF THEY ARE, DOES THAT MAKE THEM
CO-AUTHORS, FOR WHAT IS CONVEYED IN
ITSELF?

DESIGN IS THINKING
MADE VISUAL

Attimo Sospeso

NIKE AUER, DORIT BIRKNER, CHRISTIAN CRUSIUS, MARIAGIOVANNA DI IORIO, JÖRG GLEITER, ANDREAS GOEBEL, CARMEN KÜSTER, WILCO LENSINK, VIKTOR MATIC, KUNO PREY, JOSEPH SCHMIDT-KLINGENBERG, BETTINA SCHWALM, DOMINIK SCHWARZ, LISA SEITZ, DANIEL TAUBER, SIMON TUMLER, SARAH TOLPEIT, PAUL VOGGENREITER, MAXIMILIAN WINKEL FU Bozen, WS 08/09, Prof. Wilco Lensink, Prof. Jörg Gleiter

Die typographische Installation ATTIMO SOSPESO — »der schwebende Augenblick« — wurde während des SALONE DEL MOBILE 2009 im Kreuzgang von San Simpliciano in Mailand ausgestellt. Sie lädt den gestressten Besucher ein, in eine Welt fernab der Hektik einzutauchen.

Die zurückhaltende und reduzierte Ästhetik der weißen Banner tritt bewusst in Kontrast mit der Reizüberflutung der Möbelmesse. Ein einziger Satz erstreckt sich über die Banner und erschließt sich sowohl dem ansässigen als auch dem internationalen Publikum — im Uhrzeigersinn auf italienisch, in die andere Richtung auf englisch:

il suono dei miei passi nel frastuono della città mi fermo e sento la pesantezza dei miei piedi tante belle sedie, ma niente per sedersi finalmente mi fermo //
the sounds of my footsteps absorbed by the roar of the city I stop and feel the weight of my feet so many beautiful chairs, but nowhere to sit finally a quiet place, I might even stop

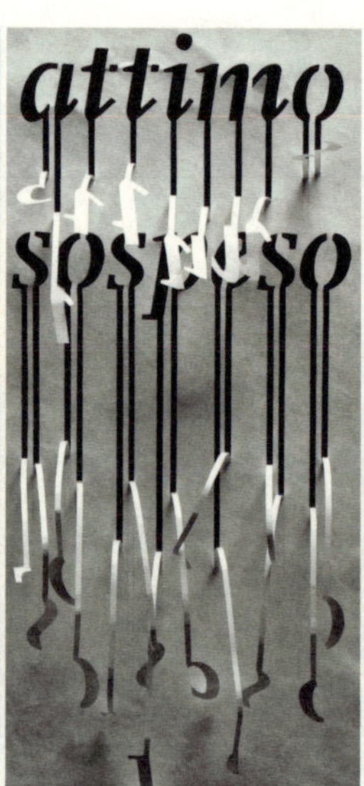

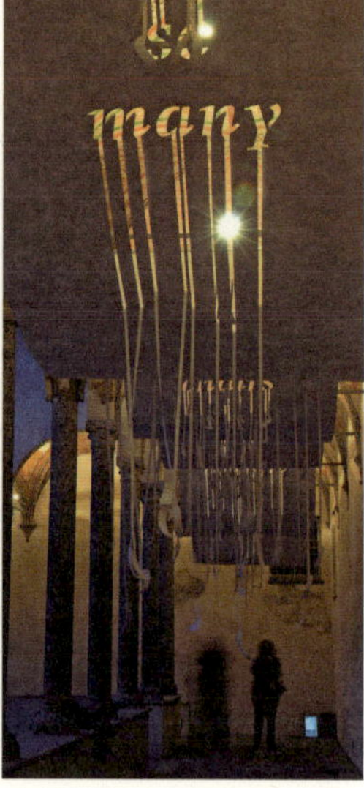

Between

ANTON STUDER Hochschule der Künste Zürich, 1. Semester HS 09/10, Prof. Ruedi Baur, www.bubentraum.com

Und was ist dazwischen? Nichts? Zwischenraum? Zum Beispiel ein Korridor? Oder nur die Pufferzone? Was passiert, wenn ein Durchgang nicht mehr durchgängig ist? Es handelt sich um einen Korridor ungefähr vier Meter hoch und drei Meter breit.

Von der Decke bis zum Boden wurde der Begriff BETWEEN mit schwarzem Klebeband geschrieben, sodass der Korridor nicht mehr begehbar war. Normalerweise füllen Personen durch Begehen den Korridor.

Nun aber, da dieser versperrt ist, respektive mit einem *Begriff* gefüllt ist, wird die Funktion des Korridors als Zwischenraum aufgehoben und dieser in zwei abgeschlossene Räume geteilt. Die Aussage BETWEEN bezeichnet die Position, die der Begriff gegenüber der Person im Raum einnimmt.

Typoase

DOMINIK SCHWARZ FU Bozen, 3. Semester WS 07/08, Prof. Antonino Benincasa, Prof. Armin Blasbichler, Prof. Paolo Volonté, www.dominikschwarz.eu

Die Installation TYPOASE versteht sich als typographisches Mobiliar im städtischen Raum. In großen Lettern, die den Schriftzug TIME formen, präsentierte sich die Installation am Gerichtsplatz in Bozen. Die in den einzelnen Lettern eingelagerten Bänke laden dazu ein, sich zu setzen, einen Moment zu verweilen und sich Zeit zu nehmen. Durch die Maßstäblichkeit, die sich an jener des menschlichen Körpers orientiert, werden Materialität, Haptik und Perspektive in der Wahrnehmung zentral. Es ist jedoch vor allem der partizipatorische Aspekt, der es schafft, den Stadtbewohnern das Thema ZEIT auf sehr konkrete und trotzdem versteckte Weise näherzubringen.

Die TYPOASE wirkt aus zwei verschiedenen Perspektiven. Aus der Perspektive des Fußgängers ist der Schriftzug kaum lesbar. Um ihn wirklich erkennen zu können, muss man die Treppen der höher liegenden und umseitigen Gebäude empor steigen. Abstand macht die Dinge eben klarer. So wird der neu geschaffene Ort zum Spiel von Beisammenseins und Kommunikation.

Fug und Ziegel

MARC FELIX BORK Hochschule für Technik und Wirtschaft Berlin, 3. Semester WS 09/10, Prof. Jürgen Huber

Wann wirkt Kunst im öffentlichen Raum? Kunst wirkt, sobald sie überraschend oder unerwartet auftritt und sich ihrem Umfeld anpasst.

FUG UND ZIEGL ist eine Schrift, die sich der Vermauerungsform des Läuferverbands annimmt. Dessen typische Grundform wurde adaptiert und weiterentwickelt. Neue Wege entstehen und lassen dem Betrachter Spielraum, um phantasievoll eigene Charaktere zu kreieren.

Um urban zu agieren, bietet sich die Pochoirtechnik an. Durch Rotation einer Schablone lassen sich alle Buchstaben konstruieren. Die Kriterien des STREETART werden erfüllt: schnell, unauffällig, simpel.

FUG UND ZIEGL gibt es in drei Schnitten: Als Outline, Background und Ensemble.

TYPOGRAFISCHE PROJEKTE INTERVIEWS

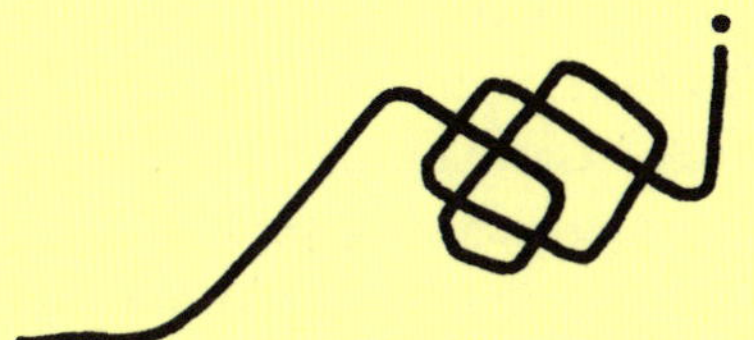

Heike Grebin

Über typografische Gestaltung als strukturbildendes Mittel

HEIKE GREBIN Professorin für Typografie, Fachbereich Design der Hochschule der Angewandten Wissenschaften in Hamburg, www.design.haw-hamburg.de

Wie sind Sie selbst zur Typografie gekommen? Was fasziniert Sie an Buchstaben?

Anfang der 1980er Jahre machte ich mein Diplom an der Hochschule für Architektur und Bauwesen in Weimar — als Architektin. Zur Typografie kam ich auf Umwegen, nachdem ich einige Jahre an der Rekonstruktion des heutigen Museums für Kommunikation in Berlin mitgearbeitet hatte. Architektur ist ein sehr komplexes und zeitintensives Geschäft. Die Vorstellung, dass mein Stuckprofil erst Jahre später an die Decke montiert werden würde, oder dass das Loch für die Stromkabel, als es endlich in den Fußboden gestemmt wurde, einen halben Meter neben der angezeichneten Stelle zu finden war, desillusionierte mich. Ich wollte schneller Resultate sehen. Ich versuchte mich in der Ausstellungsgestaltung und dann im Grafikdesign. Sicher haben mich auch Gestalterpersönlichkeiten wie Peter Behrens oder El Lissitzky beeinflusst. Beide waren in der DDR als progressive Architekten anerkannt. Das Bauhaus wurde erst Mitte, Ende der 1980er Jahre rehabilitiert. Die russischen Konstruktivisten hatten einen wichtigen, wenn auch diffusen Einfluss auf mich. Ich versuchte sogar in einer Seminararbeit in Kunstgeschichte nachzuweisen, dass jede Gesellschaftsordnung in ihrer progressivsten Ära eine Phase des Konstruktivismus durchläuft, was mir — daran kann ich mich noch erinnern — rot angestrichen wurde.

Zur Typografie kam ich dann durch meinen Freundeskreis in Berlin — ehemalige Weimarer Kommilitonen und Berliner Grafiker. Nachdem ich Kalligrafie- und Typografiekurse an einer Berufsschule für Drucker besuchte, wechselte ich den Beruf offiziell und arbeitete als Typografin, unter anderem in einem Kinderbuchverlag.

Mich haben Buchstaben als solche gar nicht so sehr interessiert. Mir waren eher Komposition, Rhythmus

und Spannung wichtig — ich war eben doch Architektin. Das Interesse an den Details kam erst später.

Welche Teilbereiche umfasst eine gute typografische Ausbildung? Sind Grundlagendiskurse wichtig?

Eine gute typografische Ausbildung ist schwierig — sie braucht viel Zeit, Geduld und Praxis. Sie beinhaltet für mich: Geschichte, Handwerk, Liebe zum Detail, Strukturbildung und Typografie als tragendes Gestaltungselement. Es ist wichtig, Typografie als Kunst und Handwerk in ihrer Komplexität begreiflich zu machen, die durch Politik, Kultur und vor allem durch die Technik beeinflusst wurde und wird.

Die ideale Grundlage einerseits für TYPEDESIGN, die Gestaltung von Schrift, andererseits für TYPOGRAFIE, die Gestaltung mit Schrift, sind auf jeden Fall praktische Erfahrungen und das Verständnis für Techniken wie Bleisatz und Kalligrafie.

Hinzu kommt ein intensives Training der typografischen Gestaltung als strukturbildendes Mittel, die Informationen vermitteln und Rezeptionsprozesse beeinflussen kann und einen unbeschwerten und kreativen Umgang mit Schrift überhaupt erst ermöglicht. Außerdem ist es wichtig, neben der Feintypografie und der Strukturbildung die gestaltgebende Kraft der Schrift auf einem großen Format wie dem Plakat nicht zu vergessen.

Wie sieht Ihr Lehrkonzept aus?

Meine Lehrstruktur ist simpel und baut auf unserem Curriculum auf, das drei Bachelorkurse pro Semester und Professor voraussetzt. Neben einem Basiskurs, mit dem ich ein grundlegendes Verständnis vermitteln und im besten Fall eine erste Liebe zur Typografie wecken möchte, biete ich in einer gewissen Regelmäßigkeit einen Vertiefungskurs (Buch-, Katalog- oder Magazingestaltung sowie informative Typografie) und einen Crossover-Kurs

(Plakat- oder medienübergreifende Gestaltung) an sowie demnächst ein freies Masterprojekt.

Wie gelingt es Ihnen, Studierende für Typografie zu begeistern?

Es ist nicht einfach, Studierende im Basiskurs zu begeistern, vor allem, seitdem er eine Pflichtveranstaltung wurde. Ich bin gerade dabei, den Grundlagenunterricht neu zu überdenken. Bis jetzt habe ich unter anderem einen Schwerpunkt auf das analoge Arbeiten gesetzt. Aber eine Gruppe von über 20 Studierenden mit dem Ausschneiden von Buchstaben und Kleben mit Fixogumm zu begeistern, gelingt selten. Es bleibt eine Herausforderung, Studierende zu motivieren, die Mühsal der kleinen Schritte und des Entdeckens auf sich zu nehmen.

In weiterführenden Kursen gelingt es mir glücklicherweise oft, die Studierenden zu erreichen. Es ist mir wichtig, die fachliche Auseinandersetzung durch die Ernsthaftigkeit des Themas und ein ambitioniertes Semesterziel zu provozieren. Nur so entsteht ein Diskurs über Inhalt und Form. Es entstehen gebundene Bücher mit bis zu 200 Seiten durchgearbeitetem Satz oder die kompletten Werbematerialien sowie experimentelle Plakate für eine Vortragsreihe inklusive deren Gesamtorganisation. Das ist für mich das typografische Training, von dem ich sprach. Ich verstehe mich auch als Initiatorin und glaube, dass Studierende viel von- und miteinander lernen. Außerdem beziehe ich gern Kollegen aus der Praxis oder Studierende in Seminare ein, die durch andere und frische Sichtweisen die Lehre bereichern.

ICH VERSTEHE MICH ALS INITIATORIN UND GLAUBE, DASS STUDIERENDE VIEL VON- UND MITEINANDER LERNEN.

Gibt es ein Buch, das Sie jedem typografiebegeisterten Studierenden empfehlen würden?

Ich empfehle gern Bücher, die für mich wichtig sind:

— Gerstner, Karl: PROGRAMME ENTWERFEN. Niggli, 1964;

— Tschichold, Jan: AUSGEWÄHLTE AUFSÄTZE ÜBER DIE GESTALT DES BUCHES UND DER TYPOGRAFIE. Birkhäuser, Basel, 1975;

— TYPOGRAPHIE KANN UNTER UMSTÄNDEN KUNST SEIN. (3 Ausstellungsbände), Sprengl Museum Hannover, 1991, Museum für Gestaltung Zürich, 1991.

OB DARAUS EINE EIGENE SCHULE WIRD, BEZWEIFLE ICH — UNS FEHLT DIE GESELLSCHAFTLICHE RELEVANZ.

Wie sieht die aktuelle typografische Ausbildung an deutschen Hochschulen aus? Gibt es aktuell eine Art deutsche Typografieschule (in Anlehnung an die »Schweizer Typografie«)?

Im Umfeld der Hochschule für Grafik und Buchkunst Leipzig (HGB) findet eine unkonventionelle Auseinandersetzung mit tradierter Typografie und Buchgestaltung statt, die manche schon mit dem Begriff *Leipziger Schule* beschreiben. Aber diese Bewegung ist noch nicht vergleichbar mit der Typografie in der Schweiz oder der Autorentypografie in den Niederlanden der letzten 10–15 Jahre. Die Schweizer Typografie war ein Kind ihrer Zeit — sie war eine Weiterentwicklung der neuen Typografie der Vorkriegszeit und suchte eine Antwort auf die Fragen der gesellschaftlichen Neuordnung nach dem Krieg. Auch in den Niederlanden wird die Auseinandersetzung über die Aufgaben von Design und Typografie in einem gesellschaftlich-kulturellen und nicht nur im ökonomischen Kontext geführt. In Deutschland hingegen wird ein Kommunikationsdesigner als Dienstleister wahrgenommen, der sich den ökonomischen Erfordernissen unterzuordnen hat. Das ist ziemlich engstirnig und entbehrt jeglichen Esprits und jeglicher Fantasie.

Wir befinden uns aber in einer glücklichen geografischen Lage — zwischen der Schweiz und den Niederlanden — und können somit von beiden Seiten profitieren. Ob daraus eine eigene Schule wird, bezweifle ich — uns fehlt die gesellschaftliche Relevanz. Aber wir können mit Sicherheit gute Typografie machen!

Gibt es Unterschiede zur typografischen Ausbildung an Hochschulen anderer Länder?

Ja, es gibt natürlich Unterschiede. In den Niederlanden sehe ich, dass Typedesign und Typografie in der Ausbildung innovativ verbunden sind, das ist sehr erfolgreich und nachhaltig.

Hat Typografie einen Einfluss auf die Gestaltung der Gesellschaft?

Ja, auf jeden Fall. Wir sind permanent mit Schrift umgeben. Jede komplexe Information erfahren wir nur über Schrift oder Sprache. Gute Typografie ist genauso wichtig wie gute Musik. Sie macht den Alltag lebenswerter.

Wie verändert sich Typografie im Zuge von Globalisierung und Multikulturalisierung? Gibt es neue gestalterische Bedürfnisse, auf die während der Ausbildung eingegangen werden muss?

Ich glaube, dass wir uns in einer Phase eines neuen Historismus befinden, ähnlich des späten 19. Jahrhunderts. Nicht nur Tschichold beklagte später beständig den Widerspruch zwischen den revolutionären technischen Möglichkeiten und dem Unvermögen, diese Möglichkeiten gestalterisch zu definieren. Heraus kam eine willkürliche Melange aller Stilepochen — für ihn ein unverzeihlicher ästhetischer Müll. Aufgeklärte Zeitgenossen versuchten Ende des 19. Jahrhunderts, diesem, dem Verfall der Kulturen mit der Einrichtung von Kunstgewerbeschulen zu begegnen.

DIE TYPOGRAFIE IST EIN CHAMÄLEON, DAS SICH STÄNDIG MIT DER TECHNIK WEITERENTWICKELT HAT, OHNE SEINE WURZELN ZU VERLEUGNEN.

Die große Herausforderung unserer Zeit ist die sich rasant entwickelnde Technik. Es geht darum, die tradierte Kultur der Typografie und die technischen Entwicklungen auf einem hohen ästhetischen Niveau zusammenzuführen. Das wird ohne Zweifel gelingen. Die Typografie ist ein *Chamäleon*, das sich ständig mit der Technik weiterentwickelt hat, ohne seine Wurzeln zu verleugnen. Es ist kein Zufall, dass in den letzten Jahren gerade die Typografie eine Renaissance erlebt. Es ist ein Zeichen für das Bedürfnis, der allgemeinen Verunsicherung im Umgang mit der scheinbar grenzenlosen Technik mit fachlicher Weiterbildung zu begegnen — ein gutes Zeichen! Wir werden hoffentlich keine Kunstgewerbeschulen brauchen.

Nora Gummert-Hauser

Typografie als grundlegender Gestaltungsprozess

NORA GUMMERT-HAUSER **Professorin für Typografie und Editorial Design, Fachbereich Design der Hochschule Niederrhein in Krefeld,** www.laborkontor.de, www.gummert-hauser.de

Wann haben Sie die Liebe zur Typografie entdeckt?

Ein genaues Datum kann ich nicht nennen. Vor meinem Studium wurde ich schon angezogen von Plakaten mit reduzierter grafischer Gestaltung, bei denen Schrift und Fläche eine große Rolle spielten. Während des Studiums zog es mich dann mit Macht zur Typografie.

Wie sieht aktuelle typografische Ausbildung an deutschen Hochschulen aus?

Das kann ich gar nicht sagen. Da kann ich nur für Krefeld sprechen, da ich hier für die Ausbildung verantwortlich bin. Ich weiß auch gar nicht, ob man das generalisieren kann. Über Blogs und diverse andere Publikationen bekommt man natürlich einen viel größeren Einblick in die Arbeit, die an den Hochschulen geleistet wird. Und die Arbeiten von Studierenden, die man veröffentlicht sieht, sind häufig von bestechend hoher Qualität. Das lässt darauf schließen, dass die Qualität der deutschen Ausbildung nicht so schlecht sein kann, wie häufig und gern gejammert wird. Wobei man sich als Lehrender hüten sollte, sich mit fremden Federn zu schmücken ... In meinen Kursen gibt es natürlich auch Studierende, die nur mäßiges Interesse und Talent mitbringen — und da könnte ich dann die Kleinbuchstaben der GARAMOND einzeln auf Tischen vortanzen, das würde auch nichts bringen. Generell ist das Interesse an Typografie aber merklich größer geworden. Diejenigen, die sich von der *Typomanie* anstecken lassen, leisten dann auch ganze Arbeit und hängen sich rein.

Welche Teilbereiche umfasst eine gute typografische Ausbildung?

Hier hat sich nichts grundlegend verändert. Grundlagen müssen sein. Die Studierenden sollten heute nicht nur alles wissen, sie müssen es auch noch anwenden können. Sprich: Wenn sie sich mit den Grundlagen der Textverarbeitungsprogramme und gutem Satz nicht vertraut

gemacht haben, dann wird es schwierig, ein Praktikum zu bekommen. Die Ausbildungszeit wurde kürzer; die Dichte, die wir in die kurze Zeit einbringen, wird deutlich höher.

Wie gelingt es Ihnen, Studierende für Typografie zu begeistern?

Diese Frage habe ich an Studierende des ersten Semesters weitergeleitet. Nachfolgend ein paar Zitate:

Lisa Vieten: »Mir gefällt ihre eigene Begeisterung, die steckt an und motiviert!«

Anna Kuschel: »Sie sind eben selbst ehrlich begeistert von Typografie. Das überträgt sich z. B. durch interessante Beispiele von gelungenen Typografieprojekten und Präsentationen auf die Studenten.«

Fabian Kalf: »Durch eine ansteckende Euphorie für typografische Details und die Vermittlung eines aufmerksamen Blicks für die Typografie im Alltag.«

Wie sieht Ihr Lehrkonzept aus?

Typografie ist bei uns im ersten Semester verpflichtend für alle Studierenden. Hier finden sich also Produktdesigner neben Kommunikationsdesignern oder Studierende, die Raum- und Umgebungsdesign gewählt haben. Ziel ist es natürlich, gleich zu Beginn die Lunte der Begeisterung zu legen. Studierende im ersten Semester müssen das Experimentieren lernen — man muss die Gestaltungslust in ihnen wecken. Neben der Theorie müssen sie ganz einfach *machen*. Und zwar auch *falsch*. Nur vom Feedback können sie lernen. Die Panik zu Beginn ist groß — ebenso wie der Wille, es unbedingt *richtig* zu machen. Aber dann wird ja schnell klar, dass Lösungsversuche vielfältig sind, und dass es das *Richtige* gar nicht gibt. Ob das nachher perfekt umgesetzt wurde, ist noch zweitrangig. Hier möchte ich vor allem die Lust und den Willen am Gestalten sehen. Und da trennt sich ja auch schon häufig die Spreu vom Weizen. Als ganz praktisches Ziel habe ich mir gesetzt, dass alle Studierenden am Ende des ersten Semesters dazu in der Lage sind, beispielsweise das schriftliche Konzeptbuch, in dem sie ihre Ideen und die Lösungen zu den Aufgabenstellungen präsentieren, auch schon mehr oder weniger professionell zu gestalten. Das heißt, sie arbeiten mit einem Raster, mit Text und Bild, sie können typografische Hierarchien bestimmen und wissen um Lesbarkeit und Konsultationsgrößen. Sie wissen um Schriftfamilien, Punzen und *Deppen*-Leerzeichen, sie verfügen über ein angemessenes Fachvokabular. Sie wissen, dass Schriftgestalter Menschen sind und keine Maschinen, und dass diese deshalb von ihrer Arbeit leben können müssen. Sie wissen aber auch, was gute Free-Fonts sind und sie wissen, dass sie niemals ohne triftigen Grund eine Schrift zerren, stauchen, treten oder anderweitig misshandeln dürfen.

Studieren heißt: Lehren und Lernen. Wie sieht die Situation an der Hochschule Niederrhein konkret aus? Wie erfolgt der Austausch mit den Studierenden? Wie erfolgt die Vermittlung des Lehrkonzeptes?

Wir beginnen im Wintersemester mit ca. 120 Studierenden im ersten Semester. Diese werden in vier Gruppen à 30 Studenten aufgeteilt. Ich betreue diese Gruppen dann zusammen mit unserem Fachlehrer für DTP und TYPOGRAFIE sowie zwei zusätzlichen Lehrbeauftragten. Es gibt eine Einführungsveranstaltung für alle, bei der ich einen Vortrag halte, um die Vielfalt des Themas zu beleuchten und um klarzustellen, dass Typografie ein Gestaltungsprozess ist, bei dem mit Hilfe von verschiedenen Gestaltungsmitteln die Visualisierung einer Leitidee erfolgen sollte. Hier spanne ich einen großen inspirierenden Bilderbogen vom Bereich der Historie, über Alltagstypografie bis hin zu großen Typografen und natürlich auch zur Kunst. Im Anschluss daran teilen wir uns in Gruppen. Dort behandeln wir dann während des gesamten ersten Semesters einen Aufgabenkomplex, den wir uns im Vorfeld gemeinsam ausgedacht haben.

Die Grundlage ist also für alle gleich. Als gemeinsames Lehrmaterial gibt es noch kleinere Fachvorträge, die ich erarbeitet habe — so genannte *Type-Tools*. Hier wird Grundlegendes erläutert: Terminologie, Anatomie, Schriftgeschichte, Formate und Raster, Lesearten nach Willberg.

Im zweiten Semester *verlieren* wir dann die Produktdesigner. Theoretisch könnten diese sich auch nochmals für Typografie im zweiten Semester entscheiden, aber in der Praxis sind dann doch viele Werkstoff-Kurse für sie einfach wichtiger. Deshalb sind wir hier dann noch mit ungefähr 70–80 Studierenden zusammen. Die Kommunikationsdesign-Studierenden dürfen hier auch noch andere Kurse wählen, die meisten wählen aber TYPOGRAFIE. Auch hier ist das Prinzip ähnlich wie im ersten Semester. Wir erstellen als Lehrenden-Gruppe eine gemeinsame Aufgabe. Diese ist dann weiterführend, und wir führen auch Gruppenarbeit ein, um einen Team-Gedanken zu entwickeln. Meines Erachtens ist es ein wesentliches Element für die zukünftige Entwicklung als Gestalter, dass wir lernen, im Team zu arbeiten. Die Studierenden lernen, sich besser einzuschätzen und wissen aus der Erfahrung mit einem Team auch eher um ihre speziellen Fähigkeiten.

SIE WISSEN, DASS SCHRIFTGESTALTER MENSCHEN SIND UND KEINE MASCHINEN, UND DASS DIESE DESHALB VON IHRER ARBEIT LEBEN KÖNNEN MÜSSEN.

Ab dem dritten Semester wird TYPOGRAFIE/EDITORIAL in diversen Formen zur freien Auswahl angeboten. Eine Lehrbeauftragte beschäftigt sich mit den Grundlagen des Editorial-Designs. Bei einem anderen Lehrbeauftragten besteht die Möglichkeit, die Grundlagen der Schriftgestaltung zu erlernen. Zwischendurch bietet unser Fachlehrer auch ein Bleisatz-Projekt an. Wir haben zum Glück noch ein paar Kästen mit Blei und einen Heidelberger Tiegel. Ich unterrichte dann TYPOGRAFIE/EDITORIAL als Projektangebot.

Gibt es Unterschiede zur typografischen Ausbildung an Hochschulen in anderen Ländern?

Das kann ich ganz schlecht beurteilen. Dazu fehlt mir die objektive Erfahrung. Ich musste schon einige Male Gutachten für Studierende bei uns schreiben, die in den USA studieren wollten. Wenn ich diese Studierenden dann im Anschluss an ihren Auslandsaufenthalt befrage, stellt sich heraus, dass sie dort immer zu den *Besten* gehören, obwohl sie hier nur im Mittelfeld eingestuft wurden.

Gibt es aktuell eine Art deutsche Typografieschule (in Anlehnung an die »Schweizer Typografie«)?

Nein, ich glaube nicht, dass es das noch gibt. Historisch gesehen gab es da Tendenzen und Strömungen in den 80er Jahren, aber nie in der Ausprägung wie in der Schweiz oder in den Niederlanden.

Welches Buch würden Sie jedem typografiebegeisterten Grafikdesign-Studierenden empfehlen?

Wenn es nur eines sein darf, dann natürlich BUCHSTABEN KOMMEN SELTEN ALLEIN von Indra Kupferschmid. Wenn es um das Verständnis für die Disziplin der Typografie an sich geht, dann empfehle ich READ + PLAY von Jean Ulysses Voelker und Peter Glaab.

Hat Typografie einen Einfluss auf die Gestaltung der Gesellschaft?

Das lässt sich hier nicht in Kürze abhandeln. Dennoch: Gestaltung ist Haltung.

Wie verändert sich Typografie im Zuge von Globalisierung und Multikulturalisierung? Gibt es neue gestalterische Bedürfnisse, auf die eingegangen werden muss?

Ich denke, es gibt eine Menge gesellschaftlicher Bedürfnisse, auf die eingegangen werden muss. Typografie ist für mich nicht beschränkt auf das Hin- und Herschieben von Buchstaben auf der Fläche. Typografie ist ein grundlegender Gestaltungsprozess.

Wenn ich mich hier jetzt aber auf den Faktor der Buchstaben beschränke, dann muss natürlich auch die Technik noch als Faktor mit dazukommen: Es gibt kaum einen Schriftdesigner, der sich heute nicht auch noch mit der Entwicklung von fremdländischen Zeichensätzen beschäftigt. Ein Beispiel ist die großartige Schrift MALABAR von Dan Reynolds mit den DEVANAGARI-Schriftzeichen. OpenType sei Dank! Es gibt natürlich auch spielerische Ansätze: Gab es früher ganz wenige sogenannter Hybrid-Schriften, die auf multikulturellen Konzepten beruhen, gibt es heute einige mehr. Hier verweise ich auch gerne auf das großartige BASTARD-Projekt von Lars Harmsen, bei dem er einige Gestalter aufgefordert hat, Schriften zum Thema zu entwerfen und dem Projekt beizusteuern. Entstanden ist die CUCARACHA von René Verkaart.

Natürlich werden auch Auftraggeber internationaler. Interessant ist die Schriftentwicklung von Yanone (Jan Gerner), der eine umfassende großartige lateinisch-arabische Schriftfamilie entworfen hat, die AMMAN — sie wurde als Corporate Schrift für Jordaniens Hauptstadt entwickelt.

Was die gesellschaftlichen Bedürfnisse anbelangt, so gilt es festzustellen, dass die Typografie in Form der Gestaltung von Infografiken wieder weit verbreitet in die Medien gelangt ist. Die vereinfachte und schematische Darstellung von komplexen Inhalten — hier scheint großer Bedarf zu bestehen. Wenn man sich die Qualität der Grafiken ansieht, handelt es sich häufig jedoch um Augenwischerei und grafischen Schnick-Schnack und nicht um wirklichen Erkenntnisgewinn. Oft fehlen ganz klar Bezüge und Relationen. Aber immerhin — soweit ich mich erinnere, ist Edward Tufte, der *Godfather of Visual Data* seit März 2010 als Berater im RECOVERY ACCOUNTABILITY AND TRANSPARENCY BOARD von Barack Obama. Das kann schon als historisches Ereignis im Bereich der Gestaltung bewertet werden.

TYPOGRAFIE IST NICHT BESCHRÄNKT AUF DAS HIN- UND HERSCHIEBEN VON BUCHSTABEN AUF DER FLÄCHE. TYPOGRAFIE IST EIN GRUNDLEGENDER GESTALTUNGSPROZESS.

Ich denke, wir können natürlich weiterhin grundlegend zu ganz simplen Dingen wie Lesbarkeit beitragen. Damit allein schon erhöhen wir die Wahrscheinlichkeit, dass der Rezipient das Ganze eventuell auch besser versteht. Aber so einfach wird es nicht sein ... die Welt ist groß und die Wiese bunt — und alles, was die Welt klarer, verständlicher, kommunikativer, gleichzeitig aber auch vielschichtiger und verwirrender macht, stimmt mich zuversichtlich.

Jürgen Huber und Christian Hanke

Stimmen und Lautstärke, Schriften und Sprachbilder

JÜRGEN HUBER Professor für Kommunikationsdesign und Typografie, CHRISTIAN HANKE Lehrbeauftragter für Typografie, Fachbereich Kommunikationsdesign der Hochschule für Technik und Wirtschaft in Berlin, www.kd.htw-berlin.de

Können Sie sich gut an Ihr eigenes Studium erinnern? Erzählen Sie uns etwas darüber.

Jürgen Huber: Ich hatte vor meinem Studium keine konkreten Vorstellungen von Design oder Kommunikationsdesign. Ich war davon ausgegangen, dass ich Werbung studieren würde. Tatsächlich hatten wir den ersten Typografie-Unterricht erst im dritten Semester. Ich kann mich gut erinnern, dass ich an der Schwelle zum zweiten Semester Horror davor hatte und dachte, »So ein Mist!« Dann ist bei mir aber der Knoten geplatzt: Ich habe den Zugang zum Grafikdesign und zum Corporate Design ab diesem Zeitpunkt über die Typografie erschlossen. Insofern war es eine logische Konsequenz für mich, nach dem Studium zu METADESIGN zu gehen, die damals ja auch das Corporate Design über die Typografie verstanden haben.

Christian Hanke: Für mich war seit der 10. Klasse eigentlich klar: Ich wollte Grafikdesign machen. Ich habe damals viel ausprobiert — von Graffiti über Postergestaltung und Bühnenbilddesign bis hin zum Zeichnen von Schriftzügen. In diesen ersten Schritten konnte ich bereits Erfahrung im Umgang mit Schrift sammeln — natürlich ohne großes Hintergrundwissen.

Als ich dann mit meinem Studium an der Universität der Künste Berlin begann, musste ich leider feststellen, dass dort im Bereich der Typografie ein großes Vakuum herrschte. Deshalb habe ich ab dem dritten Semester begonnen, Typografie als Tutor im Seminar von Prof. Ulrich Schwarz und Andrea Schmidt zu unterrichten. Da es an der UDK in dieser Hinsicht für mich allerdings nur begrenzte Möglichkeiten gab, habe ich ein Semester an der Hochschule für Grafik und Buchkunst Leipzig SCHRIFTGESTALTUNG bei Fred Smeijers studiert. Er war ein sehr guter Lehrer. Smeijers war damals ganz neu dort und entsprechend hoch motiviert. Ich mochte die

liebevolle Art, mit der er Schrift betrachtete. An der HGB Leipzig habe ich sehr viel über Schrift gelernt. Smeijers zeigte eindrucksvoll, wie er über das eigene Schreiben zu neue Schriften fand. Schreiben empfand ich im Nachhinein bei ihm eher als Stimmsuche für vorhandene Sprache. Das habe ich in Projekten an der UDK direkt angewandt, indem ich gesprochene Sprache *inszeniert* habe. Das ist immer noch mein Thema: Typografie ist Notation von Sprache. Typografie macht Sprache immer sichtbar.

JH: Das stimmt, dieser Blickwinkel ist in der Lehre sehr hilfreich. Das versuche ich den Studierenden auch immer klar zu machen: Schrift ist immer Zeichen zur Sprachinszenierung. Das hilft, viele Fragen zu klären, und erzeugt auch bei den Studenten einen guten Blickwinkel. Die Schriftwahl kann so mit der *Sprecherstimme* in Filmen oder Hörbüchern verglichen werden: Sie gibt die Tonalität eines Textes wieder und sollte daher gut ausgewählt sein.

CH: Aicher schrieb, »die Schriftgröße entspricht der Lautstärke.« Verwendet man immer nur eine Schrift oder eine Größe, entsteht Monotonie; genauso wie bei Texten, die in einer Lautstärke und Betonung gesprochen werden: Variationen können so nicht wiedergegeben werden.

JH: Ich mache diese Erfahrung zurzeit mit Hörbüchern. Da ist die Wahl der Stimme entscheidend. Manche Stimmen können selbst den besten Text verderben. Es gibt aber auch Produktionen, bei denen Text und Stimme so hervorragend harmonieren, dass ein tolles Hörerlebnis entsteht.

CH: So ist es bei bestimmten Schriften eben auch. Man muss *lauschen*, um zu hören, welche *Stimme* zum Text passt. Dazu benötigt man eine gewisse Abstraktionsfähigkeit, man muss das *Stimmenwirrwarr* entwirren können. Das muss man in der typografischen Lehre dann auch vermitteln: aus dem Stimmenwirrwarr zu identifizieren, was am besten zum Inhalt passt, um das Sprachbild abzubilden.

Daher muss man lernen, Schriften zu unterscheiden. Wie es bei Stimmen auch der Fall ist, können ähnliche Schriften einen feinen Unterschied ausmachen. Die leitende Frage sollte immer lauten: Ist die Stimme/Schrift dem Inhalt angemessen?

Würden Sie rückblickend sagen, dass die Wahl der jeweiligen Hochschule die richtige war?

CH: Ich glaube, keiner ist immer hundertprozentig zufrieden und das liegt nicht immer nur an der Hochschule. Man muss als Student auch mit der Hochschule wachsen und sehen, ob sie der richtige Ort für einen ist. Wenn sie das nicht ist, muss man einen Wechsel des Studienorts in Erwägung ziehen. Wir propagieren die Wanderschaft: Man sollte andere Hochschulen, Länder, Lehrmethoden kennenlernen. Natürlich war auch ich während meines Studiums in bestimmter Hinsicht unzufrieden, aber grundsätzlich gefiel mir die Herangehensweise an der UDK sehr gut.

Für die Bereiche, in denen ich das Angebot für mich nicht als befriedigend empfand — wie Typografie und Fotografie —, bin ich an andere Hochschulen gegangen. Für Schriftgestaltung an die HGB Leipzig, für Brand Identity und Fotografie an die School of the Art Institute of Chicago.

Das halte ich im Studium — aber nicht nur da — für äußerst wichtig: Man muss immer wieder einen anderen Blickwinkel gewinnen. Erst dann kann man auch zufrieden sein.

WIR PROPAGIEREN DIE WANDERSCHAFT: MAN SOLLTE ANDERE HOCHSCHULEN, LÄNDER, LEHRMETHODEN KENNENLERNEN.

JH: Meine Hochschule, die Universität Duisburg-Essen war für mich genau richtig. Ich habe von meinem Professor in der Typografie, Professor Volker Küster, sehr stark profitiert. Ihm ist es gelungen, mir eine bestimmte Sichtweise nahezubringen, nämlich, dass alles inhaltlich verankert ist und Design-Entscheidungen begründbar sein müssen. Das war für mich auch der Übergang zum Corporate Design.

Seine Methodik und Art zu unterrichten, waren für mich inspirierend. Volker Küster hat mir eine typografische Haltung aufgezeigt, von der ich auch heute noch profitiere und die sich in meiner Lehre fortsetzt: dass man Gestaltung nicht als Dekor begreifen soll, sondern aus Inhalten heraus entwickelt. Über ihn entstand mein direkter Zugang zur Typografie; insofern war meine Hochschule genau die richtige Hochschule für mich.

WIR SIND KOMMUNIKATOREN, WIR MACHEN KOMMUNIKATIONS-DESIGN, WIR MÜSSEN KOMMUNIZIEREN.

Hinzu kam, dass ich während meines Studiums viele Kommilitonen und Kollegen getroffen habe, von denen ich viel lernen konnte. Dabei hatten alle unterschiedliche Vorkenntnisse, so dass wir uns gegenseitig positiv beeinflussen konnten.

CH: Und das bildet ja die Realität unseres Schaffens ab: Wir sind Kommunikatoren, wir machen Kommunikationsdesign, wir müssen kommunizieren. Das ist etwas, das auch ich sehr geschätzt habe und jetzt als Dozent wieder anwende: Projekte im Team zu erarbeiten. Dadurch entsteht eine positive Gruppendynamik und zudem bildet Teamarbeit die spätere Arbeitsmentalität und Arbeitsweise ab. Erst durch die Auseinandersetzung mit etwas und jemandem kann sich etwas richtig Gutes entwickeln.

JH: Das sieht man an den Beispielen bekannter Logos: Sie sind anonym geworden und nicht mehr wie früher einem Namen zuzuordnen. Früher konnte man den Urheber durchaus erkennen, man konnte beispielsweise sagen: »Das hat Weidemann gemacht«, oder »Das hat Spiekermann gemacht.« Heute entstehen Logos meistens in Teamarbeit in einer Agentur oder einem Büro. Das Individuum ist nicht mehr Entwerfer sondern Umsetzer, das ist bei Logos sehr wichtig.

CH: Bei Typedesign hingegen, entstehen oft auch im Alleingang sehr gute Ergebnisse, auch wenn es inzwischen oft Teams sind, die an Schriften arbeiten. Aber grundsätzlich ist diese Arbeitsweise schon immer eine andere gewesen: Man sitzt in seinem Kämmerlein und arbeitet vor sich hin.

Wann haben Sie die Liebe zur Typografie entdeckt?

CH: Bei mir war das schon relativ früh. Ich habe mir als Schüler die SÜTTERLIN-Schrift selbst beigebracht, weil ich zum einen das Schreiben mit Feder und Tusche sehr mochte und zum anderen die Formen spannend fand. Ich habe auch gebrochene Schriften nachgezeichnet, z. B. die Logos auf dem Cover eines BODY-COUNT-Albums. Insofern kann man sagen, dass das Interesse immer schon da war.

JH: Für mich gab es so etwas wie eine *vorbewusste Zeit*, in der ich im Stande der *typografischen Unschuld* war. Ich habe mit 14 oder 15 auch schon Plakate für Schulfeste gezeichnet. Das war damals allerdings nicht so einfach, weil man über Schrift nicht so selbstverständlich wie heute verfügen konnte. Wir hatten keine Computer, mit denen das schnell mal gemacht war, und auch der Zugang zu Fotokopierern war schwierig und relativ teuer. Also habe ich Headlineschriften oft anhand des LETRASET-Katalogs nachgezeichnet. Ich habe die Schriften vermessen, dann über die Größenumrechnung auf Plakate übertragen. Das war sehr technisch.

Der richtige Knackpunkt kam für mich aber erst im Studium. Bis dahin hatte ich aus meiner experimentellen Phase auch schon wieder vieles vergessen. Man muss bedenken, dass das die 70er Jahre waren, als die ganzen illustrativ gezeichneten ITC Schriften sehr gebräuchlich und Displayschriften in verrücktesten Ausbildungen sehr verbreitet waren. Aber dann direkt zu Beginn meines Studiums keimte diese Liebe wieder auf.

Wie sieht die aktuelle typografische Ausbildung an deutschen Hochschulen aus?

CH: Man kann sagen, dass es heute eine neue Generation gibt, die unterrichtet. Das ist eine sehr junge Generation, z. B. Florian Hartwig, der in Braunschweig unterrichtet oder Judith Schalansky, die in Potsdam einen Lehrauftrag hat. Lehrende, die mit der Arbeit an Computern aufgewachsen sind, haben eine ganz andere Herangehensweise an Typografie, da es einen digitalen Zugang zur Typografie gibt, der sich auch in der Lehre niederschlägt. In der Typografie hat sich so viel getan wie in beinahe keinem anderen Bereich. Da hat ein Wechsel stattgefunden — ein richtiger Umbruch.

JH: Es ist auch alles viel schneller geworden: Als ich mit meinem Studium begonnen habe, schaffte man gerade Macs an. Vorher musste man Schriften sehr aufwändig erzeugen — im Foto- oder im Bleisatz.
Da hat sich unglaublich viel getan. Man kann jetzt viel mehr experimentieren, weil man vom Medium her freier geworden ist.

CH: Hier ist wirklich ein riesiger Wandel geschehen. Es gab vor diesem Wandel Lehrer, die noch richtig geschrieben haben an Hochschulen — was es jetzt inzwischen übrigens wieder gibt: Schreiben per Hand.

JH: Wobei ich mich manchmal auch frage, ob sich wirklich durch den typografischen Blick und die veränderten handwerklichen Voraussetzungen die Sicht auf die Dinge verändert hat?

CH: Ja, für mich schon. Ich erkenne in unserem Beruf eine deutliche Weiterentwicklung. Im Moment vollzieht sich in der Typografie wieder ein großer Umbruch, mit Webfonts und Typekit entstehen wieder ganz neue Möglichkeiten. Die Verlagerungen, die der Beruf mit sich bringt, kann man auch zeitnah in die Lehre mit einbringen, das war früher nicht so. Früher gab es einen *Elfenbeinturm der Lehre*, aus dem heraus gelehrt wurde, aber inzwischen ist das alles weitaus verzahnter. Wir definieren jetzt mit unseren Studenten Fragen wie »Was ist das Berufsbild des Designers?« und was kann die Typografie dazu beitragen?

IM MOMENT VOLLZIEHT SICH IN DER TYPOGRAFIE WIEDER EIN GROSSER UMBRUCH, MIT WEBFONTS UND TYPEKIT ENTSTEHEN NEUE MÖGLICHKEITEN.

Wichtig ist dabei, die Ausbildung so zu gestalten, dass die Studenten selbstständig Schriften erkennen und mit Schriften umgehen können. Die Verzahnung von Lehre, Entwicklungsrealität und Praxis halte ich für sehr wichtig.

Sie halten es also für sehr wichtig, dass Dozenten Praxis-Erfahrung haben oder parallel zum Unterrichtet als Typografen arbeiten?

JH: Unbedingt!

CH: Absolut! Das ist enorm wichtig und für beide Seiten eine Bereicherung. Ich erlebe das selbst auch, dass der Tag an der Hochschule für mich ein *Kreativ-Tag* ist. Nicht, dass ich in der Agentur keinen Platz für Kreativität habe, aber der Austausch mit den Studenten ist direkter und dadurch intensiver. An der Hochschule geschieht dies auch über den Austausch im Internet: Wir betreiben unsere Website als eine Art Blog, über den wir uns über aktuelle Themen austauschen, die wir spannend finden.

Wie sieht das Lehrkonzept, wie der Ablauf des Studiums aus?

CH: Da hat sich mit der Einführung des Bachelor-Systems einiges verändert. Durch den Bachelor gibt es sehr kurze Zeitfenster, in denen Projekte bearbeitet werden können. Man muss sich unheimlich konzentrieren, um alles in dem kurzen Zeitraum unterzubringen. In meinem Studium gab es im Semester im Grundlagenstudium 16 Termine, also einen pro Woche. Jetzt hat man lediglich acht solcher Termine. Da muss man sich gut überlegen, was man in dem kurzen Zeitraum macht und wie die Ausbildung dann aussehen kann.

VERTIEFUNG IST WICHTIG, WEIL VIELE STUDIERENDE EINFACH ZU WENIGE SCHRIFTEN KENNEN.

Unter dieser Rücksicht haben wir das Grundlagenstudium so gegliedert: Es gibt zwei Termine SCHRIFTEN KENNENLERNEN, zwei Termine SCHRIFTEN SCHREIBEN — dabei werden Buchstaben wirklich mit der Hand geschrieben, um den Aufbau der Buchstaben besser zu erkennen —, zwei Termine SCHRIFTEN SETZEN im Bleisatz, zwei Termine SCHRIFTANWENDUNG. So werden die Grundlagen im ersten Semester erarbeitet. Im zweiten Semester gibt es dann eine Vertiefung. Diese Vertiefung ist wichtig, weil viele Studierende einfach zu wenige Schriften kennen. Man muss aber über eine bestimmte Breite verfügen, um Schriften entsprechend einsetzen zu können.

Einer meiner Studenten meinte einmal, durch das Schreiben erkenne man viel besser, wie die Buchstaben aufgebaut sind — und darum geht es ja: Es gibt rechteckige Buchstaben, runde und dreieckige. Das baut alles aufeinander auf und das versteht man erst durch manuelles Schreiben.

JH: Genau, denn dann versteht man auch die Schriftklassifikationen besser, man versteht besser, was alte Schriften sind, was neue Schriften sind, was ähnliche Schriften sind …

CH: Früher hat man ein ganzes Semester mit Kalligrafie verbracht, man konnte ein ganzes Semester lang schreiben. Das ist nicht mehr zeitgemäß.

JH: Wir wollen auch nicht, dass die Studenten Kalligrafen werden. Wir wollen, dass die Studenten ein Grundverständnis für Schrift entwickeln.

CH: Es geht methodisch um die Erfahrung des Schreibens und um ein Gefühl für Bleisatz oder Kalligrafie. Es ist wichtig zu verstehen und zu erfahren, wie früher gearbeitet wurde, es ist aber nicht das Ziel, ältere Methoden als Handwerk für die tägliche Arbeit zu erlernen.

Wichtig dabei ist zudem, irgendwann ähnliche Schriften anhand ihrer Unterschiede auseinander halten zu können, deswegen war es eine Aufgabe im aktuellen Semester zwei Schriften, die ganz ähnlich sind, zu vergleichen …

JH: … also z.B. die JENSON und die ITC LEGACY, wo ein Unterschied schon fast gar nicht mehr vorhanden ist …

CH: … oder eine TIMES und eine CONCORDE …

JH: … oder COOPER und GOUDY HEAVY. Das war unheimlich interessant. Ich hätte mit meinen typografischen Einblicken gesagt, dass die COOPER mir viel zugänglicher ist, aber die Studenten haben unisono die Meinung vertreten, die GOUDY sei die bessere Schrift, sie sei besser durchgezeichnet, besser lesbar, typografischer … das hätte ich nicht gedacht.

CH: Spannend sind auch die Begriffe, die Studenten verwenden: »Die Antiqua ist so knochig.« Oder »Dachboden» und »Keller« für Ober- und Unterlänge. Das macht viel Freude, weil die Studenten sich eine eigene Sprache für Schrift zurechtlegen.

An einem Termin waren wir in der Ausstellung WELT AUS SCHRIFT hier in Berlin. Dort habe ich den Studenten die Aufgabe gestellt, visuell auf die Ausstellung zu reagieren. Eine Studentin hat einen Kubus gemacht: Sie hat schwarzes und weißes Papier genommen und hat aus Schwarz und Weiß einen Kubus gefaltet, der am Ende immer kleine Buchstaben hatte. Ich dachte nur: Wow!

Sie hat so viel von Schrift verstanden: Das Wechselspiel von Schwarz und Weiß.

Da merkt man, dass Studenten sehr schnell begreifen, wenn man sie frei lässt und sie ohne Vorgaben darum bittet, visuell zu reagieren.

ICH FINDE ES VIEL EINDRÜCKLICHER, WENN JEMAND SAGT: »DIE STIMME PASST NICHT ZUR AUSSAGE«, ALS: »DIE LINEAR-ANTIQUA IST DA SCHWIERIG«.

Das ist ja auch das Grundgefühl des Designers: dass er sich äußern möchte. Das funktioniert sehr gut darüber, sich zunächst inspirieren zu lassen und dann den Blick zu schärfen. So entdeckt man Details. Die Studenten haben in der Ausstellung Details wie das a aus der Jugendstil-Schrift BÖCKLIN entdeckt, das den Stamm nicht mehr berührt. An solch einem Beispiel lässt sich gut erklären, worum es in diesem Arbeiten ging: Suchen und Finden. Und ganz nebenbei entstanden noch schöne Poster. Da dachte ich: So hätte ich es im Studium auch gerne erlebt. Das ist es ja schließlich, was man später im Beruf braucht: Es ist nicht unbedingt das Wissen darum, wie hoch die x-Höhe bei einer beliebigen Schrift ist, vielmehr ist es der Prozess des Sehens, Erkennens, der Anwendung des Wissens und zuletzt die Fähigkeit, darauf reagieren zu können. Mir ist es nicht so wichtig, ob jemand exakt alle richtigen Begriffe benutzt, solange er die Sachen richtig bezeichnen kann. Ich finde es viel eindrücklicher, wenn jemand sagt: »Die Stimme passt nicht zur Aussage«, als: »Die Linear-Antiqua ist da schwierig«, oder?

JH: Naja, ich denke, es gibt schon handfeste Grundlagen, die man lernen und benutzen können sollte.

CH: Um auf die Ausgangsfrage noch einmal zurückzukommen: Nicht nur die Methoden und Arbeitsvoraussetzungen haben sich für Typografen verändert, sondern auch der Unterricht. Die Haltung zum Typografie-Unterricht ist heute ganz anders als früher. Das wirkt sich auch auf die Typografen selbst aus: Typografen waren immer etwas *nerdig*, es waren die, die mit dem Fadenzähler an Buchstaben rumgemessen haben und nicht so richtig vermitteln konnten, worum es da geht. Das hat sich komplett geändert. Manchmal denke ich, was gibt es *Geileres* als ein kleines g zu zeichnen. Und das will ich vermitteln.

Merkt man schnell, ob ein Student Zugang zur Typografie findet?

CH: Es gibt zumindest aus meiner Erfahrung nur ganz wenige, die gar keinen Zugang finden.

JH: Ich habe einmal ein großes Lob von einer Studentin bekommen, von der ich sagen würde, dass bei ihr der typografische Knoten nie geplatzt ist. Sie sagte mir: »Herr Huber, ich habe Ihr Fach immer sehr gehasst, aber ich habe viel gelernt.«

Das ist immer zweischneidig. Ich versuche auf der einen Seite, immer die Begeisterung für Typografie zu vermitteln, auf der anderen Seite geht es aber auch um einfache Fakten, die man lernen muss: Was ist eine gute Schriftgröße, was ist eine gute Zeilenlänge, was ist ein vernünftiger Wortabstand, wie muss ein Zeilenabstand aussehen und wie darf er nicht aussehen. Das sind handwerklich-setzerische Grundlagen, die man beherrschen muss.

CH: Regeln müssen vermittelt werden, da stimme ich zu. Aber für mich ist die richtige Herangehensweise die, dass ich zu vermitteln versuche, dass die Regeln an zweiter Stelle stehen. Sie bilden eine Basis, aber wir kommen von der Sprache zum Sehenlernen, zum Beobachten.

MAN WIRD AUS DEM BEOBACHTEN HERAUS AUF DIE REGELN GESTOSSEN. SO MERKT MAN SICH DIE REGELN DANN AUCH.

Dann entdeckt man nach und nach die Gewohnheiten, die sich als Regeln etabliert haben und merkt, dass sie auch einfach Sinn ergeben. So lernt man sie nicht als Regeln an sich sondern lernt deren Bedeutung durch Anwendung. Man wird aus dem Beobachten heraus auf die Regeln gestoßen. So merkt man sich Regeln dann auch.

Als Beispiel: Das Auslassungszeichen wird ausgeschlossen, weil es ein Wort ersetzt. Vor und nach jedem Wort wird ein Wortabstand gesetzt, also hat das Auslassungszeichen auch einen Wortabstand. Wenn ich es erkläre, ist es spannender als wenn ich sage: »Die Ellipse hat davor und danach ein Leerzeichen!«

JH: Vielleicht kann man sogar so weit gehen und sagen: Die Regeln sind für die Leute, die nicht so gut sehen. Die, die gut sehen, erschließen sich die Regeln selbst, unbewusst.

CH: Fotografen haben es in der Typografie etwas schwerer, denke ich, die sehen anders …

JH: Das stimmt nicht unbedingt, ich habe da viel von dem ehemaligen Foto-Professor an der Hochschule für Technik und Wirtschaft — Manfred Paul — gelernt, der ab und an auch zu Typo-Konsultationen dazu kam. Er hat sein Feedback immer mit dem Argument *Grauwert* gegeben. Das habe ich übernommen. Ich sage manchmal zu den Studenten, sie möchten ein bestimmtes Ergebnis doch bitte einmal unter dem Aspekt des *Grauwertes* betrachten. Das kann man gut auf die Typografie übertragen, ein Wort hat beispielsweise auch einen Grauwert. Wenn der ausgeglichen ist, ist es gut. Wir reden immer von Zwischenräumen, von Weißräumen. Wir sehen den Buchstaben eigentlich als Körperlichkeit. Ich persönlich sehe Buchstaben immer als Dinge, die irgendwo stehen, auf der Grundlinie z. B., die man näher zusammenrücken oder weiter weg bewegen kann. Man kann natürlich auch einen anderen Fokus auf die Sachen legen, andere Metaphern finden, eben wie den des Grauwerts. Man kann sagen, dass etwas ausgeglichen, etwas nicht ausgeglichen ist, es ist löchrig, es ist fleckig. Das ist ein anderer Zugang.

WIR REDEN IMMER VON ZWISCHENRÄUMEN, VON WEISSRÄUMEN, WIR SEHEN DEN BUCHSTABEN EIGENTLICH ALS KÖRPERLICHKEIT.

Wird Typografie an der HTW im Kommunikationsdesign-Bachelor in jedem Semester angeboten?

JH: Ja, es wird durchgängig angeboten. In den ersten beiden Semestern geht es um die Grundlagenausbildung, im dritten Semester biete ich EINFÜHRUNG IN DEN SCHRIFTENTWURF an. Im vierten, fünften und sechsten Semester gibt es dann oft ein Fach, in dem Typografie der Schwerpunkt ist, z. B. CORPORATE DESIGN oder BUCHGESTALTUNG.

An der HTW hat der Bachelor entgegen der Ausbildung an anderen Hochschulen 8 Semester. Haltet ihr das für sinnvoll?

CH: Absolut, das muss so sein! Es ist lächerlich, einen sechssemestrigen Bachelor zu machen, das macht kein Land der Welt. Ich habe das während meines Studiums in den USA kennengelernt, die machen alle acht Semester, alles andere ist unseriös. Schon wenn man da ein Praktikum einbauen möchte oder gar einen Auslandsaufenthalt, kommt man sofort an seine Grenzen …

WIR VERTRETEN DIE POSITION, DASS DAS HAUPT-BEWERBUNGS-WERKZEUG DES GRAFIKDESIGNERS IMMER NOCH DIE MAPPE IST.

JH: Genau. Das wurde bei der Erstellung des Curriculums an der HTW heiß diskutiert und es gibt ein paar Faktoren, die für acht Semester sprechen. Inzwischen gibt uns die Kultusministerkonferenz auch Recht.

Wir vertreten die Position, dass das Haupt-Bewerbungs-Werkzeug des Grafik-Designers immer noch die Mappe ist. Es braucht einfach eine bestimmte Zeit, um eine anständige Mappe zusammenzustellen.

Zudem haben wir festgehalten, dass wir nicht wollen, dass die Studenten völlig *unbeleckt* ins Praktikum gehen. Auch da bedarf es eines Vorlaufs, um bei den Agenturen einen einigermaßen guten Eindruck zu machen. Zumal man als Praktikant heutzutage ja auch oft schon mit Kollegen konkurriert, die ihren Abschluss bereits in der Tasche haben.

Wir haben das Praktikum bei uns relativ spät in den Studienverlauf gelegt, damit eventuell geknüpfte Kontakte dann auch nach dem Abschluss genutzt werden können.

Wird es an der HTW einen Master für Kommunikationsdesign geben?

JH: Erst einmal nicht, da es durch den Bachelor mit acht Semestern momentan keine Kapazitäten gibt.

CH: Es gibt Hochschulen, die bieten gute Bachelor-Ausbildungen an. Zur Master-Ausbildung, also Spezialisierung stehen andere Wege offen.

JH: Ich finde es auch sinnvoll, nach dem Studium etwas Abstand zu gewinnen und zwei, drei Jahre Berufserfahrung zu sammeln. Danach kann man sich noch einmal spezialisieren.

Wie beurteilen Sie die Bachelor-Studierenden, die jetzt auf den Arbeitsmarkt kommen? Sehen Sie eine gleichwertige Qualität des Bachelor-Abschlusses zum Diplom?

CH: Für Designer ist das nicht allzu relevant, da zählt wirklich die Mappe und es ist egal, ob die im Bachelor-Studium oder im Diplom-Studium entstanden ist. Ich habe auch schon während des Studiums bei EDENSPIEKERMANN angefangen. Wenn du eine gute Mappe hast und die passende Persönlichkeit, dann ist es egal, welchen Abschluss du hast. Das Gesamtbild zählt mehr als das Zeugnis.

Indra Kupferschmid

Warum Typografie die interessanteste Sache der Welt ist

INDRA KUPFERSCHMID **Professorin für Typografie und Kommunikationsdesign, Fachbereich Design der Hochschule der Bildenden Künste in Saar, www.hbksaar.de**

Wie sind Sie selbst zur Typografie gekommen?

Meine Faszination für Typografie begann in der Schule. Im Grundkurs KUNST hatte ich eine sehr gute Lehrerin, die auch Grafikdesign und Schriftklassifikation angesprochen hat. Das fand ich wahnsinnig interessant. Damals wollte ich eigentlich Chemie studieren und plötzlich gab es im Kunst-Unterricht etwas Analytisches und Wissenschaftliches, z. B. Begriffe, wie *serifenbetonte Linearantiqua mit Renaissancecharakter*. Das habe ich mir gemerkt und mich dann statt für Chemie für den Studiengang VISUELLE KOMMUNIKATION beworben. Für mich war es zunächst ein Blindflug — ich wusste nicht, was mich da erwarten sollte.

Ich habe in Weimar an der Bauhaus-Universität studiert. Da unsere Fakultät gerade erst gegründet wurde, mussten wir in den ersten Wochen die ganzen organisatorischen Dinge erledigen, wie Tische bestellen, Türschilder drucken, etc. Bei einem der Professoren hing an der Tür: *Professor für Typografie*. Damals dachte ich: Das klingt gut, das will ich machen! So bin ich zur Typografie gekommen.

Ich habe nicht zielstrebig sondern anfangs sehr breitgefächert studiert. Die Semester-Themen waren immer sehr frei und man konnte sich selbst ausdenken, was man dazu arbeiten wollte. Erst im sechsten Semester wusste ich genau, was ich wollte, und habe speziell mit Hinblick auf die Typografie studiert.

Anschließend musste ich weggehen: Ich habe in Berlin, Amsterdam und Arnhem Praktikas gemacht und gearbeitet, um so noch mehr über die Typografie zu lernen.

Was unterrichten Sie genau im Bereich Typografie?

Eigentlich ist Typografie schon die Spezialisierung von meinem Fach. Meine Stelle heißt Professur für Kommunikationsdesign und Typografie und ich sorge dafür, dass die Studenten ein allgemeines Wissen über die Gestaltung mit Schrift erlangen können. Wir beschäftigen uns mit

Buchgestaltung, Corporate Design, Plakatgestaltung, Ausstellungen oder der Entwicklung von Kampagnen. Da wir nur zwei Kollegen in diesem Bereich sind, müssen wir im Grunde auch den ganzen Bereich abdecken.

Einmal im Jahr biete ich einen Schriftkurs an, der auch auf Schriftgestaltung ausgerichtet ist. Wir beginnen mit dem Schreiben, Zeichnen und Lettering und erfahren somit einen Einblick in die Gestaltung von Schrift.

Gibt es einen großen Ansturm der Studierenden auf Ihre Kurse?

Wir sind eine ganz kleine Schule, in meinem Atelier haben ca. 15 Leute Platz. Manchmal muss ich Studenten wegschicken und sie bitten, im nächsten Semester wiederzukommen. Allerdings nehmen wir in jedem Semester auch nur ungefähr 15 Kommunikationsdesigner auf und normalerweise sind Projektgruppen nicht größer als 10–12 Studenten. Da kann man gut arbeiten — das sind paradiesische Zustände.

Was sind die Grundlagen einer guten typografischen Ausbildung?

Eine gute typografische Ausbildung basiert meiner Meinung nach nicht zwingend auf einem Fahrplan, bei dem alles aufeinander aufbaut. Es muss ein Lehrkonzept geben, in dem alle wichtigen Punkte in einer gewissen Zeit einmal angesprochen werden. Aber vor allem müssen die Studierenden befähigt werden, Wissen selbst zu generieren und zu schöpfen.

Natürlich sollten sie am Ende ihres Studiums in der Lage sein, Texte richtig setzen zu können. Was typografische Fehler oder Satzfehler betrifft, bin ich auch absolut fehlerintolerant und sehr streng.

Es ist wichtig, dass man im Studium die Bandbreite des Fachgebietes kennen lernt. Ich lege beispielsweise Wert auf Vielseitigkeit in der Schriftwahl. Meiner Meinung nach ist es keine gute Idee, wenn sich Studenten bereits im 4. Semester auf eine Lieblingsschrift versteifen und dann ausschließlich nur noch diese verwenden. Es gibt zwar in Gestaltungskreisen einige bekannte Größen, die ausschließlich mit AKZIDENZ GROTESK oder HELVETICA gestalten, aber als Student sollte man sich eher noch ausprobieren und aus der Vielseitigkeit schöpfen.

Das Selberherausfinden, das Recherchieren, Suchen und Lesen sind wichtige Bestandteile eines Studiums bei uns. Für mich ist das Aneignen dieser Methoden wichtiger als ein aufbauendes Curriculum, in dem z. B. im ersten Semester die Grundlagen vermittelt werden, und erst danach experimentiert und entworfen werden darf. In meinen Seminaren dürfen, bzw. müssen die Studenten im zweiten Semester auch all das, was die Studenten im achten Semester dürfen. Sie haben dann nur eine härtere Zeit, weil sie im Grunde genommen mit demselben Anspruch gemessen werden. Aber das ist die Idee unseres Studiums.

Das Lehrkonzept unserer Schule basiert auf dem *wilden* Miteinander-Lernen — Studenten unterschiedlicher Semester studieren zusammen oder arbeiten gemeinsam an einem Projekt. In meinen Lehrveranstaltungen wird also nicht alles zunächst prozesshaft erklärt: Es gibt keine Grundlagenkurse — die Studenten springen ins kalte Wasser und versuchen gemeinsam Themen zu bearbeiten bzw. Aufgaben zu lösen. Während des Projektes werden dann alle fachlichen Fragen und Probleme angesprochen und im gemeinsamen Diskurs geklärt. Die Jüngeren lernen von den Älteren und die älteren Studenten vertiefen ihr Wissen. Das Konzept unserer Hochschule beinhaltet auch, Fehler und Zufälle zuzulassen und spontan zu sein.

DAS SELBERHERAUSFINDEN, DAS RECHERCHIEREN, SUCHEN UND LESEN SIND WICHTIGE BESTANDTEILE EINES STUDIUMS BEI UNS.

Wie ist das Studium strukturiert?

In jedem Semester gibt es Haupt- und Kurzprojekte. Die Kurzprojekte sind weniger intensive Themen, die über die Hälfte des Semesters laufen.

Ich biete meist ein Hauptprojekt und zwei Kurzprojekte im Semester an. Die Kurzprojekte sind nicht einfacher, sie sind aber weniger komplex und richten sich eher an die jüngeren Studenten.

EIN ZWISCHENDURCHLERNEN UND EIN VONEINANDERLERNEN WIRD ERMÖGLICHT. DAVON HÄNGT DER ERFOLG DES STUDIUMS AB.

Außerdem werden im Verlauf des Semesters auch theoretische Angebote und kleinere, praxisbezogene Veranstaltungen, so genannte fachpraktische Studien angeboten. Hier werden praktische Fähigkeiten unterrichtet, beispielsweise Arbeiten in der Holz- und Siebdruckwerkstatt oder der Umgang mit Audio- und Video-Tools. Im Rahmen der fachpraktischen Studien biete ich z.B. den Schriftkurs an. Hier geht es dann eher weniger darum, ein eigenes gestalterisches Konzept zu entwickeln, sondern darum, Fähigkeiten in Schriftschreiben und Skizzieren zu entwickeln. Diese Kurse finden einmal in der Woche über jeweils vier Stunden statt.

Die andere Zeit arbeiten die Studenten an ihren Haupt- und Kurzprojekten an ihren Plätzen im Atelier, tauschen sich aus und sprechen sich ab. Ich begleite sie in ihrer Entwurfsarbeit. Dies ermöglicht ein *Zwischendurchlernen* und ein *Voneinanderlernen*. Man muss den Studenten die Möglichkeit geben, Wissen selbst zu generieren, aber auch alles erfragen zu können. Davon hängt der Erfolg des Studiums ab.

Wie finden Sie die Themen für die Semesterprojekte? Wie gelingt es Ihnen, die Studierenden dafür zu begeistern?

Das Thema Typografie/Kommunikationsdesign ist recht beliebt bei den Studenten.

Meine Themen finde ich im Verlauf des Semesters — durch Anregungen, Austausch, etc. Interessante Themen behalte ich im Hinterkopf und wenn sie passen, biete ich sie dann im nächsten Semester an.

Außerdem gibt es viele Anfragen an die Hochschule. Solche Dienstleistungen können wir nicht kostenlos anbieten, aber als wissenschaftliche Hochschule sind wir an Forschungsprojekten interessiert und bieten externen

Partnern an, aus ihrer Anfrage eventuell ein solches zu generieren.

Es ist vor allem auch für die Studenten interessant, sich einer realen Aufgabe zu stellen, also konkrete Projekte aus der Industrie zu bearbeiten. Oftmals ergeben sich aus den Forschungsprojekten danach Folgeaufträge für die Studenten.

Wie motivieren Sie Ihre Studierenden?

Indem ich ihnen die ganze Zeit sage, dass Schrift und Typografie die interessanteste Sache der Welt ist — was ja auch stimmt!

Nein, also da muss ich zugeben, sie sind bereits motiviert. Sie kommen ja freiwillig zu mir in den Kurs, nicht weil sie den Schein brauchen. Man kann auch bei uns studieren und mich acht Semester lang umgehen. Man muss während des Studiums keinen einzigen Kurs bei mir belegen.

Gibt es ein Buch, das Sie jedem typografiebegeisterten Studierenden empfehlen würden?

Ich empfehle gern zwei Bücher, die mir selbst viel Spaß gemacht haben: Das erste Buch ist ERFREULICHE DRUCKSACHEN DURCH GUTE TYPOGRAFIE von Jan Tschichold. Allerdings ist dieses Buch nur lustig, wenn man sich schon ein wenig im Bereich der Typografie auskennt. Dann ist es amüsant zu lesen, wie Tschichold predigt! Wenn man sich allerdings noch gar nicht auskennt, klingen seine Weisheiten weniger lustig — eher im Gegenteil, da man sie nicht mit anderen Positionen in Beziehung setzen kann.

Aus diesem Grund sollte man gleichzeitig oder besser vorher URSACHE & WIRKUNG — EIN TYPOGRAFISCHER ROMAN von Erik Spiekermann lesen. Aus diesem Buch zitiere ich auch immer mal in meinen Veranstaltungen, besonders den ersten Spiekermannschen Lehrsatz.

Beide Bücher sind in unterschiedlichen Stilen geschrieben und sagen Ähnliches auf unterschiedliche Art. Jeder Autor hat auf dieselben Themen einen anderen Blick und legt gleichzeitig Wert auf andere Details.

Haben Sie einen Überblick, wie aktuell die typografische Ausbildung an deutschen Hochschulen aussieht. Gibt es Unterschiede?

Meiner Meinung nach gibt es große Unterschiede in der typografischen Ausbildung, was gut ist! Ich kenne viele Typografie-Lehrende von unterschiedlichen Schulen. Wir tauschen uns von Zeit zu Zeit auch über unsere Lehrkonzepte aus. Ich selbst habe schon an fünf verschiedenen Hochschulen unterrichtet und kenne die Systeme ganz gut. Außerdem sieht man die Ergebnisse auch regelmäßig in Magazinen, Blogs und auf Rundgängen anderer Hochschulen.

Ist die Typografieausbildung in Deutschland qualitativ gut?

Ich kann jetzt nicht sagen, ob sie an jeder Hochschule gleich gut ist bzw. gleich intensiv betrieben wird, aber an deutschen Hochschulen wird im Allgemeinen eine gute typografische Ausbildung angeboten. Es gibt verschiedene Schwerpunkte an den Hochschulen, die Studenten können sich ihre Schule nach eigener Präferenz aussuchen.

Diese Diversität finde ich besser, als wenn sich alle auf einen Standard einigen. Wenn die Studenten engagiert sind und das Angebot nutzen, können sie hier in Deutschland eine ziemlich gute Ausbildung bekommen.

TYPOGRAFIE HAT EINEN EINFLUSS AUF DIE GESELLSCHAFT. ABER ICH BIN MIR NICHT SICHER, OB DAS NICH NUR EIN WUNSCHDENKEN VON UNS GESTALTERN IST.

Gibt es Unterschiede zur typografischen Ausbildung an Hochschulen in anderen Ländern?

Ja, das glaube ich schon. Die typografische Kultur ist allein schon in Europa ganz unterschiedlich, das spiegelt sich in den Hochschulen wider. Die Strukturen und Konzepte sind an anderen Hochschulen auch ganz anders, z.B. in den Niederlanden. Die meisten dort sind vom Programm her näher an unseren Fachhochschulen als an Kunstakademien.

Welchen Einfluss hat Typografie auf die Gesellschaft?

Ich glaube, Typografie hat einen Einfluss auf die Gesellschaft. Aber ich bin mir nicht sicher, ob das nicht vielleicht nur ein Wunschdenken von uns Gestaltern ist. Ich kann es nicht beweisen, aber ich würde natürlich immer sagen, dass es allen unterbewusst klar wird, wenn sie von guter Typografie durch den Alltag begleitet werden.

Typografie kann Probleme schneller lösbar machen, das Leben vereinfachen. Es ist jedoch fraglich, ob tatsächlich jeder Mensch realisiert, dass ein Text beispielsweise gut strukturiert und dadurch einfacher zu lesen ist.

Ich könnte mir vorstellen, dass jeder gerne in einem gut gestalteten Supermarkt einkaufen würde — aber man hat die Erfahrung gemacht, dass gut gestaltete Produkte als höherpreisig eingestuft werden, z. B. beim Redesign von PLUS vor ein paar Jahren. Durch gute Gestaltung der Produkte platziert man sich anscheinend auch in einer anderen Preisriege, ohne dass die Leute die Preise überhaupt überprüfen. Sie denken, dass die Produkte teurer geworden sind, dabei wurde nur die Gestaltung verbessert. Billige Produkte müssen anscheinend auch billig aussehen. Bei PLUS ist man letztendlich wieder zu dieser schmalfetten Schrift zurückgegangen und machte wieder ganz schreckliche Anzeigen und Verpackungen. Wahrscheinlich hatte das den Umsatz wieder gesteigert.

FÜR UNS ALS TYPOGRAFEN UND GESTALTER ENTSTEHEN NEUE BEDÜRFNISSE, AUF DIE WIR GESTALTERISCH EINGEHEN MÜSSEN.

Noch bevor wir etwas lesen, sehen wir die Gestaltung und überprüfen, ob wir von dieser angesprochen werden. Insofern hat Typografie natürlich einen Einfluss auf die Gesellschaft.

Können wir die Leute nicht erziehen?

Ja! In den Niederlanden hat das funktioniert: Öffentliche Einrichtungen und Behörden legen schon seit Jahren Wert auf ein gutes Corporate Design, die Formulare sind benutzerfreundlich gestaltet — und die Niederländer finden daran überhaupt nichts Besonderes. Was Corporate Design, Verpackungsgestaltung und Produktgestaltung angeht, sind sie — vom gestalterischen Blickpunkt aus gesehen — auf einem sehr hohen Niveau. Auch bei den Billigmarken!

Wie verändert sich Typografie im Zuge der Globalisierung und Multikulturalisierung? Gibt es neue gestalterische Bedürfnisse?

Für uns als Typografen und Gestalter entstehen neue Bedürfnisse, auf die wir gestalterisch eingehen müssen. Die Schriftgestalter müssen sich den großen Zeichensätzen stellen, die jetzt auch Zeichen anderer Kulturen beinhalten. Die Typografen müssen sich viel mehr Kenntnisse über die Typografie unserer Nachbarländer aneignen. In mehrsprachigen Büchern muss man, trotzdem man die Sprache nicht versteht, gute Umbrüche machen oder die landesspezifischen typografischen Regeln anwenden.

Versuchen Sie Methoden zu finden, wie unterschiedliche typografische Systeme einander angenähert werden können?

Sie müssen nicht unbedingt angenähert werden, aber sie dürfen sich nicht gegenseitig stören. Ein Problem, mit dem ich mich immer wieder beschäftige, ist die unterschiedliche Textlänge von Texten in verschiedenen Sprachen. Wie können sie sich voneinander abheben, wenn sie in mehreren Spalten nebeneinander stehen und wie geht man mit der unterschiedlichen Textlänge um?

Interessant ist dazu die Kommunikation mit Kollegen aus anderen Ländern. Nach wie vor sehe ich es als Herausforderung, eine gemeinsame Terminologie zu finden. Dies ist mit einer guten Übersetzung nicht getan, weil fachspezifische Begrifflichkeiten in der anderen Sprache oftmals ganz andere Bedeutungen oder einen anderen geschichtlichen Hintergrund haben. Einige Klassifikationsgruppen kann ich nicht einfach übersetzen, weil die Gruppen schon ganz unterschiedlich sind. Denkt man an *Klassizistische Schriften* vs. *Modern*, dann bedeuten moderne Schriften bei uns etwas anderes als z. B. im englischen Sprachraum. Ich hatte oft die Idee, dass es eine Datenbank geben müsste, in der die Termini in den einzelnen Sprachen und Kulturen jeweils erklärt sind, so eine Art Lexikon oder Wiki.

Jay Rutherford

Über die Bedeutung von Schrift in der Gesellschaft

JAY RUTHERFORD **Professor für Typografie, Fachbereich Kommunikationsdesign der Bauhaus-Universität in Weimar, www.uni-weimar.de**

Wie und wann haben Sie die Liebe zur Typografie entdeckt? Wie sah Ihre Grafikdesign- und Typografieausbildung aus?

Mein Onkel Pete war in den 1950er Jahren Gebrauchsgrafiker und eine Art Held für mich. 1964 wurde er dann Grafikdesigner — ohne seine eigentlichen Tätigkeiten zu ändern. Kurze Zeit später entdeckte ich zufällig ein Buch in der Bibliothek: TYPOGRAPHY von Aaron Burns — dem späteren Mitbegründer von ITC (International Typeface Corporation). Ich war sofort fasziniert und infiziert. Damals war ich gerade 14 Jahre alt!

1969, im Alter von 19 Jahren, begann ich ein dreijähriges Studium an einem Community College in Kingston, Ontario. Im Anschluss daran habe ich 13 Jahre hauptsächlich in der Grafikbranche gearbeitet, um dann Mitte der 1980er *back to school* ein zusätzliches Studium der Visuellen Kommunikation zu absolvieren. Das war am Nova Scotia College of Art and Design in Halifax.

Sie haben in Kanada studiert und sowohl in Deutschland als auch in Italien unterrichtet. Gibt es deutliche Unterschiede zwischen den unterschiedlichen nationalen »Schulen«?

Mein erstes Studium in Kanada war sehr praktisch ausgerichtet. Wir haben uns mit Siebdruck, Steinlithografie und Radierung beschäftigt, haben Handsatz und Hochdruck ausgeführt, die Handhabung der *Graphic Camera* erlernt usw. Während des zweiten Studiums habe ich mich mehr auf die Theorie konzentriert — Semiotik, Ästhetik, visuelle Rhetorik, Designgeschichte und natürlich auch gestalterische Bereiche wie Typografie und Layout.

In Deutschland und Italien habe ich nur Erfahrung als Lehrender gemacht. Ich habe in diesen Ländern nicht studiert und kann die Hochschulen aus diesem Blickpunkt kaum vergleichen. Außerdem sind unsere Lehrsysteme in Weimar und Bozen sowieso etwas ungewöhnlich. Im Allgemeinen ist die Typografie in Italien heutzutage im

Vergleich zu Deutschland etwas unterentwickelt. Das ist natürlich merkwürdig, wenn man an die Geschichte der westlichen Typografie denkt, aber italienische Designer konzentrieren sich viel mehr auf Produktdesign.

Gibt es eine Art deutsche Typografieschule?

Generalisieren oder Pauschalisieren kann man das nicht wirklich. Allgemein ist die Typografie hier etwas strenger als in Nordamerika. Es wird sich mehr auf Lesbarkeit und Klarheit als auf das Verkaufen konzentriert.

Welche Teilbereiche umfasst eine gute typografische Ausbildung? Sind Grundlagenkurse wichtig? Sind Theorie und Geschichte wichtig? Werden Theorie und Geschichte eher in »ex cathedra«-Vorträgen übermittelt oder vielmehr in Seminaren?

Die verschiedenen Methoden haben ihre Vor- und Nachteile. Meiner Meinung nach sind Vorlesungen über Theorie und Geschichte von erfahrenen und reflektierenden Praktikern sehr wertvoll. Typografische Grundlagen gehören wahrscheinlich mehr in einen Fachkurs, in dem Studierende die Grundlagen sofort umsetzen müssen. Diskurse über Lesbarkeit und die Bedeutung der Schrift in unserer Gesellschaft sind, meiner Meinung nach unabdingbar. Sie gehören nicht nur in das Fach GESTALTUNG, sondern zur Allgemeinbildung.

Wie wird praktische Ausbildung (Studio-Unterricht, Grafikdesign und Satz) an der Bauhaus-Universität mit theoretischen Hintergründen und Basiskenntnissen kombiniert?

Hauptsächlich innerhalb meiner Projektplenen halte ich Vorträge über verschiedene Aspekte der Typografie, die meistens in das aktuelle Thema des Projekts passen. In aufbauender Komplexität halten auch die Studierenden Vorträge während des Semesters. Wir beginnen mit dem ELEVATOR PITCH (eine Minute), fahren fort mit PECHA KUCHA (knapp sieben Minuten), und später sprechen die Studierenden über eine halbe Stunde. Hier kommt es immer darauf an, wie viele Studierende in einem Projekt mitarbeiten. Bei 35 Leuten kann nicht jeder eine halbe Stunde Vortrag innerhalb eines Projektplenums halten.

MAN BENÖTIGT DISKUSSIONEN, UNTERSTÜTZUNG UND KONSULTATIONEN MIT KOMMILITONEN UND LEHRENDEN.

Was ist Ihrer Meinung nach die beste Methode, um Studierende heutzutage für Typografie zu begeistern?

Man darf die Typografie nicht zu trocken angehen, es sollte aber auch nicht nur lustig sein. Ich versuche, Typografie als wichtigen Bestandteil der Allgemeinbildung zu vermitteln, nicht nur als undurchschaubares Fachwissen für *Korinthenkacker*.

Gibt es viele Studierende, die Zugang zur Typografie finden?

Es gibt Leute, die Interesse haben und manche, die gar kein Interesse haben. Ich kann nicht wirklich beurteilen, ob es besser oder schlechter ist als früher. Aber ich merke, dass es viele Leute gibt, die wenig Interesse haben. Das ist traurig, aber ich erreiche nicht alle unsere Studierenden.

Ist es sinnvoll, den Studierenden auch einiges über Buchdruck, Bleisatz und Fotosatz beizubringen?

Man muss sich auf bestimmte Bereiche konzentrieren. Ein Bachelor-Studium dauert vier Jahre bei uns. Dieser Zeitraum reicht nicht aus, um alles von Technik bis hin zur Theorie zu lernen. Technik braucht Werkstätten mit einer guten Ausstattung sowie kompetente und hilfsbereite Mitarbeiter. Recherche ist möglich in einer guten Bibliothek und im Internet. Man benötigt aber auch Diskussionen, Unterstützung und Konsultationen mit Kommilitonen und Lehrenden. Die Studierenden müssen sich entscheiden, wo ihre Interessen liegen und sich erst einmal darauf konzentrieren.

Gibt es in Ihren Kursen Pflichtliteratur? Welche Bücher werden typografie-begeisterten Grafikdesign-Studierenden empfohlen?

Ich empfehle bestimmte Bücher, z. B. ELEMENTS OF TYPOGRAPHIC STYLE von Robert Bringhurst und LESETYPOGRAFIE von Hans Peter Willberg und Friedrich Forssmann. Das sind nur zwei Beispiele, es gibt natürlich noch viel mehr.

Wird innerhalb der Bauhaus-Universität auch an Beiträgen über typografische Fachliteratur gearbeitet? Veröffentlichen Lehrende oder Studierende auch Bücher und Artikel?

Indra Kupferschmid war Studentin bei uns und hat ein sehr schönes Buch als Diplomarbeit veröffentlicht: BUCHSTABEN KOMMEN SELTEN ALLEIN. Es gibt noch weitere Beispiele, z. B. IMPRIMATUR von Markus Goldamer. Dieses Buch beschäftigt sich eher mit dem Thema der Druckvorstufe und weniger mit der Typografie.

Wird an der Bauhaus-Universität ein Programm von Vorträgen, Workshops, Konferenzen und Ausstellungen mit Beiträgen von deutschen »Außenseitern« und internationalen Gästen angeboten?

DIE STUDIERENDEN MÜSSEN ENSCHEIDEN, WO IHRE INTERESSEN LIEGEN UND SICH ERST EINMAL DARAUF KONZENTRIEREN.

PROJEKTIL (projektil.org), hauptsächlich von Studierenden organisiert, läuft bei uns. Das FORUM TYPOGRAFIE habe ich 2001 und 2009 hier veranstaltet. TYPOGRAVIEH LEBT wurde von Alex Branczyk ins Leben gerufen, der 2003 bis 2005 Gastprofessor war.

Mehr wäre natürlich besser, aber dafür braucht man Hilfe und Unterstützung.

Betina Müller

Die Entdeckung des Mikrokosmos der Schrift

BETINA MÜLLER **Professorin für Typografie, Fachbereich Design der Fachhochschule in Potsdam,** www.design.fh-potsdam.de

Wie sind Sie zur Typografie gekommen?

Zur Typografie bin ich durch Gestaltungsaufträge, anfänglich meist Kunstkataloge gekommen. So verschob sich mein Arbeitsfeld vom illustrativen Arbeiten zur Typografie. Parallel dazu bekam ich einen Lehrauftrag für Typografie und Layout an der HdK Berlin und ich habe mich in dieses mir noch fremde Gebiet eingearbeitet.

Während des Studiums der Visuellen Kommunikation an der HDK Berlin (1977–1984) gab es wenig Typografie. Die Angebote waren vor allem traditionell: Schriftschreiben, Handsatz sowie Diatype in der Satzwerkstatt, also Fotosatz und Buchdruck. Typografie als gestalterisches Lehrgebiet gab es damals noch nicht, da man Typografie als ein Handwerk und einen Lehrberuf verstand.

Was unterrichten Sie genau im Bereich der Typografie?

Ich unterrichte den Bereich TYPOGRAFISCHE GESTALTUNG im Grund- und Hauptstudium. TYPEDESIGN ist an der Fachhochschule ein eigenes Lehrgebiet, das von Prof. Lucas de Groot vertreten wird.

Welche Teilbereiche umfasst eine gute typografische Ausbildung?

Eine gute typografische Ausbildung ermöglicht es den Studierenden, das Handwerkszeug zu beherrschen und es im Dienste der Kommunikation gestalterisch angemessen einzusetzen. Über die Fachbegriffe und die historischen Hintergründe von Schriftformen, typografischen Konventionen und Traditionen Bescheid zu wissen, halte ich für genauso selbstverständlich wie den verantwortlichen Umgang mit der Detailtypografie.

Natürlich gibt es auch in der Typografie viele verschiedene Auffassungen über das, was richtig, gut und schön ist — leider gibt es kein plakatives *Richtig* und *Falsch* mehr wie noch zu Tschicholds Zeiten. Dadurch ist es manchmal sehr schwierig, ein Qualitätsbewusstsein zu entwickeln.

Wie sieht Ihr Lehrkonzept aus?

Es gibt drei aufeinander aufbauende Kurse, wovon zwei reine Grundlagen und Handwerk beinhalten. Der dritte Kurs bietet die Anwendung des Gelernten an realen Projekten. Hier kooperieren wir oft mit externen Partnern.

TYPOBASIS: Dieses Projekt ist für Studenten gedacht, die noch niemals mit Typografie gearbeitet haben, über keine Vorkenntnisse verfügen und möglicherweise auch nach dem Kurs keinen weiteren Typokurs mehr besuchen, was unser Wahlpflichtsystem ermöglicht. Deshalb ist TYPOBASIS so konzipiert, dass man einen Überblick bekommt, die Teilgebiete und Fragestellungen der typografischen Gestaltung kennenlernt und das handwerkliche Rüstzeug erfährt, um selbstständig ein rasterbasiertes Layout zu entwickeln.

Wir beginnen mit freien Übungen, die den Blick für Typografie und Schrift schärfen. In kleinen Übungen mit unterschiedlichen Schwerpunkten versuchen wir ein Gespür für Schrift, ihre Anmutung, ihre Qualität, ihre formale Struktur, ihre stilistischen Merkmale etc. zu entwickeln.

Parallel dazu gibt es sechs bis neun Vorlesungen mit den dazugehörigen Skripten als theoretischen Input, der teilweise auch in Form von Tests überprüft wird. In TYPOBASIS stehen also das Spüren, Kennenlernen, Ausprobieren und ein hoher Input-Anteil im Vordergrund.

TYPOSTANDARD: Wie der Name es andeutet, ist dieses Projekt weitgehend standardisiert. Während des Semesters gibt es praktisch nur eine große Satzübung: Vorgegebene Texte unterschiedlicher Kategorien und Strukturen werden in immer wieder neuen Variationen *durchdekliniert*. Es geht vor allem darum, setzerische Routine zu entwickeln und dabei das eigene gestalterische Repertoire zu erweitern, eine Fülle von Möglichkeiten der typografischen Gestaltung zu entwickeln. Die entstandenen Ergebnisse werden am Ende zu einem *Kompendium* gebunden. In diesem Seminar gibt es nur wenig Input, der Schwerpunkt liegt auf dem eigenen Tun.

TYPODELUXE: Diese Veranstaltung ist der krönende Abschluss der Typografie-Seminare. Die Studenten bearbeiten praktische Projekte mit externen Kooperationspartnern. Im letzten Semester ging es um den Entwurf eines Stipendiatenkataloges der VILLA AURORA in Zusammenhang mit der Gestaltung von Plakat, Flyer, Einladung, Ausstellungstypografie etc.

ICH VERSUCHE EINEN ZUGANG ÜBER DAS FREIE ARBEITEN ZU VERMITTELN — DAS GENAUE HINSCHAUEN, DAS ENTDECKEN DES MIKROKOSMOS DER SCHRIFT.

Es werden auch freie Themen bearbeitet wie z. B. eine Plakatserie von fünf Plakaten zu selbst gewählten literarischen Texten, die visualisiert sowie typografisch interpretiert und inszeniert werden sollen.
Voraussetzung für die Teilnahme an dem Seminar TYPODELUXE ist der erfolgreiche Abschluss der ersten beiden Typoseminare.

Wie gelingt es Ihnen, Studierende für Typografie zu begeistern?

Wenn man das immer so genau sagen könnte! Ich denke, ich kann die Studenten durch die experimentellen Anteile begeistern. Ich versuche, einen Zugang über das freie Arbeiten zu vermitteln — das genaue Hinschauen, das Entdecken des Mikrokosmos der Schrift. Sicher erreicht man damit nicht immer alle, und wer nur schnell mal eben ein Patentrezept für ein Layout der Dokumentationen haben möchte, ist hier sicher falsch.

Themen für meine Semesterprojekte ergeben sich teilweise durch Kooperationsanfragen an die Technologietransferstelle der FH. Oft sind es auch Anregungen von Konferenzen, Tagungen, Büchern oder Projekten, die man selbst gern mal machen würde, aber keine Zeit dafür findet.

Die beiden Grundlagenbereiche sind immer gleich, damit für alle eine Basis gewährleistet wird. Aber natürlich werden sie auch modifiziert und variiert, denn man merkt ja jedes Semester immer wieder, was nicht gut funktioniert, wo Fragen auftreten, welche Ergebnisse nicht überzeugen etc.

Gibt es ein Buch, das Sie jedem typografiebegeisterten Studierenden empfehlen würden?

Generell würde ich die DETAILTYPOGRAFIE von Friedrich Forssman und Ralf de Jong empfehlen. Das ist sicher für jeden, der mehr als nur einmal mit Typografie arbeitet, unabdingbar, wenn auch nicht so sehr inspirierend.

Und je nach Interesse der Studierenden gibt es natürlich noch viele andere schöne und gute Bücher, die ich empfehlen kann.

Wie sieht die aktuelle typografische Ausbildung an deutschen Hochschulen aus?

Soweit mir bekannt ist, gibt es an fast allen deutschen Hochschulen das Lehrgebiet TYPOGRAFIE, oft mit dem Bestandteil des TYPEDESIGNS mit unterschiedlichen Schwerpunktsetzungen. Viele dieser Professuren werden von Frauen bekleidet. Beides sind recht neue Erscheinungen, denn die Typografie war über Jahrhunderte eine Männerdomäne.

BEIDES SIND RECHT NEUE ERSCHEINUNGEN, DENN DIE TYPOGRAFIE WAR ÜBER JAHRHUNDERTE EINE MÄNNERDOMÄNE.

Nach meiner Beobachtung sind die Lehransätze der Kollegen häufig durch ihre eigenen Arbeitsfelder, Berufserfahrungen und Interessen geprägt. Manche Schulen haben traditionell bestimmte Schwerpunkte, wie z. B. Schwäbisch Gmünd (INFOGRAFIK), HGB Leipzig (SCHRIFTSCHREIBEN/TYPEDESIGN, ILLUSTRATION in Kombination mit Typografie) oder wurden durch die dort Lehrenden sehr geprägt wie z. B. Hans Peter Willberg in Mainz oder Christoph Gassner in Kassel. Auffallend ist, dass der Anteil der zu leistenden Typografiekurse extrem unterschiedlich ist: An der FHP kann man KOMMUNIKATIONSDESIGN studieren, ohne auch nur einen Typokurs zu absolvieren. An der HTW in Berlin studiert man nahezu sechs Semester Typografie. Weder das eine noch das andere Extrem ist ein Garant für gute oder schlechte typografische Arbeiten der Studierenden. Immerhin wurden die Bücher FRAKTUR, MON AMOUR oder FORMULARE GESTALTEN von ehemaligen Potsdamern gemacht.

Gibt es aktuell eine Art deutsche Typografieschule (in Anlehnung an die »Schweizer Typografie«)?

Manche typografische Übungen werden auf der ganzen Welt gemacht — etwa die Kombination von zwei Buchstaben in einem Quadrat. Aber was sicher ein deutsches *Problem* ist, ist der empfundene Konflikt zwischen freiem und angewandtem Arbeiten oder zwischen Kunst und angewandter Gestaltung. Dabei muss es ja gar kein Widerspruch sein, sondern kann sich wunderbar gegenseitig bereichern. Hier gibt es ein gewisses *Schubladendenken*. Auffallend finde ich immer, dass es bei typografischer Gestaltung in Deutschland oft um die Frage geht, ob der Inhalt in der Form sichtbar wird. Dies hat vielleicht mit der Verinnerlichung von *form follows function* zu tun. Vergleichbares sieht man ja auch im Produktdesign.

So wie die Typografie eine dienende Funktion hat, so wird oft auch das Fach TYPOGRAFIE als dienend für die anderen eigentlich wichtigen Gestaltungsfächer gesehen.

Gibt es Unterschiede zur typografischen Ausbildung an Hochschulen anderer Länder?

Hier könnte auch das zuvor Gesagte stehen. In den Niederlanden ist Typografie immer auch Schriftentwicklung. Es wird sehr oft vom Schreiben her gedacht und entwickelt. An den niederländischen Hochschulen gibt es eine sehr moderne Form, mit der Tradition in der Typografie lebendig zu arbeiten.

Kalligrafie bzw. das Schreiben von Schrift führt in Deutschland ein Schattendasein und wird vielfach belächelt und im kunstgewerblichen Bereich angesiedelt. Der experimentelle Anteil der Typografie ist in den USA häufig zu sehen — dort wird auch z. T. das Schreiben auf sehr hohem Niveau gepflegt.

Hat Typografie einen Einfluss auf die Gestaltung der Gesellschaft?

Möglicherweise ja, denn schlechte Typografie erschwert dem Leser das Lesen bzw. den Zugang zu Inhalten. Es drückt auch eine gewisse Missachtung der Texte aus. Seltsam, dass die belanglose oder eben einfach nur ungestaltete Typografie einen immer breiteren Raum einnimmt, obwohl es viel ausgefeiltere Werkzeuge gibt und viel mehr verschriftlichte Information als vor 100 Jahren.

Typografische Gestaltung von Drucksachen ist ja auch immer eine Haltung. Eine Haltung, mit der man dem Inhalt aber auch dem Leser Respekt vermitteln kann.

DIE MULTILINGUALITÄT IST AUCH IM TYPEDESIGN EINE WICHTIGE FRAGE, DIE BISHER NOCH NICHT IN DIE AUSBILDUNG EINGANG GEFUNDEN HAT.

Wie verändert sich Typografie im Zuge von Globalisierung und Multikulturalisierung?

Es gibt viel mehr mehrsprachige Texte als früher, die gestaltet werden müssen. Man hat also viele Berührungspunkte mit anderen Sprachen und Zeichensystemen.

Gibt es neue gestalterische Bedürfnisse, auf die während der Ausbildung eingegangen werden muss?

Es gibt nicht sehr viele Fonts, die wirklich multilingual gestaltet sind. Das Problem beginnt bereits im europäischen Raum: Bulgarische Schriften, die mit adäquaten lateinischen Zeichensätzen ausgestattet sind (oder umgekehrt) muss man z. B. suchen. Beim Satz mehrsprachiger Texte muss man natürlich auch für die fremden Sprachen korrekte Satzregeln anwenden, die aber meist schwer oder gar nicht zu finden sind. Für Englisch und Französisch sowie den lateinamerikanischen Sprachraum gelingt dies noch, aber mit den osteuropäischen Sprachen oder gar anderen Zeichensystemen, wie hebräisch und arabisch ist es schon fast unmöglich, etwas zu finden. In der Lehre kann man dann versuchen zu vermitteln, dass Regeln wichtig sind.

Denkt man an asiatische Zeichensysteme, wird es noch schwieriger. Wenn nun verschiedene dieser Systeme zusammen kommen, z. B. bei großen internationalen Unternehmen, muss sicher dezentral gesetzt, gestaltet und korrigiert werden.

Die Multilingualität ist auch im Typedesign eine wichtige Frage, die bisher noch nicht in die Ausbildung Eingang gefunden hat. Es stellt sich aber auch die Frage, ob man dies vermitteln kann, ohne einen zwangsläufig eurozentristischen Blick.

Ulrike Stoltz

Nicht-lineare Strukturen, Wahrnehmungsprozesse und medienspezifische Umsetzungen

ULRIKE STOLTZ **Professorin für Typografie, Fachbereich Kommunikationsdesign der Hochschule für Bildende Künste in Braunschweig, www.hbk-bs.de**

Wie sind Sie selbst zur Typografie gekommen?

Ich komme vom Lesen und Schreiben. Mich interessiert immer und in erster Linie der Inhalt. Der wichtigste Einfluss auf meine typografische Gestaltung kommt von meiner Tanzlehrerin Marie-Anne Augustin (creative dance/Bewegungsimprovisation).

Was unterrichten Sie genau im Bereich der Typografie?

Nach fast zwanzig Jahren Erfahrung im Grundlagenunterricht biete ich jetzt im neuen Bachelor-Studiengang Kommunikationsdesign das Modul BUCH an (belegbar ab dem dritten Semester). Außerdem biete ich fachpraktische Seminare im Masterstudiengang COMMUNICATION ARTS an und betreue derzeit drei Doktoranden mit typografischen Themen.

Welche Teilbereiche umfasst eine gute typografische Ausbildung?

Die Typografie als solche kann man unterteilen in Gestaltung *von* Schrift (also Schriftentwurf) und Gestaltung *mit* Schrift. Letzteres unterteilt man wegen der unterschiedlichen Rezeptionsbedingungen sinnvollerweise in typografische Gestaltung für den Bildschirm bzw. für den Druck. Und bei den Drucksachen würde ich noch einmal unterscheiden zwischen Akzidenzien aller Art und Büchern.

Ich denke, dass sich auch die Grundlagen unterscheiden — je nachdem, aus welchem Blickwinkel man sie betrachtet. Bei dieser Bandbreite ist klar: Niemand von uns Lehrenden kann alles, und auch die Studierenden müssen nicht *alles mal gemacht* haben. Wir müssen uns von dem Gedanken verabschieden, man könne im Rahmen einer Ausbildung irgendetwas vollständig vermitteln, danach seien die Studierenden dann *ausgebildet* und *fertig*. Daher halte ich es für grundsätzlich gleichgültig, an welcher Stelle man einsteigt; wesentlich sind Neugier und Offenheit — über den Studienabschluss hinaus.

Wie sieht Ihr Lehrkonzept aus?

Eine Faszination für Typografie entsteht meistens erst während des Studiums und sie ist mit dem Abschluss des Studiums auch nicht zu Ende. Ich vertraue als Lehrende also darauf, dass es mir gelingt, die Studierenden so zu motivieren, dass sie auch die *Mühsal der Ebenen* durchhalten!

Im Bachelor-Studiengang KOMMUNIKATIONSDESIGN: Das Modul BUCH in unserem Bachelor-Studiengang kann frühestens im dritten Semester belegt werden. Im Rahmen des einjährigen Grundlagenstudiums haben die Studierenden von einem Lehrbeauftragten sowie im Rahmen von Werkstattkursen auch schon typografische Grundlagen vermittelt bekommen. Darauf kann ich aufbauen. Ich biete jedes Semester ein anderes Thema an. Die Themen orientieren sich an vier Schwerpunkten: TEXT & BILD IM BUCH; TEXT ALS BUCH; LESETYPOGRAFIE; BUCHGESTALTUNG NON-LINEAR.

Das stellt sich im Einzelnen wie folgt dar:

TEXT & BILD IM BUCH: Immer schon haben Bücher neben Texten auch Bilder beinhaltet. Die Bandbreite ist hier sehr groß und kann vom illustrierten literarischen Text über Sachbücher bis hin zu Katalogen und (Foto-)Bildbänden sowie Bilderbüchern reichen. Hier wird insbesondere auf die wechselseitige Beeinflussung von Text und Bild eingegangen und die unterschiedliche Rezeptionsweise von Text und Bild berücksichtigt. Das Erlebnis von Zeit und Raum im Buch wird untersucht, Fragen von Komposition und Dramaturgie spielen eine entscheidende Rolle. Dieser Aspekt schafft eine Verbindung von Typografie und Buchgestaltung zu den übrigen Angeboten des Studiengangs, der insgesamt stark bildorientiert ist.

TEXT ALS BUCH: Typografie und Buchgestaltung sind traditionell eng miteinander verbunden. Die Einführung in die Buchgestaltung erfolgt in diesem Modul aus einem traditionellen Blickwinkel heraus, d. h. unter besonderer Berücksichtigung der Gestaltung von Texten im Buch. Im Rahmen dieses Moduls stehen die *klassischen*, handwerklichen Aspekte der Buchgestaltung im Vordergrund. Schritt für Schritt werden die buchgestalterischen Parameter erklärt und für den jeweiligen Entwurf festgelegt.

BUCH IST NICHT GLEICH BUCH, UND UNTERSCHIEDLICHE INHALTE WERDEN AUF UNTERSCHIEDLICHE ART GELESEN.

Ausgehend von Format, Satzspiegel, Schriftauswahl, das Verhältnis von Schriftgröße zu Satzbreite, Zeilenabstand und Laufweite, folgt dann die jeweils notwendige Ausformulierung des typografischen Entwurfs entsprechend den Gegebenheiten des jeweiligen Textes: Paginierung, Auszeichnungen im Text, die Hierarchie der Überschriften, Fußnoten, Marginalien, Kolumnentitel. Den Abschluss bilden die Titelei einschließlich Umschlag- und Einbandgestaltung sowie ggfs. Anhang, Register, Verzeichnisse u. ä. Der Text sowie ein klares Briefing werden vorgegeben.

LESETYPOGRAFIE: Dieses Modul setzt beim *User* — also dem Leser — an. Denn Buch ist nicht gleich Buch, und unterschiedliche Inhalte werden auf unterschiedliche Art gelesen: Ein Roman wird anders gelesen als ein Kochbuch. Jedes Buch sollte dementsprechend typografisch adäquat aufbereitet werden. Bei dieser Einführung in die Buchgestaltung steht das inhaltsabhängige Leseverhalten im Vordergrund, also erste gestalterische Erfahrungen im Umgang mit leserbezogenen typografischen Gestaltungsmodellen (z. B. informierendes, konsultierendes, selektives Lesen, etc.) anhand praktischer Übungen und/oder eines Entwurfs und/oder ggfs. auch anhand zu realisierender Bücher. Das Modul lehnt sich an die LESETYPOGRAFIE von HANS PETER WILLBERG an und bietet die Gelegenheit, mit vorgegebenem Material Les-Art-spezifische Gestaltungen und deren Variationen zu erproben.

BUCHGESTALTUNG NON-LINEAR: Gerade für die Generation der heute Studierenden ist das Buch nur ein Medium unter vielen. Die nicht-lineare Darstellung von Sachverhalten in Text und Bild ist über das Medium Internet inzwischen vielen vertraut; sie kann auf vielfältige Weise in das Medium Buch *übersetzt* werden. Gleichzeitig gilt: Das Medium Buch war schon immer nicht-linear. Diese Einführung in die Buchgestaltung berücksichtigt besonders nicht-lineare inhaltliche Strukturen und/oder Wahrnehmungsprozesse sowie deren medienspezifische Umsetzungen. Dabei rücken die medienspezifischen Eigenheiten des Buches in den Vordergrund. Anhand vorgegebener Materialien können die Möglichkeiten und Grenzen des Mediums Buch ausgelotet, erste gestalterische Erfahrungen im Umgang mit intermedialen Transfer-Prozessen gemacht und innovative Vorschläge erarbeitet werden.

Master-Studiengang COMMUNICATION ARTS: Im Rahmen des Master-Studiengangs arbeiten die Studierenden wesentlich stärker an ihren eigenen Projekten und setzen ihre Schwerpunkte weitgehend selbst. Mein fachpraktisches Angebot richtet sich also an diejenigen, die ihre typografischen Kenntnisse im Rahmen von Buchgestaltung vertiefen wollen. Es ist sehr stark an den individuellen Bedürfnissen der Studierenden orientiert.

DAS GIBT UNS DIE MÖGLICHKEIT, IM RAHMEN DER DESIGN-AUSBILDUNG AUCH DOKTORANDEN ZU BETREUEN.

PROMOTION: An der HBK Braunschweig sind die Studienfächer KOMMUNIKATIONSDESIGN und INDUSTRIAL DESIGN als wissenschaftliche Fächer eingestuft — was inhaltlich wenig Sinn ergibt (künstlerisch-wissenschaftlich wäre richtig!). Das gibt uns aber die Möglichkeit, im Rahmen der Design-Ausbildung auch Doktoranden zu betreuen (klassische Promotion zum Dr. phil.). Ich betreue derzeit drei Doktoranden mit unterschiedlichen Arbeitsschwerpunkten aus dem Bereich der Typografie. Diese Arbeit ist noch stärker individualisiert und der Austausch in den Doktoranden-Kolloquien erfolgt ganz auf Augenhöhe.

Wie gelingt es Ihnen, Studierende für Typografie zu begeistern?

Ich arbeite gern konkret, d. h. mit Bezug auf besondere Anlässe, oder in hochschulübergreifenden Zusammenhängen. So habe ich, damals noch an der FH in Mainz, mit den Grundlagenkursen, die ich damals unterrichtete, ein Postkarten-Set mit Typografie-Statements anlässlich des elften FORUMS TYPOGRAFIE, das wir ausrichteten, gemacht, das auch in einer Auflage gedruckt und auf dem Forum verkauft wurde.

ES GIBT VIELE BÜCHER, VON DENEN MAN WISSEN MUSS, DIE MAN SICH ABER ERST ANZUSCHAFFEN BRAUCHT, WENN MAN AN DEM JEWEILIGEN THEMA DRAN IST.

Mit PROF. CHRISTIAN IDE vom Studiengang Buch- und Medienproduktion an der HTWK in Leipzig habe ich bereits zweimal zusammengearbeitet: Einmal anlässlich des 100. Geburtstags von Tschichold (die Ergebnisse wurden ausgestellt und in einem Buch dokumentiert); im vergangenen Sommersemester 2010 zum Thema TYPOREGELN (Dokumentation wird zurzeit erarbeitet). Im Sommer 2009 gab es eine Zusammenarbeit mit Prof. Cynthia Lollis und Prof. Karen Davies vom Savannah College of Art and Design (USA) zum Thema NO TRANSLATION REQUIRED (Ausstellung der Ergebnisse in der HBK Braunschweig, im SCAD in Atlanta und im Klingspor-Museum Offenbach am Main; Katalog). Im kommenden Sommer werde ich mit Prof. Sabine Golde vom Studiengang BUCHKUNST in Halle zusammenarbeiten (Ausstellung ist geplant).

Darüber hinaus gibt es viele Möglichkeiten innerhalb der Hochschule für konkrete Projekte; es kommt durchaus häufig vor, dass Studierende z. B. Kataloge für ihre Kommilitonen aus der FREIEN KUNST gestalten.

Gibt es ein Buch, welches Sie jedem typografiebegeisterten Studierenden empfehlen würden?

Jedem Typografiebegeisterten: das ist zu allgemein; die Begeisterung macht sich doch an sehr unterschiedlichen Facetten fest. Für die Anfänger sind die drei *Klassiker* von Hans Peter Willberg meiner Ansicht nach unschlagbar (ERSTE HILFE TYPOGRAFIE; SCHRIFTEN ERKENNEN; WEGWEISER SCHRIFT); die sollte man sich auch ruhig anschaffen. URSACHE & WIRKUNG von Erik Spiekermann ist auch so ein Klassiker; ebenso die hervorragende Reihe SATZTECHNIK UND TYPOGRAFIE aus der Schweiz.

Die DETAILTYPOGRAFIE von Friedrich Forssman und Ralf de Jong sollte man sich spätestens als Weihnachtsgeschenk kurz vor Studienabschluss wünschen; es ist zum Nachschlagen auch später jederzeit sehr nützlich.

Dann gibt es viele Bücher, von denen man wissen muss, die man sich aber erst anzuschaffen braucht, wenn man an dem jeweiligen Thema ganz nah dran ist, dazu gehört z. B. die LESETYPOGRAFIE von Hans Peter Willberg, oder ANATOMIE DER BUCHSTABEN von Karen Cheng; DAS DETAIL IN DER TYPOGRAFIE von Jost Hochuli oder SCHRIFTANALYSEN von Max Caflisch … und und und …

Aus dem Bereich der Wissenschaft möchte ich zwei nennen: DIE LESBARKEIT DER WELT von Hans Blumenberg und IM WEINBERG DES TEXTES von Ivan Illich.

Rayan Abdullah

Über die Liebe zu Buchstaben

RAYAN ABDULLAH **Professor für Typografie, Fachbereich Kommunikationsdesign, Hochschule für Grafik und Buchkunst in Leipzig, www.hgb-leipzig.de**

Wie sind Sie zur Typografie gekommen? Wann haben Sie Ihre Leidenschaft für Buchstaben entdeckt?

Zur Typografie bin ich etwas später gekommen — zunächst habe ich die Kalligrafie für mich entdeckt. Mit zehn Jahren hat mein Vater meine Schwester und mich zum Kalligrafen geschickt, weil er meinte, wir sollen nach der Schule in unserer Freizeit etwas lernen. Dieses Lernen bedeutete nichts anderes als Schriftschreiben.

Beim Kalligrafen werden neben dem Schriftschreiben aber auch andere Werte vermittelt: Der Meister nimmt seine Auszubildenden erst einmal eine Zeit lang unter die Lupe. Sechs Monate dürfen sie nichts machen — außer zuhören und beobachten, denn die wichtigsten Eigenschaften eines Kalligrafen sind Gelassenheit und Ausgeglichenheit. Sobald ein Auszubildender diese Zeit überstanden hat, beginnt die kalligrafische Ausbildung. Er lernt, seine Werkzeuge selbst herzustellen oder Tinte anzurühren und beginnt, die ersten Buchstaben zu schreiben.

In dieser Zeit wurde meine Liebe für die Kalligrafie geweckt. Dieses Interesse hat sich über die Jahre soweit vertieft, dass ich mich für ein Studium an der Hochschule der Künste in Berlin entschieden habe. Meine Mappe war gefüllt mit Kalligrafie und Ornamenten, man fragte mich, ob ich die Arbeiten tatsächlich selbst gemacht habe.

Durch das Studium entwickelte sich mein Interesse für Typografie. Ich habe versucht, eine Balance zwischen Kalligrafie und Typografie herzustellen und auf beiden Gebieten zu arbeiten. Während meiner Diplomarbeit bei Prof. Kapitzky habe ich eine arabische Schrift gestaltet.

Ist Typografie/Kalligrafie eher Kopf- oder eher Handarbeit?

Beides ist gleichermaßen Kopf- sowie Handarbeit, vor allem aber Herzarbeit. Kalligrafie/Typografie kann nur

durch Liebe zum Detail entstehen. Wenn sich jemand nicht in Buchstaben und Satzzeichen verliebt, wird er niemals ein guter Kalligraf oder Typograf werden.

Was unterrichten Sie an der Hochschule für Grafik und Buchkunst in Leipzig?

Ich bin Hochschullehrer für Typografie im Grundstudium. Meine Aufgabe besteht darin, die Grundlagen der Typografie zu vermitteln und die Studierenden damit soweit vorzubereiten, dass sie sich im Hauptstudium weiter in eine Richtung vertiefen können.

An der HGB ist das Grundstudium so unterteilt, dass im ersten Studienjahr die Studierenden aller Studiengänge gemeinsam lernen. Dieses fachbereichsübergreifende Arbeiten ermöglicht große Synergieeffekte zwischen den Studierenden. Die typografische Arbeit ist freier, experimenteller und anschaulicher. Die Studenten sollen verstehen, begreifen, fühlen, anfassen. Sie sollen sich mit unterschiedlichen Fragestellungen beschäftigen: Was ist Typografie/Kalligrafie? Woran arbeiten Typografen? Welche Werke haben sie erstellt? Worin liegt der Unterschied zwischen Kalligrafie und Typografie?

Sobald die Studierenden in das zweite Studienjahr gehen, ist der Unterricht fachspezifisch ausgelegt. Dann wird eine detaillierte Typografieausbildung angeboten.

Den Unterricht gestalte ich so, dass ich meist ein aktuelles Thema vorgebe, das ich vorher recherchiert und dokumentiert habe. Dazu erhalten die Studierenden eine Literaturliste mit den wichtigsten Werken zu Kalligrafie und Typografie. Viele Bücher bringe ich mit ins Seminar, zeige sie den Studierenden und erläutere sie.

Gibt es ein spezielles Buch, das Sie jedem typografiebegeisterten Studenten empfehlen würden?

Nein, denn wir arbeiten nicht nach einem vordefiniertem Schema. Wir bearbeiten ein Thema und recherchieren dann, welche Bücher es zu diesem Thema auf dem Markt gibt. Die Literaturliste wird also jedes Mal ergänzt.

Gibt es eine Art Standardwerk, das man als Studenierender gelesen haben muss, um die Grundlagen zu verinnerlichen?

Ich bin nicht der Typ Hochschullehrer, der Typografie als Dogma vermittelt. Für mich geht es darum, den Horizont zu erweitern und den Studierenden die Möglichkeit zu geben, dass sie auch selbst forschen, suchen und recherchieren, welches Buch bei der gestellten Aufgabe helfen könnte. Natürlich werden Bücher, die wichtig sind, jedes Mal vorgestellt. Meines Erachtens ist es aber viel wichtiger, dass der Student selbst aktiv wird, indem er selbstständig forscht und Wissen generiert.

ICH WILL EINE BRÜCKE ZWISCHEN ÄLTEREN UND JÜNGEREN TYPOGRAFEN BAUEN. WENN MAN FRAGEN STELLT, SAMMELT MAN ERFAHRUNGEN.

Seitdem ich in Leipzig unterrichte, organisiere ich mit den Studenten regelmäßig Typografeninterviews. Jeder Student meiner Klasse wählt einen Typografen oder Schriftgestalter, macht mit ihm ein Interview und gestaltet zu dem Interview ein eigenes kleines Buch. Das System läuft seit Jahren mit Erfolg. Bisher haben wir mehr als 300 Typografen und Schriftdesigner interviewt.

Vorbereitend haben wir einen Fragenkatalog mit allgemeinen und spezifischen Fragen erarbeitet. Diese Idee hat folgende Hintergründe: Ich will eine Brücke zwischen älteren und jüngeren Typografen bauen. Die Studenten sollen in Büros gehen, sich die Arbeitsplätze und Werkzeuge ansehen und die Gestalter persönlich kennenlernen. Manchmal lege ich mit diesen Interviews einen Grundstein für eine andauernde Freundschaft. Damit möchte ich auch zeigen, dass es keine Hindernisse gibt — jeder kann Typograf oder Schriftdesigner sein, der Weg dorthin ist geebnet. Wenn man Fragen stellt, sammelt man Erfahrungen. Die Interviews sind in der Hochschule archiviert und frei zugänglich.

Ein weiteres Thema im zweiten Studienjahr ist die Auseinandersetzung mit einer Schrift. Die Studenten wählen sich die Schrift selbst aus und recherchieren dann ihre Hintergründe. Auch zu dieser Aufgabe entsteht wieder ein Buch, das von den Studenten selbst gestaltet wird.

Wir haben jetzt über Ihr Lehrkonzept gesprochen. Die Ausbildung beginnt eher experimentell und setzt sich über Recherche und inhaltliche Auseinandersetzung zu einem umfangreichen typografischen Projekt fort. Geht es in dieser Phase auch bereits um gestalterische Grundlagen mit Schrift?

Ja, natürlich! Indem die Studenten die Bücher gestalten, arbeiten sie bereits mit Text, Schrift, Bild. Sie müssen sich überlegen, wie sie damit umgehen und die einzelnen Bestandteile im Layout positionieren. Sie lernen automatisch, wie sie mit dem Satz umgehen. Oft benutzen sie dieselbe Schrift, die sie recherchiert haben, auch in ihrer Arbeit. Dabei erkennen sie, wie die Schrift im Satz steht, wie man sie vorteilhaft anwenden kann. Mit dieser Vorgehensweise sammeln sie an der HGB ihre ersten gestalterischen Erfahrungen in der ernsthaften Auseinandersetzung mit einem Thema.

Mikro- und Makrotypografie sind natürlich Bestandteile unseres Hochschulalltags. Sie stehen genauso im Vordergrund wie die inhaltliche Konzeption.

Sie verknüpfen somit theoretisches Wissen mit praktischer Arbeit?

Ja, die Theorie ergibt sich immer aus dem Thema, welches ich für das Semesterprojekt wähle. Wir erarbeiten gemeinsam ein Thema und bedienen uns gleichzeitig gestalterischer Grundlagen für die Gestaltung mit Text und Schrift.

EGAL, WAS ICH MIR ANSCHAUE, ICH KANN MICH AUTOMATISCH IN EINEN ZEICHENSATZ ODER EINEN BUCHSTABEN VERLIEBEN!

Wie gelingt es Ihnen, Studierende für die Typografie zu begeistern?

Es hat immer mit Liebe zu tun! Man muss sich in die Buchstaben verlieben.

Ich persönlich erzähle den Studenten von meiner Erfahrung und von Erfahrungen anderer Typografen und Schriftdesigner. Ich erzähle, dass die Zeichensätze, mit denen wir arbeiten, mittlerweile bis zu 10.000 Zeichen umfassen können — damit habe ich alle Schriften der Welt zur Verfügung. Und eine ist schöner als die andere! Egal, was ich mir anschaue, ich kann mich automatisch in einen Zeichensatz oder einen Buchstaben verlieben! Es ist meine Pflicht, diese Leidenschaft zu vermitteln. Die Buchstaben bieten eine enorme Freude, wenn man sie anschaut.

NATÜRLICH WOLLEN WIR NICHT DIE VERGANGENHEIT WIEDERBELEBEN, ABER WIR WOLLEN AUF DIESER TRADITION AUFBAUEN.

Haben Sie einen Überblick, wie aktuelle typografische Ausbildung an deutschen Hochschulen aussieht? Gibt es Unterschiede?

Natürlich gibt es Unterschiede. Man kennt seine Kollegen, trifft sich gelegentlich auf Veranstaltungen, sieht Arbeiten von Studierenden anderer Hochschulen.

Es gibt immer unterschiedliche Richtungen. Aber in Deutschland gibt es leider keine Typografieschule, wo man sofort sagen könnte: Das ist deutsche Typografie. Das bedauere ich sehr. Wir haben in Leipzig eine ungefähre Richtung. Leipzig war schon immer eine Hochburg der Schriftgestaltung, wir versuchen diese Tradition fortzusetzen. Unsere grafischen Werkstätten sind die Stützpunkte und Zentren unserer Aktivitäten. Wir haben an der HGB z. B. Klassen für Schrift, für Typografie und Buchkunst und decken damit ein breites Feld der typografischen Gestaltung ab. Andere Kollegen setzen dabei auf andere Richtungen.

Haben Sie Erfahrung mit der typografischen Ausbildung in anderen Ländern?

Auch hier gibt es Unterschiede. Es gibt Schulen, die sehr viel Wert auf das Schreiben legen, andere, die sehr viel Wert auf den Satz am Computer legen. Ich persönlich bevorzuge keine Gewichtung. Ich arbeite mit den Studenten an einem Thema. Ihre Pflicht ist es, die Werkstätten kennenzulernen, denn die Anbindung der grafischen Werkstätten ist enorm wichtig. Typografie kann nicht nur allein am Computer entstehen — ohne die Werkstätten hätte es Typografie niemals gegeben. Natürlich wollen wir nicht die Vergangenheit wiederbeleben, aber wir wollen auf dieser Tradition aufbauen. Wir wollen diese Tradition bewusst wachhalten und den Studierenden weiterhin vermitteln.

Die handwerkliche Ausbildung in den Werkstätten hat Ihrer Meinung nach also auf jeden Fall einen Einfluss auf die spätere Tätigkeit am Computer. Wie begründen Sie das?

Die Werkstätten haben verschiedene Funktionen. Die Studierenden sollen mit dem Material arbeiten, es fühlen, ausprobieren — also mit den Händen und dem Kopf arbeiten. Am Computer ist das Handeln oft überstürzt. Sie erwarten Überraschungen vom Computer, die er aber nicht erfüllen kann, weil er nur ein Handwerkszeug ist. Der Computer ist kein Zaubergerät. Deshalb ergibt es mehr Sinn, zunächst Gelassenheit in den Werkstätten zu üben, sich mit dem Material vertraut zu machen, und dann die Idee zu digitalisieren. Wir starten in der Geschichte und wollen die Zukunft erreichen.

WIR BRAUCHEN EINEN MINISTER FÜR DESIGN UND TYPOGRAFIE!

Hat Typografie einen Einfluss auf die Gesellschaft?

Oh ja, aber wie! Ich bin der Meinung, dass wir Typografen leider keine Lobby haben. Wir müssen unbedingt daran arbeiten, diese Lobby zu schaffen. Nach wie vor stehe ich hinter der alten Forderung, die vor Jahren mal gestellt wurde: Wir brauchen einen Minister für Design und Typografie! Ich denke, wir müssen unsere Rolle als solche nicht nur betonen, sondern auch spielen. Ich sage immer, ein guter Hochschullehrer kann Leben retten und auch ein guter Typograf kann Leben retten. Wenn ich ein Infoleitsystem gestalte, die Schrift aber nicht lesbar ist, dann kann ich eventuell mein Ziel verpassen oder begebe mich in Gefahr. Deshalb brauchen wir auf jeder Ebene intensive Überlegungen. Außerdem bin ich der Meinung, die Typografen sollen sich mehr zurücknehmen. Nicht sie als Personen sollten im Vordergrund stehen, sie sollten die Gestaltung sprechen lassen. Es geht in unserem Metier nicht um Namen, sondern um 100-prozentige Erfüllung der Botschaft. Diese muss den Betrachter erreichen. Wir haben reichlich zu tun! Wir sind tagtäglich umzingelt von visueller Missachtung und Beleidigung. Und wir müssen uns zur Wehr setzen. Es ist längst 5 nach 12!

Sie arbeiten selbst im interkulturellen Kontext. Wie verändert sich Typografie im Zuge der Globalisierung und Multikulturalisierung? Sind Sie der Meinung, dass es neue Bedürfnisse gibt, auf die wir als Gestalter und Typografen eingehen müssen?

Der Typograf ist ein Weltmensch, der niemals seinen Horizont verringern darf. Wir sind Menschen, die ständig Grenzen überschreiten und das muss auch so bleiben! Diese grenzüberschreitende Haltung ist in der Typografie enorm wichtig. Ein Hochschullehrer muss seinen Studierenden dies vermitteln!

INDEM WIR MIT JUNGEN LEUTEN AUS UNTERSCHIEDLICHEN KULTUREN IN EINEN DIALOG TRETEN, SCHAFFEN WIR AUTOMATISCH FRIEDEN.

Ich selbst komme aus dem Orient und bin seit vier Jahren Gründungsdekan der Deutschen Universität in Kairo. Ich erlaube mir, eine typografische Brücke zwischen der arabischen Welt und Deutschland zu bauen. Mit meinen Studenten und einigen Kollegen fahre ich regelmäßig in die arabische Welt. Das haben wir bis jetzt viermal gemacht. Wir waren in Damaskus, Beirut, Amman und Kairo. Im Gegenzug haben wir jedes Jahr Studierende aus diesen Ländern empfangen, uns ausgetauscht und gemeinsame Workshops gemacht. Dabei stehen jedoch nicht die Workshops im Vordergrund, sondern der Dialog. Indem wir mit jungen Leuten aus unterschiedlichen Kulturen in einen Dialog treten, schaffen wir automatisch Frieden. Wir schaffen für unsere Studierende einen neuen Raum — nicht nur für ihr Studium, sondern auch für ihre zukünftige Arbeit in einem neuen Umfeld. Dadurch bieten wir die Chance, sich mit Kultur, Sprache und Schrift auseinanderzusetzen.

Ihrer Meinung nach ist es also nicht nur wichtig, sich über gestalterische Dinge auszutauschen, sondern ein Verständnis für andere Kulturen zu ermöglichen.

ICH WAR SO FASZINIERT VON DIESER SCHRIFT, DASS ICH UNBEDINGT EINE ARABISCHE DIN-SCHRIFT MACHEN WOLLTE.

Das Leben als solches ist ein gestalterisches Phänomen. Wenn man in Kairo auf die Straße geht, entdeckt man so viel Faszinierendes und gleichzeitig Fremdes. Es ist beeindruckend zu sehen, wie Menschen anderer Kulturen mit ihren Problemen umgehen, und gleichzeitig zu erkennen, wie wir mit unseren Problemen umgehen. Oft ist das, was in unserem Leben eine wichtige Rolle spielt, in einer anderen Kultur kaum von Bedeutung.

Von welcher lateinischen Schrift wünschen Sie sich unbedingt einen Ausbau für den arabischen Schriftraum?

Meine Lieblingsschrift ist die FRUTIGER. Die interessanteste Schrift, die ich in meinem Diplom für den arabischen Raum ausgebaut habe, ist die DIN. Ich war sehr fasziniert von dieser Schrift, dass ich unbedingt eine arabische DIN-Schrift machen wollte. Damit habe ich eine Schrift für Infoleitsysteme für die arabische Welt geschaffen, nach demselben System der DIN.

Inzwischen habe ich sechs weitere arabische Schriften entwickelt und eine lateinische Schrift — Tendenz steigend.

Und umgekehrt: Welche arabische Schrift sollte formal für die lateinische Welt übertragen werden?

Ich wünsche mir meine arabische Schrift METRO DUBAI für den lateinischen Schriftgebrauch. Die arabische Schrift, die ich für MACDONALDS gemacht habe, war die erste arabische Schrift, die überhaupt für die arabische Kultur entwickelt wurde.

Dan Reynolds

Typografie als Filter zwischen Inhalt und Lesbarkeit

DAN REYNOLDS Dozent für Typografie und Schriftgestaltung, Freie Schule für Gestaltung in Hamburg, HS Darmstadt, www.fsg-hamburg.de www.h-da.de

Sie haben den MA-Studiengang Typeface Design an der University of Reading absolviert. Wie läuft die Ausbildung dort ab? Welche Vorkenntnisse benötigt man?

Ich habe das MATD-Studium 2008 absolviert. Sicherlich haben sich einige Sachen in den letzten Jahren verändert. Aber die Ausbildung in Reading ist ziemlich intensiv — ich vergleiche es gern mit einem Jahr im Kloster. Aber wenn man verrückt nach Schrift ist, dann ist man dort richtig. Der Typografie-Fachbereich ist etwas abgelegen am Campus. Man kriegt dadurch nicht wirklich mit, was die anderen 15.000 Studenten an der Uni machen.

Es ist schwer, in Worte zu fassen, welche Vorkenntnisse man unbedingt benötigt. Die meisten Studenten dort haben schon ein Designstudium hinter sich, wobei das kein Kriterium sein muss. Am besten sollte man schon Erfahrung mit der Gestaltung von Dokumenten, die längere Texte beinhalten, mitbringen. Der Schriftgestaltung ist sicherlich geholfen, wenn man die Anforderungen von Textschriften in der Typografie kennt.

Was können Sie Personen empfehlen, die sich mit Schriftentwurf- und Gestaltung beschäftigen wollen?

Einfach loslegen! Schriftgestaltung ist eine Disziplin für sich. Obwohl man erfreuliche Ergebnisse gleich am Anfang durchaus erzielen kann, dauert es in der Praxis Jahre, bis man irgendwann fit wird, d. h. Schriften gestalten kann, mit denen man einerseits selbst zufrieden ist, und mit denen andererseits auch andere Designer erfolgreich arbeiten können. Das Schöne an Studiengängen wie das MATD in Reading oder TYPE]MEDIA in Den Haag ist, dass man innerhalb kurzer Zeit (ein Jahr) Zugriff auf so viele Lehrende, Designer und Ressourcen bekommt.

Kennen Sie »kleinere« Schriftdesign-Weiterbildungen/Kurse?

Das ist schwierig. Es gibt schon mehrere Weiterbildungsmaßnahmen, wie etwa ein sehr schönes Certificate-Programm an der Zürcher Hochschule der Künste. Aber diese Programme sind kein Ersatz für das, was man in derselben Zeit bei einem MA-Studium bekommt.

FRAGEN, WIE Z. B. SCHRIFTGESTALTERISCHE PROZESSE AM BESTEN ZU VERMITTELN SIND, HABE ICH NOCH NICHT FÜR MICH BEANTWORTET.

Wann haben Sie Ihre Liebe zur Typografie entdeckt?

Mein Erststudium war ein Grafikdesignstudium an der Rhode Island School of Design in den USA. Nach dem dritten Semester habe ich einen sechswöchigen Kurs in Stone Carving gehabt — wir haben also Buchstaben in Stein gemeißelt. Während der ersten vier Wochen haben wir *nur* Textzüge in römischen Kapitalen geschrieben. Die Aufgaben waren schwer, aber ich hatte das Gefühl, ich sei frisch verliebt gewesen. Danach war ich verrückt nach allem, was mit Buchstaben zu tun hat. Natürlich ist Schriftschreiben keine Typografie. Aber es war nah genug, dass ich das Fach auch genießen konnte.

Wie sieht die aktuelle typografische Ausbildung an deutschen Hochschulen aus?

Deutsche Hochschulen, die sich überlegen, einen Schriftgestaltungs-Studiengang als MA-Studiengang einzurichten, sollten sich erinnern, dass der Erfolg von MATD und TYPE]MEDIA-Studiengängen nicht nur in ihren Rahmenbedingungen liegt sondern auch in den Ressourcen, über die Reading und Den Haag verfügen. Das bedeutet, dass Professoren, Gastprofessoren, Dozenten, Workshops, Studienreisen aber auch Sammlungen von wichtigen Werken der Druckgeschichte in greifbarer Nähe sind. Die Königliche Akademie in Den Haag liegt direkt neben einer von Europas wichtigsten Museen zum Thema BUCH. Die Uni Reading sammelt seit den 1960er Jahren alles an Druckwerken und Exemplaren aus der typografischen Geschichte, was es zu kaufen gibt oder was über Spenden zu empfangen ist. Studenten dort haben täglich Zugang zu Archiven von britischen Drucksachen aus dem 18. bis 20. Jahrhundert, zu den ISOTYPE-Archiven von Otto und Marie Neurath und weiteren Sammlungen.

Welche Teilbereiche umfasst eine gute typografische Ausbildung?

Eine umfassende typografische Ausbildung ist meistens Teil einer Gesamtausbildung im Kommunikationsdesign. Außerhalb der Bereiche, die sowieso Teil des Designstudiums sind, wird Typografie durch folgende Themen gut ergänzt: Schreiben — und ich meine nicht Schriftschreiben oder Kalligrafie sondern das inhaltliche Verfassen von Texten —, Stone Carving, Kunstgeschichte und auch Fremdsprachen.

Wie gelingt es Ihnen, Studierende für die Typografie zu begeistern?

Gelingt mir das? Ich weiß es nicht, ob ich das schon sagen kann. Dafür ist es noch zu früh.

Wie sieht Ihr Lehrkonzept aus?

Als Jungdozent verfüge ich bisher über kein fertiges Lehrkonzept, das ich jedes Semester immer wieder ausübe. Stattdessen ist auch für mich immer noch ganz viel Lernen dabei. Fragen, wie z. B. schriftgestalterische Prozesse am besten zu vermitteln sind, habe ich noch nicht für mich beantwortet. Bei jeder Gruppe von Studenten versuche ich andere Methoden.

HISTORISCH GESEHEN HATTE DEUTSCHLAND IMMER MEHRERE TYPOGRAFISCHE ZENTREN, STILE UND SCHULEN.

Trotzdem habe ich grundlegende Themen, die ich auf jeden Fall vermitteln will. DIGITALE TYPOGRAFIE ist form-agnostisch. Inhalt kann (und wird) viele Anwendungen finden, die nicht alle gleich aussehen müssen oder können. Theorie ist kein Nebenfach — es ist ein Gebiet, das alle mögliche Arten von Projekten und Aufgaben begleitet. Letztlich ist die Typografie dafür da, den Leser zu bedienen. Typografie ist der Filter zwischen Inhalt und Lesern. Der Leser ist nicht immer gut bedient, wenn der Inhalt auf die einfachste Art dargestellt wird.

Studieren heißt: Lehren und Lernen. Wie sieht die Situation an der Hochschule Darmstadt und der FSG Freie Schule für Gestaltung Hamburg, an denen Sie unterrichten, konkret aus?

Typografie auf dem Lehrplan zu haben ist nicht mit Themen wie HOW-TO-PHOTOSHOP-Kursen vergleichbar. Es gibt kein Rezept, mit dem man die Wichtigkeit der Hierarchie in komplexen Dokumenten versteht. Studieren ist nicht nur etwas, das innerhalb der Gebäude der Hochschule stattfindet — nach dem Abschluss hört das Lernen nicht auf. Typografie ist vor allem eine Frage der Struktur. Anhand von Strukturen kann man ständig Neues erfahren.

Gibt es Unterschiede zur typografischen Ausbildung an Hochschulen in anderen Ländern?

Ja. Hier wird Typografie meist von einem Professor und einigen Dozenten gelehrt. In anderen Ländern, wie z. B. in den USA unterrichten alle Grafikdesign-Professoren auch Typografie innerhalb ihrer Semesterprojekte. So erhalten die Studierenden im Verlaufe des Studiums unterschiedliche typografische Ansichten.

Natürlich ist es super, das Schriftschreiben z. B. an der KABK (Niederlanden) oder an der École Estienne (Paris) auf dem Lehrplan steht. Das ist eine Besonderheit.

Gibt es eine Art deutsche Typografieschule?

Nein, ich denke nicht. Allerdings ist *Swiss Typography* eher ein Thema, das außerhalb der Schweiz besprochen wird. Vielleicht ist das für Deutschland auch der Fall. Historisch gesehen hatte Deutschland immer mehrere typografische Zentren, Stile und Schulen. Heute sieht Berlin als Stadt schon einzigartig aus. Ich denke, das ist dem Einsatz von Erik Spiekermann, METADESIGN und FONTSHOP geschuldet.

Welchen Einfluss hat Typografie auf die Gestaltung der Gesellschaft?

Ich weiß es nicht. Usability hat schon einen großen Einfluss auf die Gesellschaft — und dort spielt die Typografie eine Rolle.

ANHANG

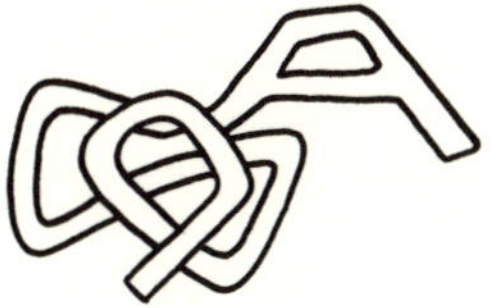

Hochschulen

AACHEN

FH Aachen
Boxgraben 100
52064 Aachen
www2.design.fh-aachen.de

BERLIN

HTW Berlin
Hochschule für Technik und Wirtschaft Berlin
Wilhelminenhofstraße 75A
12459 Berlin
http://kd.htw-berlin.de

Mediadesign Hochschule Standort Berlin
Lindenstrasse 20-25
10969 Berlin
www.mediadesign.de

Universität der Künste Berlin
Einsteinufer 43–53
10587 Berlin
www.udk-berlin.de

BERN (SCHWEIZ)

Hochschule der Künste Bern
Fellerstrasse 11
3027 Bern (Schweiz)
www.hkb.bfh.ch

BIELEFELD

FH Bielefeld
Lampingstr. 3
33615 Bielefeld
www.fh-bielefeld.de/fb1

BORNEMOUTH (UK)

The Arts University College at Bournemouth / Wallisdown
Poole
Dorset BH12 5HH
United Kingdom
www.aucb.ac.uk

BRAUNSCHWEIG

Hochschule für Bildende Künste Braunschweig
Johannes-Selenka-Platz 1
38118 Braunschweig
www.hbk-bs.de

BOZEN (ITALIEN)

Freie Universität Bozen
Universitätsplatz 1
39100 Bozen (Italien)
www.unibz.it/de

DORTMUND

FH Dortmund
Max-Ophüls-Platz 2
44139 Dortmund
www.fh-dortmund.de

DÜSSELDORF

Fachhochschule Düsseldorf
Georg-Glock-Straße 15
40474 Düsseldorf
http://design.fh-duesseldorf.de

Mediadesign Hochschule Standort Düsseldorf
Werdener Straße 4
40227 Düsseldorf
www.mediadesign.de

GRAZ (ÖSTERREICH)

FH Joanneum Graz
Alte Poststraße 147–154
Eggenberger Allee 9–13
8020 Graz (Österreich)
www.fh-joanneum.at/aw

HAMBURG

Design Factory International
College of Communication Arts and Interactive Media
Kastanienallee 9
20359 Hamburg
www.design-factory.de

HAMBURG

Hochschule für Angewandte Wissenschaften Hamburg
Armgartstraße 24
22087 Hamburg
www.haw-hamburg.de/dmi.html

Alsterdamm
Die Schule für Grafik Design
Feldstraße 66
20359 Hamburg
www.alsterdamm.de

HALLE

Burg Giebichenstein Kunsthochschule Halle
Postfach 200252
06003 Halle/Saale
www.burg-halle.de

KIEL

Muthesius Kunsthochschule Kiel
Lorentzendamm 6–8
24103 Kiel
www.muthesius-kunsthochschule.de

KRAKAU (POLEN)

Academy of Fine Arts in Krakow
13 Matejko Square
31-157 Krakow (Poland)
www.asp.krakow.pl

KREFELD

Hochschule Niederrhein
Frankenring 20
47798 Krefeld
www.hs-niederrhein.de/fb02

LAUSANNE (SCHWEIZ)

ECAL
Ecole cantonale d'art de Lausanne
5, avenue du Temple, Renens VD,
Case postale 555
1001 Lausanne (Schweiz)
www.ecal.ch

LUZERN (SCHWEIZ)
Hochschule Luzern
Sentimatt 1/Dammstrasse
6003 Luzern (Schweiz)
www.hslu.ch/design-kunst

MANNHEIM
Hochschule Mannheim
Paul-Wittsack-Straße 10
68163 Mannheim
www.gestaltung.hs-mannheim.de

MÜNCHBERG/HOF
Hochschule Hof/
Standort Münchberg
Kulmbacherstr. 76
95213 Münchberg
www.design-hof.de

MÜNCHEN
Akademie an der
Einsteinstraße U5
Einsteinstraße 42 (Innenhof)
81675 München
www.akademie-u5.de

Mediadesign Hochschule
Standort München
Claudius-Keller-Straße 7
81669 München
www.mediadesign.de

Designschule München
Städtische Berufsfachschule für
Kommunikationsdesign
Roßmarkt 15
80331 München
www.designschule-muenchen.de

NÜRNBERG
Georg-Simon-Ohm-Hochschule Nürnberg
Keßlerplatz 12
90489 Nürnberg
www.ohm-hochschule.de

PFORZHEIM
Hochschule Pforzheim — Gestaltung,
Technik, Wirtschaft und Recht
Tiefenbronner Straße 65
75175 Pforzheim
www.hs-pforzheim.de

POTSDAM
FH Potsdam
Pappelallee 8–9, Haus 5
14469 Potsdam
http://design.fh-potsdam.de

SALZBURG (ÖSTERREICH)
FH-Salzburg
Urstein Süd 1
5412 Puch/Hallein (Österreich)
www.fh-salzburg.ac.at

SCHWERTE
Ruhrakademie Schwerte
Hagener Str. 241
58239 Schwerte
www.ruhrakademie.de

STUTTGART
Staatliche Akademie der
Bildenden Künste Stuttgart
Am Weißenhof 1
70191 Stuttgart
www.abk-stuttgart.de

MERZ AKADEMIE
Hochschule für Gestaltung
Stuttgart
Teckstraße 58
70190 Stuttgart
www.merz-akademie.de

TRIER
Fachhochschule Trier
Hochschule für Technik,
Wirtschaft und Gestaltung
Postfach 1826
54208 Trier
www.fh-trier.de

VILNIUS (LITAUEN)
Vilnius Academy of Arts
Maironio str. 6
Vilnius, Lithuania
01124 (Litauen)
www.vda.lt

WEIMAR
Bauhaus-Universität Weimar
Geschwister-Scholl-Straße 8
99423 Weimar
www.uni-weimar.de

WUPPERTAL
Bergische Universität Wuppertal
Gaußstraße 20
42119 Wuppertal
www.fbf.uni-wuppertal.de

WÜRZBURG-SCHWEINFURT
Fachhochschule Würzburg-Schweinfurt
Münzstrasse 12
97070 Würzburg
http://gestaltung.fh-wuerzburg.de

ZÜRICH (SCHWEIZ)
Zürcher Hochschule der Künste
Ausstellungsstrasse 60
8005 (Zürich)
www.zhdk.ch

Index Projektnamen

TYPOGRAFISCHE PROJEKTE

INTERVIEWS

Index Personen

Literaturempfehlungen

ANFÄNGER

Baines, Phil: Lust auf Schrift! Basiswissen Typografie. VERLAG HERMANN SCHMIDT MAINZ, 2002.

Bollwage, Max: Typografie kompakt. SPRINGER, 2005.

Glaab, Peter; Ulysses Voelker, Jean: Read + Play. FACHHOCHSCHULE MAINZ, 2010.

Kunz, Willi: Typografie, Makro- und Mikroästhetik. NIGGLI VERLAG, 1998.

Kupferschmid, Indra: Buchstaben kommen selten allein. NIGGLI VERLAG, 2004.

Lutz, Hans-Rudolf: Ausbildung in typografischer Gestaltung. NIGGLI VERLAG, 1996.

Neutzling, Willi: Typo und Layout im Web. RORORO, 2003.

Muzika, František: Die schöne Schrift in der Entwicklung des lateinischen Alphabets. Artia, Prag, 1965.

Spiekermann, Erik: ÜberSchrift. VERLAG HERMANN SCHMIDT MAINZ, 2004.

Willberg, Hans Peter: Erste Hilfe Typografie. VERLAG HERMANN SCHMIDT MAINZ, 1999.

Willberg, Hans Peter: Wegweiser Schrift. VERLAG HERMANN SCHMIDT MAINZ, 2001.

FORTGESCHRITTENE

Aicher, Otl: Typografie. VERLAG HERMANN SCHMIDT MAINZ, 2005.

Bringhurst, Robert: The Elements of Typographic Style. HARTLEY & MARKS PUBLISHERS, 2008.

Caflisch, Max: Schriftanalysen. Typotron AG, 2003

Cheng, Karen: Anatomie der Buchstaben, VERLAG HERMANN SCHMIDT MAINZ, 2006.

Duden: Richtlinien für den Schriftsatz. BIBLIOGRAPHISCHES INSTITUT & F. A. BROCKHAUS.

Forssmann, Friedrich; Willberg, Hans Peter: Lesetypografie. VERLAG HERMANN SCHMIDT MAINZ, 2005.

Frutiger, Adrian: Eine Typografie. NIGGLI VERLAG, 2001.

Hochuli, Jost: Das Detail in der Typografie. NIGGLI VERLAG, 2005.

Luna, Paul: Understanding type for Desktop Publishing. PIRA INTERNATIONAL, 1992.

Maxbauer, Regina u. Andreas: Praxishandbuch Gestaltungsraster. VERLAG HERMANN SCHMIDT MAINZ, 2002.

Müller-Brockmann, Josef: Rastersysteme. NIGGLI VERLAG, 2009.

Sauthoff, Daniel; Wendt, Gilmar; Willberg, Hans Peter: Schriften erkennen. VERLAG HERMANN SCHMIDT MAINZ, 2005.

Spiekermann, Erik: Ursache & Wirkung: ein typografischer Roman. VERLAG HERMANN SCHMIDT MAINZ, 2002.

Tschichold, Jan: Erfreuliche Drucksachen durch gute Typografie. MAROVERLAG AUGSBURG, 2001.

Waidmann, Stefan: Schrift und Typografie. NIGGLI VERLAG, 1999.

Willberg, Hans-Peter: Typolemik. VERLAG HERMANN SCHMIDT MAINZ, 2000.

PROFIS

Blumberg, Hans: Die Lesbarkeit der Welt. SUHRKAMP TASCHENBUCH WISSENSCHAFT, 1986.

Forssmann, Friedrich: Detailtypografie. VERLAG HERMANN SCHMIDT MAINZ, 2004.

Gerstner, Karl: Programme entwerfen. LARS MÜLLER PUBLISHERS, 2007.

Illich, Ivan: Im Weinberg des Textes. C. H. BECK, 1996.

Middendorp, Jan: Dutch Type. 010 UITGEVERIJ, 2004.

Renner, Paul: Die Kunst der Typografie. MAROVERLAG AUGSBURG, 2003.

Smeijers, Fred: Counterpunch. HYPHENPRESS, 2011.

Tschichold, Jan: Ausgewählte Aufsätze. BIRKHÄUSER, 1987.

Tschichold, Jan: Die neue Typografie. BRINKMANN U. BOSE, 1987.

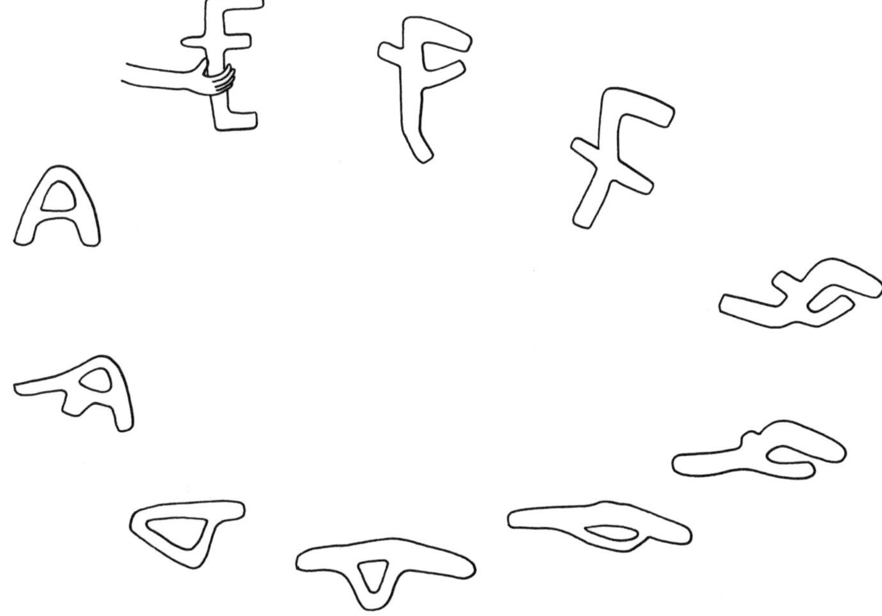

NADINE ROSSA lebt und arbeitet als freiberufliche Illustratorin und Designerin in Berlin. In den letzten Jahren hat sie fest und frei in verschiedenen Agenturen und mit Start-Ups gearbeitet und Kommunikationsdesign in Berlin studiert. Ihre Schwerpunkte liegen in den Bereichen Screen-Design, Typografie und Illustration. Seit 2009 ist sie Mitherausgeberin des Magazins von DESIGN MADE IN GERMANY.

www.nadine-rossa.de
www.designmadeingermany.de

ANDREA SCHMIDT studierte Grafik- und Interfacedesign an der Hochschule Anhalt in Dessau. Seit 2000 lebt und arbeitet sie als Typografin und Designerin in Berlin. Sie lehrte Typografie u.a. an der FH Potsdam, der Universität der Künste Berlin und der China Academy of Art Hangzhou. Nach zahlreichen Auslandsaufenthalten forscht sie im Bereich der *Multilingualen Typografie*. Seit 2010 ist Andrea Schmidt Mitherausgeberin im Verlagshaus J. Frank | Berlin, dass sich interkulturellen Literatur- und Illustrationsprojekten widmet.

www.typografie-im-kontext.de
www.belletristik-berlin.de

PATRICK MARC SOMMER lebt und arbeitet als Designer und Produktioner in Berlin. Seine Schwerpunkte liegen im Bereich Print: Corporate Publishing, Buch- & Magazingestaltung und Produktion. Er ist seit 2005 nebenbei redaktionell tätig, u.a. für ENCORE, SLANTED (Typo Weblog & Magazin) und als Mitherausgeber des Magazins von DESIGN MADE IN GERMANY.

www.patrickmarcsommer.com
www.designmadeingermany.de

Impressum

HERAUSGEBER
Nadine Roßa · www.nadine-rossa.de
Andrea Schmidt · www.typografie-im-kontext.de
Patrick Marc Sommer · www.patrickmarcsommer.com

PROJEKTLEITUNG & IDEE
Patrick Marc Sommer

GESTALTUNG & SATZ
Andrea Schmidt
Patrick Marc Sommer

ILLUSTRATIONEN TRENNSEITEN
Martina Wember · www.wemberzeichnung.de

ILLUSTRATIONEN PORTRÄTS
Nadine Roßa

VERLAG & VERTRIEB
NBVD
Norman Beckmann Verlag & Design
Alter Wall 69 · 20457 Hamburg
T +49 40 432 188 20 · F +49 40 432 188 229
www.nbvd.de · www.nbvd-shop.de

DRUCK
gutenberg beuys feindruckerei GmbH
www.feindruckerei.de
Bölling GmbH & Co. KG
www.boelling.com

VERWENDETE SCHRIFTEN
Novel Pro & Novel Sans Pro (Büro Dunst)

PAPIER
Umschlag: Les Naturals albâtre, 420 g/qm, weiß
Inhalt: Schleipen Werkdruck, 100g/qm, 1,75-faches Volumen bläulichweiß

INTERVIEWS
Prof. Heike Grebin · Andrea Schmidt
Prof. Nora Gummert-Hauser · Patrick Marc Sommer
Prof. Jürgen Huber & Christian Hanke · Nadine Roßa
Prof. Indra Kupferschmid · Andrea Schmidt
Prof. Jay Rutherford · Jan Middendorp
Prof. Betina Müller · Andrea Schmidt
Prof. Ulrike Stoltz · Andrea Schmidt
Prof. Rayan Abdullah · Andrea Schmidt
Dan Reynolds · Nadine Roßa, Patrick Marc Sommer

DANK
Wir danken Christoph Dunst (www.burodunst.com), der uns für dieses Buch seine Schriften NOVEL PRO & NOVEL SANS PRO zur Verfügung stellte; der BÖLLING GMBH & CO KG, insbesondere Marco Bölling (www.boelling.com); Christian Büning; Jan Middendorp, Johannes CS Frank; den Einsendern für die große Anzahl an interessanten Arbeiten und allen Medienpartnern, die unser Projekt unterstützten.

Aufgrund der leichteren Lesbarkeit wird in *typoversity* auf eine durchgehend explizite Nennung beider Geschlechter verzichtet. Selbstverständlich sind immer Frauen und Männer gemeint.

ISBN 978-3-939028-25-3
www.typoversity.com